中等职业教育课程改革国家规划新教材
全国中等职业教育教材审定委员会审定

计算机
应用基础

JISUANJI YINGYONG JICHU

武马群　主编

U0117849

人民邮电出版社
北　京

图书在版编目（ＣＩＰ）数据

计算机应用基础 / 武马群主编. —北京：人民邮电出版社，2009.7
中等职业教育课程改革国家规划新教材
ISBN 978-7-115-19900-3

Ⅰ. 计… Ⅱ. 武… Ⅲ. 电子计算机－专业学校－教材
Ⅳ. TP3

中国版本图书馆CIP数据核字（2009）第066587号

内 容 提 要

本书根据教育部 2009 年颁布的《中等职业学校计算机应用基础教学大纲》的要求编写而成。全书共分 7 章，包括计算机基础知识、操作系统 Windows XP、因特网（Internet）应用、文字处理软件 Word 2003 应用、电子表格处理软件 Excel 2003 应用、多媒体软件应用、演示文稿软件 PowerPoint 2003 应用等内容。为适应中等职业教育的需要，本书注重计算机应用技能的训练，在满足教学大纲要求的同时，也考虑了计算机应用技能证书和职业资格证书考试的需要；为配合教学工作，本书各章节都附有习题；为巩固所学知识，提高计算机综合应用能力，本书还配备了配套教材《计算机应用基础综合技能训练》。

本书可作为中等职业学校"计算机应用基础"课程的教材，也可作为其他学习计算机应用基础知识人员的参考书。

中等职业教育课程改革国家规划新教材

计算机应用基础

- ◆ 主　　编　武马群
　　　责任编辑　张立科
　　　执行编辑　王亚娜
- ◆ 人民邮电出版社出版发行　　北京市崇文区夕照寺街 14 号
　　邮编　100061　电子函件　315@ptpress.com.cn
　　网址　http://www.ptpress.com.cn
　　北京隆昌伟业印刷有限公司印刷
- ◆ 开本：787×1092　1/16
　　印张：18.5　　　　　　　　　　2009 年 7 月第 1 版
　　字数：470 千字　　　　　　　　2009 年 7 月北京第 1 次印刷

ISBN 978-7-115-19900-3/TP

定价：30.00 元

读者服务热线：(010)67170985　印装质量热线：(010)67129223
反盗版热线：(010)67171154

中等职业教育课程改革国家规划新教材
出 版 说 明

为贯彻《国务院关于大力发展职业教育的决定》（国发〔2005〕35 号）精神，落实《教育部关于进一步深化中等职业教育教学改革的若干意见》（教职成〔2008〕8 号）关于"加强中等职业教育教材建设，保证教学资源基本质量"的要求，确保新一轮中等职业教育教学改革顺利进行，全面提高教育教学质量，保证高质量教材进课堂，教育部对中等职业学校德育课、文化基础课等必修课程和部分大类专业基础课教材进行了统一规划并组织编写，从 2009 年秋季学期起，国家规划新教材将陆续提供给全国中等职业学校选用。

国家规划新教材是根据教育部最新发布的德育课程、文化基础课程和部分大类专业基础课程的教学大纲编写，并经全国中等职业教育教材审定委员会审定通过的。新教材紧紧围绕中等职业教育的培养目标，遵循职业教育教学规律，从满足经济社会发展对高素质劳动者和技能型人才的需要出发，在课程结构、教学内容、教学方法等方面进行了新的探索与改革创新，对于提高新时期中等职业学校学生的思想道德水平、科学文化素养和职业能力，促进中等职业教育深化教学改革，提高教育教学质量将起到积极的推动作用。

希望各地、各中等职业学校积极推广和选用国家规划新教材，并在使用过程中，注意总结经验，及时提出修改意见和建议，使之不断完善和提高。

教育部职业教育与成人教育司
2009 年 5 月

前　言

　　"计算机应用基础"课程是中职学生必修的一门公共基础课。该课程在中等职业学校人才培养计划中与语文、数学、外语等课程具有同等重要的地位，具有文化基础课的性质。

　　当今社会，以计算机技术为主要标志的信息技术已经渗透到人类生活、工作的各个方面，各种生产工具的信息化、智能化水平越来越高。在这样的社会背景下，对于计算机的了解程度和对信息技术的掌握水平成为一个人基本能力和素质的反映。因此，以培养高素质劳动者为主要目标的中等职业学校，必须高质量地完成计算机应用基础课程的教学，每一个学生必须认真学好这门课程。

　　根据教育部 2009 年颁布的《中等职业学校计算机应用基础教学大纲》要求，计算机应用基础课程的任务是：使学生掌握必备的计算机应用基础知识和基本技能，培养学生应用计算机解决工作与生活中实际问题的能力，初步具有应用计算机学习的能力，为其职业生涯发展和终身学习奠定基础；提升学生的信息素养，使学生了解并遵守相关法律法规、信息道德及信息安全准则，培养学生成为信息社会的合格公民。

　　计算机应用基础课程的教学目标如下：

　　•　使学生了解、掌握计算机应用基础知识，提高学生计算机基本操作、办公应用、网络应用、多媒体技术应用等方面的技能，使学生初步具有利用计算机解决学习、工作、生活中常见问题的能力；

　　•　使学生能够根据职业需求运用计算机，体验利用计算机技术获取信息、处理信息、分析信息、发布信息的过程，逐渐养成独立思考、主动探究的学习方法，培养严谨的科学态度和团队协作意识；

　　•　使学生树立知识产权意识，了解并能够遵守社会公共道德规范和相关法律法规，自觉抵制不良信息，依法进行信息技术活动。

　　根据上述计算机应用基础课程的任务和教学目标要求，本教材编写遵循以下基本原则。

　　1.　打基础、重实践

　　计算机学科的实践性和应用性都很强，除了掌握计算机的原理和有关应用知识外，对计算机的操作能力是开展计算机应用最重要的条件。中等职业教育培养生产、技术、管理和服务第一线的高素质劳动者，其特点主要体现在实际操作能力上。为突出对学生实际操作能力和应用能力的训练与培养，本套教材由《计算机应用基础》和《计算机应用基础综合技能训练》两本书构成。在教学安排上，实际操作与应用训练应占总学时的 75%，通过课堂训练与课余强化使学生的操作能力达到：英文录入 120 字符 / 分钟、中文录入 60 字 / 分钟，能够熟练使用 Windows 操作系统，熟

练使用文字处理软件、表格处理软件，熟练利用 Internet 进行网上信息搜索与信息处理等。因此，《计算机应用基础》一书所介绍的内容有：计算机基础知识、操作系统 Windows XP（其中包括常用汉字输入方法）、因特网（Internet）应用、文字处理软件 Word 2003 应用、电子表格处理软件 Excel 2003 应用、多媒体软件应用、演示文稿软件 PowerPoint 2003 应用等。《计算机应用基础综合技能训练》则围绕若干典型应用案例，形成项目教学情境，促进学生掌握计算机综合应用技能。

2. 零起点、考证书

中职教育的对象是初中毕业或相当于初中毕业的学生，在我国普及九年义务教育的情况下，中职教育也就是面向大众的职业教育。作为一门技术含量比较高的文化基础课，计算机应用基础课程要适应各种水平和素质的学生，就要从"零"开始讲授，即"零起点"。从零开始，以三年制中职教学计划为依据，兼顾四年制教学的需要，按照教育部颁布的大纲要求实施教学。在重点使学生掌握计算机应用基本知识和基本技能的基础上，为学生取得计算机应用能力技能证书和职业资格证书做好准备。本教材吸收了国际著名 IT 厂商微软公司近年来的先进技术及教育资源，学生通过学习可以掌握先进的 IT 技术，可以选择参加微软相关认证考试。

3. 任务驱动，促进以学生为中心的课程教学改革

为了适应当前中等职业教育教学改革的要求，教材编写吸收了新的职教理念，以任务牵引教材内容的安排，形成"提出任务——完成任务——掌握相关知识和技能——课堂训练——课余练习巩固"这样的教材逻辑体系，从而适应任务驱动的、"教学做一体化"的课堂教学组织要求。

2009 年教育部颁布的《中等职业学校计算机应用基础教学大纲》，将课程内容分为两个部分，即基础模块（含拓展部分）和职业模块。本套教材相应分为两册，其中《计算机应用基础》对应大纲的基础模块，书中部分标有"*"号的内容属于选修或拓展内容。拓展内容由教师根据实际情况决定是否在课堂上讲授，也可以给有潜力的学生自学使用。《计算机应用基础综合技能训练》对应大纲的职业模块，依据项目教学的指导思想，教师以提高学生实践能力和综合应用能力为目标选择教材内容组织教学。

在计算机应用基础课程教学过程中，要充分考虑中职学生的知识基础和学习特点，在教学形式上更贴近中职学生的年龄特征，避免枯燥难懂的理论描述，力求简明。教学中"以学生为中心"，提倡教师做"启发者"与"咨询者"，提倡采用过程考核模式，培养学生的自主学习能力，调动学生学习的积极性，使教学内容与职业应用相关联，同时努力培养学生的信息素养与职业素质。

《计算机应用基础》教材的推荐授课学时安排如下：

序　　号	课 程 内 容	教 学 时 数	
		讲授与上机实习	说　　明
1	计算机基础知识	10	建议在多媒体机房组织教学，使课程内容讲授与上机实习合二为一
2	操作系统 Windows XP	12	
3	因特网（Internet）应用	12	
4	文字处理软件 Word 2003 应用	20	
5	电子表格处理软件 Excel 2003 应用	20	
6	多媒体软件应用	14	
7	演示文稿软件 PowerPoint 2003 应用	8	
	机动	12	
	合计	96 ～ 108	

《计算机应用基础综合技能训练》的推荐授课学时为 32 ～ 36。在实施综合训练教学时，选择教材中与学生所学专业联系最紧密的 2 ～ 3 个典型应用案例进行教学，有针对性地提高学生在本专业领域中计算机的综合应用能力。

本教材由武马群担任主编，参编人员：第 1 章由北京信息职业技术学院武马群编写，第 2 章由北京信息职业技术学院孙振业编写，第 3 章由大连计算机职业中专学校韩新洲编写，第 4 章由北京市朝阳区职教中心谢宝荣编写，第 5 章由北京教育科学研究院职成教研中心马开颜编写，第 6 章由大连市计算机职业中专学校王健编写，第 7 章由北京市计算机工业学校王燕伟编写。王慧玲、王英、齐银军、刘泽瑞、谢四正、罗美珍、姜百涛、胡桂君等参加了资料整理工作。

由于出版时间紧迫，加之编者水平有限，本教材不足之处，敬请读者指正。

编　者
2009 年 4 月

目　录

Chapter 5　第5章　电子表格处理软件Excel 2003应用 ……183

第1章

计算机基础知识

1.1 概述

◎ 计算机的概念
◎ 计算机的发展
◎ 计算机的应用领域

1.1.1 计算机的概念

电子计算机（Digital Computer）是一种能够按照指令对各种数据和信息进行自动加工和处理的电子设备，简称计算机（Computer），俗称电脑。

电子计算机诞生于 20 世纪中叶，是人类最伟大的技术发明之一，它的出现和广泛应用把人类从繁重的脑力劳动中解放出来，提高了社会各个领域中信息的收集、处理和传播速度与准确性，直接促进了人类向信息化社会的迈进。

1.1.2 计算机的发展

世界上公认的第一台电子计算机 ENIAC（Electronic Numerical Integrator And Computer，电子数值积分计算机）诞生于 1946 年的美国陆军阿伯丁弹道实验室，主要用于计算弹道和氢弹的研制。ENIAC 的问世，标志着人类计算工具的历史性变革。随着电子技术的迅猛发展，电子计算机已经历了 4 个发展阶段。

第一代（1946 年—1958 年）是电子管计算机时代。这一代计算机（见图 1-1）的逻辑元件采用电子管（见图 1-2），使用机器语言编程，之后又产生了汇编语言。代表机型有 ENIAC、IBM650（小型机）、IBM709（大型机）等。

第二代（1959 年—1964 年）是晶体管计算机时代。这一代计算机（见图 1-3）逻辑元件采用晶体管（见图 1-4），并出现了管理程序和 COBOL、FORTRAN 等高级编程语言。代表机型有 IBM7090、IBM7094、CDC7600 等。

图 1-1　电子管计算机

图 1-2　电子管

图 1-3　晶体管计算机

第三代（1965 年—1970 年）是中小规模集成电路计算机时代。这一代计算机（见图 1-5）逻辑元件采用中、小规模集成电路（见图 1-6），出现了操作系统和诊断程序，高级语言更加流行，如 BASIC、Pascal、APL 等。代表机型有 IBM360 系列、富士通 F230 系列等。

图 1-4　晶体管

图 1-5　集成电路计算机

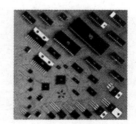
图 1-6　中小规模集成电路

第四代（1971 年至今）是大规模集成电路计算机时代。这一代计算机逻辑元件是大规模和超大规模集成电路，使用微处理器（Microprocessor）芯片（见图 1-7）。这一代计算机运行速度快，存储容量大，外部设备种类多，用户使用方便，操作系统和数据库技术进一步发展。计算机技术与网络技术、通信技术相融合，使计算机应用进入了网络时代，多媒体技术的兴起扩大了计算机的应用领域。

1971 年 Intel 公司首次把中央处理器（CPU）制作在一块芯片上，研制出了第 1 个 4 位单片微处理器 Intel 4004，它标志着微型计算机（微机）的诞生。微机称为个人计算机（PC），是各类计算机中发展最快、使用最多的一种计算机，我们日常学习、生活、工作中使用的多数是微机。微机又有台式机和笔记本电脑，分别如图1-8、图1-9所示。

| 图 1-7　微处理器芯片 | 图 1-8　微机 | 图 1-9　笔记本电脑 |

介于普通微机和小型计算机之间有一类高级微机称为工作站（见图1-10），具有速度快、容量大、通信功能强的特点，适合于复杂数值计算，价格便宜，常用于图像处理、辅助设计、办公自动化等方面。

最小的单片机（见图1-11）则把计算机做在了一块半导体芯片上，使它可直接嵌入到其他机器设备中进行数据处理和过程控制。

| 图 1-10　工作站 | 图 1-11　单片机 |

微机随着集成电路技术的进步已经出现了 5 个发展阶段。

第一代（1971 年—1973 年）是 4 位或准 8 位微机。其 CPU 的代表是 Intel 4004 和 Intel 8008。

第二代（1974 年—1977 年）是 8 位微机。其 CPU 的代表是 Intel 8080、M6800 和 Z80。

第三代（1978 年—1980 年）是 16 位微机。其 CPU 的代表为 Intel 8086、M68000 和 Z8000。

第四代（1981 年—1992 年）是 32 位微机。其 CPU 的代表是 Intel 80386、Intel 80486、IAPX432、MAC2、HP32、M68020 等。

第五代（1993 年至今）是 64 位微机。其 CPU 的代表包括 IBM 的 Power 和 PowerPC 系列、HP 的 PA-RISC 8000 系列、Sun 的 UltraSPARC 系列和 MIPS 的 R10K 系列等。

根据摩尔定律，微处理器和微机以平均 18 个月性能提高一倍、价格降低一半的速度发展。因此，随着超大规模集成电路的发展，以及其他新技术在计算机上的应用，将会不断出现性能更好、价格更低的计算机产品。

1.1.3　计算机的应用领域

计算机以其速度快、精度高、能记忆、会判断、自动化等特点，经过短短几十年的发展，其应用已经渗透到人类社会的各个方面，从国民经济各部门到生产和工作领域，从家庭生活到消费娱乐，到处都可见计算机的应用成果。因此，计算机应用能力已经成为人们必备的基本能力之一。

总的来讲，计算机的应用领域可以归纳为 5 大类：科学计算、信息处理、过程控制、计算机辅助设计／辅助教学和人工智能。

1. 科学计算

科学计算（Scientific Calculation）又称为数值计算，是计算机应用最早的领域。在科学研究和工程设计中，经常会遇到各种各样的数值计算问题。例如，我国嫦娥一号卫星从地球到达月球要经过一个十分复杂的运行轨迹（见图 1-12），为设计运行轨迹要进行大量的计算工作。计算机具有速度快、精度高的特点，以及能够按指令自动运行、准确无误的运算能力，可以高效率地解决上述这类问题。

图 1-12　嫦娥一号卫星探月

2. 信息处理

信息处理（Information Processing）是指用计算机对信息进行收集、加工、存储、传递等工作，其目的是为有各种需求的人们提供有价值的信息，作为管理和决策的依据。例如，人口普查资料的统计、股市行情的实时管理、企业财务管理、市场信息分析、个人理财记录等。计算机信息处理已广泛应用于企业管理、办公室自动化、信息检索等诸多领域，成为计算机应用最活跃、最广泛的领域之一。

3. 过程控制

计算机过程控制（Process Control）是指用计算机对工业过程或生产装置的运行状况进行检测，并实施生产过程自动控制。例如，用火箭将嫦娥一号卫星送向月球的过程，就是一个典型的计算机控制过程。将计算机信息处理与过程控制有机结合起来，能够实现生产过程自动化，甚至能够出现计算机管理下的无人工厂。

4. 计算机辅助设计／辅助教学

计算机辅助设计（Computer-Aided Design，CAD）是指利用计算机来帮助设计人员进行工程设计。辅助设计系统配有专业绘图软件来协助设计人员绘制设计图纸，模拟装配过程，甚至设计结果能够直接驱动机床加工制造。用计算机进行辅助设计，不但速度快，而且质量高，可以缩短产品开发周期，提高产品质量。

计算机辅助教学（Computer-Aided Instruction，CAI）是指利用计算机来辅助教学和学习。教师可以利用计算机创设仿真的情境，向学生提供丰富的学习资源，提高教学效果；可以开发网络化学习资源库，支持学生远程学习，并实现在计算机辅助下的师生交互，构成新型的人机交互学习系统，学习者可以自主确定学习计划和进度，既灵活又方便。

5. 人工智能

人工智能（Artificial Intelligence）是利用计算机对人的智能进行模拟，模仿人的感知能力、思维能力、行为能力等，如语音识别、语言翻译、逻辑推理、联想决策、行为模拟等。最具有代表性的应用是机器人，包括机械手、智能机器人（见图1-13）。

图1-13 智能机器人

在我们的日常生活中，计算机应用的案例比比皆是，如每一部高级汽车中都有几十个计算机控制芯片，它们可以使汽车的各个部件很好地协调运行，让汽车随时保持最佳状态。我们看到的每一部电视剧、每一部动画片、每一本书籍都是经过计算机编辑加工完成的。可以说，人类现代的生产和生活已经离不开计算机技术，计算机技术的发展和应用的深化，正在促进人类向着信息化社会迈进。

1.2 微型计算机的组成

学习要点

◎ 计算机的系统组成
◎ 运算器、控制器、存储器、输入设备、输出设备
◎ CPU、内存储器、外存储器、I/O设备、I/O接口
◎ 其他I/O设备*
◎ 计算机软件系统
◎ 基本输入/输出系统（BIOS）*

一台完整的计算机应该包括硬件系统和软件系统两部分，如图1-14所示。计算机硬件（Hardware）是指那些由电子元器件和机械装置组成的"硬"设备，如键盘、显示器、主板等，它们是计算机能够工作的物质基础。计算机软件（Software）是指那些在硬件设备上运行的各种程序、数据和有关的技术资料，如Windows操作系统、数据库管理系统等。没有软件的计算机称为"裸机"，裸机无法工作。

1.2.1 计算机硬件系统

计算机采用冯·诺依曼（Von Neumann）体系结构，其硬件系统由5个基本部分组成，即运算器、控制器、存储器、输入设备和输出设备，如图1-14所示。运算器和控制器构成计算机的中央处理器（Central Processing Unit，CPU），CPU与内存储器构成计算机的主机，其他外存储器、输入和输出设备统称为外部设备。

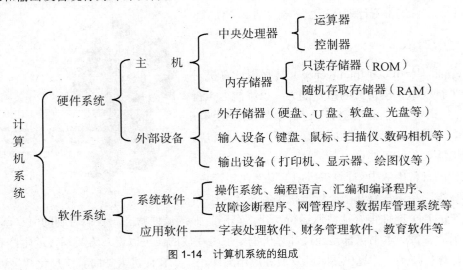

图 1-14　计算机系统的组成

1. CPU

CPU 是一个超大规模集成电路芯片，它包含运算器和控制器的功能，因此 CPU 又称为微处理器（MPU）。运算器（Arithmetic Unit）也称为算术逻辑单元（Arithmetic Logic Unit，ALU），用来进行加、减、乘、除等算术运算和"与"、"或"、"非"等逻辑运算，实现逻辑判断。控制器（Control Unit）是计算机的指挥中心，计算机的各部件在它的指挥下协调工作。控制器通过执行程序使计算机完成规定的处理任务。

目前，CPU 型号很多，主流产品是 Intel 系列、AMD 系列等，如图 1-15 所示。

CPU 的主要技术指标如下。

（1）字长。字（Word）是 CPU 处理数据的基本单位，字中所包含的二进制数的位数称为字长，它反映了计算机一次可以处理的二进制代码的位数。CPU 的字长通常由其内部数据总线的宽度决定，它是 CPU 最重要的指标之一。字长越长，数据处理精度越高，速度越快。通常以字长来称呼 CPU，如 Pentium 4 CPU 的字长是 32 位，称为 32 位微处理器。

（2）主频。CPU 的主频是指 CPU 的工作时钟频率，是衡量 CPU 运行速度的指标，Pentium 4 2.0GHz CPU 的主频是 2.0GHz。

（3）整数和浮点数性能。整数运算由 ALU 实现，而浮点数运算由浮点处理器（Floating Point Unit，FPU）实现。浮点运算主要应用于图形软件、游戏程序处理等。浮点运算能力是选择 CPU 需要考虑的重要因素之一。

（4）高速缓冲存储器。高速缓冲存储器（Cache）设置在 CPU 内部，工作过程完全由硬件电路控制，数据的存取速度快，其速度高出访问内存速度的数倍，设置 Cache 可以提高计算机的速度。Cache 容量较小，通常在 1MB 左右。在相同的主频下，Cache 容量越大，CPU 性能越好。

2. 存储器

计算机的存储器分为 3 种：主存储器（内存）、外存储器（外存）和 Cache。在计算机中采取如图 1-16 所示的三级存储器策略来解决存储器的大容量、低成本与适应 CPU 高速度之间的矛盾。

图1-15 CPU外形与商标

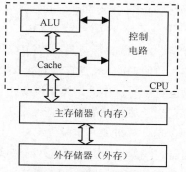

图1-16 三级存储器策略

内存分为只读存储器（ROM）和随机存取存储器（RAM）两种，ROM存放固定不变的程序和数据，关机后不会丢失；RAM用来在计算机运行时存放系统程序、应用程序、数据结果等，关机后内容消失。在计算机系统中，内存容量主要由RAM的容量来决定，习惯上将RAM直接称为内存。内存条如图1-17所示，安装在主板上CPU的附近。内存容量有几十兆字节（MB）到几个吉字节（GB）不等，如64MB，128MB，256MB，512MB，1GB等，可根据需要配置。

图1-17 内存条

ROM在计算机工作时只能读出（取），不能写入（存）。ROM中存储的程序或数据是在组装计算机之前就写好了的。ROM芯片有3类：MROM称为掩模ROM，存储内容在芯片生产过程中就已写好；PROM称为可编程ROM，存储内容由使用者一次写定，不能再更改；EPROM称为可擦除可编程ROM，使用者可以多次更改写入的内容。

RAM可随时读出和写入，分为动态RAM（DRAM）和静态RAM（SRAM）两大类。DRAM存储容量大、速度较慢、价格便宜，内存的大部分都是由DRAM构成的；SRAM速度快、价格较贵，常用于Cache。

外存也叫做辅助存储器。外存由磁性材料或光反射材料制成、价格低、容量大、存取速度慢，用于长期存放暂时不用的程序和数据。外存不能直接与CPU或I/O设备进行数据交换，只能和内存交换数据。常用的外存有硬盘、光盘、软盘（分别见图1-18、图1-19和图1-20）、移动存储器等。它们使用时都是由驱动器、控制器和盘片3部分完成。盘片用来存储信息，驱动器完成对盘的读或写和其他操作，控制器完成盘与内存之间的数据交换。

图1-18 硬盘　　　　　图1-19 光盘　　　　　图1-20 软盘

存储容量的单位用 B（字节 Byte）、KB（千字节）、MB（兆字节）、GB（吉字节）来表示，1GB = 1 024MB，1MB = 1 024KB，1KB = 1 024B。

3.5 英寸软盘的容量是 1.44MB，软盘数据通过软盘驱动器进行读写。CD-ROM 光盘容量约 650MB，单面 DVD 光盘容量约 4.7GB，双面双层 DVD 容量可达 17GB。光盘驱动器（光驱）是对光盘进行读写操作的一体化设备，目前流行的光驱有 DVD-ROM 和 Combo（康宝）。光驱可以同时带有刻录功能，称为光盘刻录机，记作 CD-RW 或 DVD-RW。

硬盘是计算机的基本配件，几乎所有的用户数据都要存储到硬盘中。硬盘包括硬盘盘片和硬盘驱动器，硬盘驱动器驱动盘片旋转实现数据存取。当前，主流 IDE 硬盘的转速一般为 5 400r/min 和 7 200r/min，转速反映硬盘的档次。随着硬盘容量的不断增大，硬盘的转速也在不断提高。目前，硬盘容量已在 120GB 以上。

移动存储器主要有移动硬盘和 U 盘两类。移动硬盘和普通硬盘没有本质区别，经过防震处理，提供 USB 接口，实现即插即用。U 盘属于移动半导体存储设备（闪存），也采用 USB 接口，存储容量可超过 8GB，已成为计算机使用者必备的移动存储设备。

3. 输入设备

输入设备（Input Equipment）用于向计算机输入程序和数据。它将程序和数据从人们习惯的形式转换成计算机能够识别的二进制代码，并放在内存中。常见的输入设备有键盘、鼠标、扫描仪（分别见图 1-21、图 1-22）、摄像头等。

图 1-21　鼠标键盘　　　　　　　　　图 1-22　扫描仪

键盘是向计算机发布命令和输入数据的重要输入设备。任何键盘都有按键矩阵和键盘电路两个基本组成部分。根据接口的不同，键盘可分为 PS/2 接口键盘和 USB 接口键盘，当前的主板大多同时支持这两种接口的键盘。根据键盘与计算机连接方式的不同，键盘可分为有线键盘和无线键盘。无线键盘在使用时需在主机上加装配套的接收器，用于接收键盘发出的信号。接收器一般安装在串口上。

目前，常用鼠标分机械式和光电式两类。机械式鼠标底部有一个可以滚动的橡胶球，通过橡胶球的滚动，将位置移动变换为计算机可以处理的信号。光电式鼠标有一个光电探测器，在具有反光功能的板上使用，检测鼠标移动产生电信号，传给计算机完成光标的同步移动。

4. 输出设备

输出设备（Output Equipment）将计算机内以二进制代码形式存储的数据转换成人们习惯的文字、图形、声音等形式并输出。常见的输出设备有显示器、打印机、绘图仪等。

显示器是必备的输出设备，主要有阴极射线管（CRT）显示器和液晶（LED）显示器两类，如图 1-23 所示。CRT 显示器接收视频信号输入，分辨率为 800 × 600 像素、1 024 × 768 像素或更高，分辨率是指屏幕每行 × 每列的像素数。LED 显示器具有体积小、低功耗、无闪烁、无辐射的特点，价格比同档次的 CRT 显示器高很多。

（a）CRT显示器　　　　　　　　　　　　　（b）LED显示器

图 1-23　显示器

　　打印机是用来打印文字或图片的设备，是办公自动化必不可少的输出设备之一。打印机常用的有针式打印机、喷墨打印机和激光打印机 3 种，如图 1-24 所示。打印机根据打印颜色还可分为单色打印机和彩色打印机，根据打印幅面可分为窄幅打印机（A4 以下）和宽幅打印机。

（a）针式打印机　　　　　　　（b）喷墨打印机　　　　　　（c）激光打印机

图 1-24　打印机

　　针式打印机的特点是耗材费用低、纸张适用面广，这种打印机靠击打色带（单色）打印输出，常用于打印专业性较强的报表、存折、发票、车票、卡片等输出介质，但噪音高。喷墨打印机与针式打印机相比，打印质量较好，噪音小，价格较低。激光打印机打印速度快、质量高、不褪色、低噪音，能够支持网络打印，但成本较高，大多在专业场合应用。

5. 其他 I/O 设备 *

　　除以上微机系统中最常用的输入 / 输出设备之外，在多媒体应用环境下还需要摄像头、投影仪等设备，以及麦克风、音箱、手写板、触摸屏等更加适合人们习惯的输入 / 输出设备。有关这些设备的介绍参见本书 6.1 节中表 6-1、表 6-2 的内容。

1.2.2　计算机软件系统

　　自从 1946 年第 1 台电子计算机问世以来，随着计算机速度和存储容量的不断提高，计算机软件得到了迅速发展，从最初用手工方式输入二进制形式的指令和数据进行运算，到现在只需单击鼠标就可以编制色彩丰富的多媒体应用软件，可谓天壤之别。经过数十年的发展，已经形成了庞大的计算机软件系统，它们是人类智慧的结晶。

　　软件是指那些在硬件设备上运行的各种程序、数据和有关的技术资料。软件系统是指各种软件

的集合，软件系统可分为系统软件（System Software）和应用软件（Application Software）两大类。

1. 系统软件

系统软件是为了提高计算机的使用效率，对计算机的各种软、硬件资源进行管理的一系列软件的总称。系统软件有操作系统、语言处理软件、数据库管理系统、服务程序等几大类。

（1）操作系统。操作系统（Operating System，OS）是最基本的系统软件，它由一系列程序构成，使用户可以通过简单命令让设备完成指定的任务；这些程序还可以对 CPU 的时间、存储器的空间和软件资源进行管理。操作系统是计算机硬件与用户之间的界面。例如，当通过 Windows 操作系统来操作使用微机时，它就是使用者与硬件系统之间的界面，它将使用者（用户）发出的指令转换成复杂的对计算机硬件系统进行指挥和管理的内部操作。操作系统的任务是更加有效地管理和使用计算机系统的各种资源，发挥各个功能部件的最大功效，方便用户使用计算机系统。它通常具有进程管理、存储管理、设备管理、作业管理和文件管理 5 方面的功能。

（2）语言处理软件。语言处理软件是指各种编程语言以及汇编程序、编译系统和解释系统等语言转换程序。

编程语言包括机器语言、汇编语言和高级语言，用来编写计算机程序或开发应用软件。

（3）数据库管理系统。所谓数据库（Data Base），就是实现有组织地、动态地存储大量相关数据，方便多用户访问的由计算机软、硬件资源组成的系统。为数据库的建立、操纵和维护而配置的软件称为数据库管理系统（Data Base Management System，DBMS）。目前，微机上配备的数据库管理系统有 MS Access、FoxPro、MS SQL Server、Oracle、DB2 等。

（4）常用的服务程序。服务程序是人们能够顺利使用计算机的帮手，一般称为"工具软件"，是系统软件的一个重要组成部分。常用的工具软件有诊断程序、调试程序、编辑程序等。

2. 应用软件

应用软件是指为解决计算机用户的特定应用而编制的软件，它运行在系统软件之上，运用系统软件提供的手段和方法，完成人们实际要做的工作。例如，财务管理软件、文字处理软件、绘图软件、信息管理软件等。

3. 基本输入 / 输出系统 *

由于企业生产的专业分工和通用性的要求，计算机硬件生产企业出厂的计算机整机不配备软件系统，此时的计算机称为"裸机"。此时的计算机好比只有身体而没有任何知识和能力的人，既听不懂语言也不会做任何事情，因此，"裸机"不能正常运行，用户无法使用。但是，只要"裸机"具有基本的输入和输出功能，用户（或计算机销售公司）就可以将操作系统、应用软件等安装上去，使其成为一台符合用户要求的计算机。

从上面的说明可知，"裸机"必须具备基本输入 / 输出系统（Basic Input/Output System，BIOS），它是固化在计算机硬件系统之中的软件，也可以说是和计算机硬件系统融为一体的最基础层面的软件。由 BIOS 开始，用户应逐层安装的顺序为：BIOS、操作系统、高级语言和数据库、应用软件等软件环境，如图 1-25 所示。

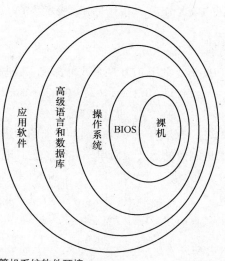

图 1-25　计算机系统软件环境

1.3　计算机中的数与信息编码*

◎ 计算机中的数制

◎ 数制间的转换

◎ 容量的表示：B，KB，MB，GB，TB

◎ 机器数与真值

◎ BCD码

◎ 字符与汉字的编码

◎ 数据在计算机中的处理过程

1.3.1　计算机中的数制

"数制"是指进位计数制，它是一种科学的计数方法，它以累计和进位的方式进行计数，实现了以很少的符号表示大范围数字的目的。计算机中常用的数制有二进制、十进制和十六进制。

1. 十进制

十进制（Decimal）数用 0，1，2，…，9 十个数码表示，并按"逢十进一"、"借一当十"的规则计数。十进制的基数是 10，不同位置具有不同的位权。例如：

$$680.45 = 6 \times 10^2 + 8 \times 10^1 + 0 \times 10^0 + 4 \times 10^{-1} + 5 \times 10^{-2}$$

十进制是人们最习惯使用的数制，在计算机中一般把十进制作为输入／输出的数据形式。为了把不同进制的数区分开，将十进制数表示为 $(N)_{10}$。

2. 二进制

二进制（Binary）数用 0，1 两个数码表示，二进制的基数是 2，不同位置具有不同的位权。例如：

$$(1011.101)_2 = 1 \times 2^3 + 0 \times 2^2 + 1 \times 2^1 + 1 \times 2^0 + 1 \times 2^{-1} + 0 \times 2^{-2} + 1 \times 2^{-3}$$
$$= (11.625)_{10}$$

二进制数的位权展开式可以得到其表征的十进制数大小。二进制数常用 $(N)_2$ 来表示，也可以记做 $(N)_B$。二进制数的运算很简单，遵循"逢二进一"、"借一当二"的规则。

1 + 1 = 0（进 1）	1 + 0 = 1	0 + 1 = 1	0 + 0 = 0
1 - 1 = 0	1 - 0 = 1	0 - 1 = 1（借 1）	0 - 0 = 0
1 × 1 = 1	1 × 0 = 0	0 × 1 = 0	0 × 0 = 0

3. 十六进制

十六进制（Hexadecimal）数用 0，1，2，…，9，A，B，C，D，E，F 十六个数码表示，A 表示 10，B 表示 11，……，F 表示 15。基数是 16，不同位置具有不同的位权。例如：

$$(3AB.11)_{16} = 3 \times 16^2 + A \times 16^1 + B \times 16^0 + 1 \times 16^{-1} + 1 \times 16^{-2}$$
$$= (939.0664)_{10}$$

十六进制数的位权展开式可以得到其表征的十进制数大小。十六进制数常用 $(N)_{16}$ 或 $(N)_H$ 来表示。十六进制数的运算，遵循"逢十六进一"、"借一当十六"的规则。

表 1-1 所示为 3 种数制的对照关系。

表1-1　　　　　　　　　　十进制、二进制、十六进制数值对照表

十　进　制	二　进　制	十　六　进　制	十　进　制	二　进　制	十　六　进　制
0	0000	0	8	1000	8
1	0001	1	9	1001	9
2	0010	2	10	1010	A
3	0011	3	11	1011	B
4	0100	4	12	1100	C
5	0101	5	13	1101	D
6	0110	6	14	1110	E
7	0111	7	15	1111	F

1.3.2　数制间的转换

用位权展开式可以将二进制、十六进制转换成十进制，本节主要讨论十进制转换成二进制、十进制转换成十六进制的方法以及二进制与十六进制的相互转换方法。

1. 十进制数转换成二进制数

将十进制数转换成二进制数，要将十进制数的整数部分和小数部分分开进行。将十进制的整数

转换成二进制整数，遵循"除2取余、逆序排列"的规则；将十进制小数转换成二进制小数，遵循"乘2取整、顺序排列"的规则；然后再将二进制整数和小数拼接起来，形成最终转换结果。例如：

$$(45.8125)_{10} = (101101.1101)_2$$

（1）十进制数整数转换成二进制数。

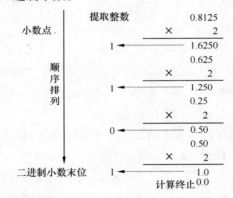

转换结果：$(45)_{10} = (101101)_2$

（2）十进制小数转换成二进制小数。

转换结果：$(0.8125)_{10} = (0.1101)_2$

因此 $(45.8125)_{10} = (101101.1101)_2$。

2. 十进制数转换成十六进制数

将十进制数转换成十六进制数与转换成二进制数的方法相同，也要将十进制数的整数部分和小数部分分开进行。将十进制的整数转换成十六进制整数，遵循"除16取余、逆序排列"的规则；将十进制小数转换成十六进制小数，遵循"乘16取整、顺序排列"的规则；然后再将十六进制整数和小数拼接起来，形成最终转换结果。

3. 二进制数与十六进制数的相互转换

（1）十六进制数转换成二进制数。由于一位十六进制数正好对应4位二进制数，对应关系如表1-1所示，因此将十六进制数转换成二进制数，每一位十六进制数分别展开转换为二进制数即可。

例如，将十六进制数 $(3ACD.A1)_{16}$ 转换成二进制数。

3	A	C	D	.	A	1
↓	↓	↓	↓		↓	↓
0011	1010	1100	1101	.	1010	0001

转换结果：$(3ACD.A1)_{16} = (11101011001101.10100001)_2$

（2）二进制数转换成十六进制数。将二进制数转换成十六进制数的方法，可以表述为：以二进制数小数点为中心，向两端每 4 位组成一组（若高位端和低位端不够 4 位一组，则用 0 补足），然后每一组对应一个十六进制数码，小数点位置对应不变。

例如，将二进制 (10101111011.0011001011)₂ 转换成十六进制数。

```
0101   0111   1011      0011   0010   1100
  ↓      ↓      ↓         ↓      ↓      ↓
  5      7      B    .    3      2      C
```

转换结果：$(10101111011.0011001011)_2 = (57B.32C)_{16}$

1.3.3　计算机中数的表示

在计算机内部，对数据加工、处理和存储都以二进制形式进行。每一个二进制数都要用一连串电子器件的 "0" 或 "1" 状态来表示，如用 8 位二进制数表示一个数据，可以用 b_0，b_1，…标注每一位。

b_7	b_6	b_5	b_4	b_3	b_2	b_1	b_0

计算机中最小的数据单位是二进制的一个 "位"（bit）。在上面的图中，b_0，b_1，…，b_7 分别表示 8 个二进制位，每一位的取值 "0" 或 "1"，就表示了一个 8 位的二进制数。

相邻 8 个二进制位称为一个 "字节"（Byte），简写为 "B"，字节是最基本的容量单位，可以用来表示数据的多少和存储空间的大小。现代计算机的软件和存储器容量已经相当大，容量单位常用 KB（千）、MB（兆）、GB（吉）和 TB（特）来表示，它们之间的关系是：

$$1 \text{ KB} = 2^{10}\text{B} = 1\ 024 \text{ B} \qquad\qquad 1 \text{ MB} = 2^{10}\text{KB} = 1\ 024 \text{ KB}$$

$$1 \text{ GB} = 2^{10}\text{MB} = 1\ 024 \text{ MB} \qquad\qquad 1 \text{ TB} = 2^{10}\text{GB} = 1\ 024 \text{ GB}$$

例如，某一个文件的大小是 76KB，某个存储设备的存储空间有 40GB 等。

1. 整数的表示

在计算机中数分为整数和浮点数。整数分有符号数和无符号数。计算机中的地址和指令通常用无符号数表示。8 位无符号数的范围为 00000000 ～ 11111111，即 0 ～ 255。计算机中的数通常用有符号数表示，有符号数的最高位为符号位，用 "0" 表示正，用 "1" 表示负。正数和零的最高位为 0，负数的最高位为 1。8 位有符号数的范围为 11111111 ～ 01111111，即 -127 ～ +127。

b_7	b_6	b_5	b_4	b_3	b_2	b_1	b_0
X							

—— 符号位

为了便于计算，计算机中的数通常使用补码的形式。最高位为符号位，其他位表示数值大小的绝对值，这种数的表示方法称为原码；最高位为符号位，正数的其他位不变，负数的其他位按位取反，这种数的表示方法称为反码；最高位为符号位，正数的其他位不变，负数的其他位在反码的基础上再加 1（即按位取反加 1），这种数的表示方法称为补码。例如：

有符号数：　　+11　　　　-11

原　　码：　00001011　10001011

反　　码：　00001011　11110100

补　　码：　00001011　11110101

2. 浮点数的表示

在计算机中，实数通常用浮点数来表示，浮点数采用科学计数法来表征。例如：

十进制数：$57.625 = 10^2 \times (0.57625)$ $\quad\quad -0.00456 = 10^{-2} \times (-0.456)$

二进制数：$110.101 = 2^{+11} \times (0.110101)$

浮点数由阶码和尾数两部分组成，如下图所示。

阶符	阶码	数符	尾数

阶码表示指数的大小（尾数中小数点左右移动的位数），阶符表示指数的正负（小数点移动的方向）；尾数表示数值的有效数字，为纯小数（即小数点位置固定在数符与尾数之间），数符表示数的正负。阶符和数符各占一位，阶码和尾数的位数因精度不同而异。

1.3.4 常见信息编码

在计算机系统中"数据"是指具体的数或二进制代码，而"信息"则是二进制代码所表达（或承载的）具体内容。在计算机中，数都以二进制的形式存在，同样各种信息包括文字、声音、图像等也均以二进制的形式存在。

1. BCD 码

计算机中的数用二进制表示，而人们习惯使用十进制数。计算机提供了一种自动进行二进制与十进制转换的功能，它要求用 BCD 码（Binary-Coded Decimal）作为输入/输出的桥梁，以 BCD 码输入十进制数，或以 BCD 码输出十进制数。

BCD 码就是将十进制的每一位数用多位二进制数表示的编码方式，最常用的是 8421 码，用 4 位二进制数表示一位十进制数。表 1-2 所示为十进制数与 BCD 码之间的 8421 码对应关系。

表1-2　　　　　　　　　　　　十进制、BCD码对照表

十 进 制 数	BCD 码	十 进 制 数	BCD 码
0	0000	5	0101
1	0001	6	0110
2	0010	7	0111
3	0011	8	1000
4	0100	9	1001

例如：$(29.06)_{10} = (0010\ 1001.0000\ 0110)_{BCD}$

2. 字符的 ASCII

计算机中常用的基本字符包括十进制数字符号 $0 \sim 9$，大小写英文字母 $A \sim Z$，$a \sim z$，各种运算符号、标点符号以及一些控制符，总数不超过 128 个，在计算机中它们都被转换成能被计算机识别的二进制编码形式。目前，在计算机中普遍采用的一种字符编码方式，就是已被国际标准化组织（ISO）采纳的美国标准信息交换码（American Standard Code for Information Interchange，

ASCII），如表 1-3 所示。

表1-3　　　　　　　　　　　　　　　　ASCII表

高位 低位	000	001	010	011	100	101	110	111
0000	NUL	DLE	SP	0	@	P	`	p
0001	SOH	DC1	!	1	A	Q	a	q
0010	STX	DC2	"	2	B	R	b	r
0011	ETX	DC3	#	3	C	S	c	s
0100	EOT	DC4	$	4	D	T	d	t
0101	ENQ	NAK	%	5	E	U	e	u
0110	ACK	SYN	&	6	F	V	f	v
0111	BEL	ETB	'	7	G	W	g	w
1000	BS	CAN	(	8	H	X	h	x
1001	HT	EM	)	9	I	Y	i	y
1010	LF	SUB	*	:	J	Z	j	z
1011	VT	ESC	+	;	K	[	k	{
1100	FF	FS	,	<	L	\	l	|
1101	CR	GS	–	=	M	]	m	}
1110	SO	RS	.	>	N	^	n	~
1111	SI	US	/	?	O		o	DEL

其中：

NUL	空；	FF	走纸控制；	CAN	作废；
SOH	标题开始；	CR	回车；	EM	纸尽；
STX	正文开始；	SO	移位输出；	SUB	换置；
ETX	正文结束；	SI	移位输入；	ESC	换码；
EOT	结束传输；	DLE	数据链换码；	FS	文字分隔符；
ENQ	询问；	DC1	设备控制 1；	GS	组分隔符；
ACK	承认；	DC2	设备控制 2；	RS	记录分隔符；
BEL	报警；	DC3	设备控制 3；	US	单元分隔符；
BS	退格；	DC4	设备控制 4；	SP	空格；
HT	横向列表；	NAK	否定；	DEL	删除
LF	换行；	SYN	空转同步；		
VT	纵向列表；	ETB	信息组传送结束；		

在 ASCII 中，每个字符用 7 位二进制代码表示。例如，要确定字符 A 的 ASCII，可以从表中查到高位是 “100”，低位是 “0001”，将高位和低位拼起来就是 A 的 ASCII，即 1000001，记做 41H。一个字节有 8 位，每个字符的 ASCII 可存入字节的低 7 位，最高位置 0。

3. 汉字的编码

对汉字进行编码是为了使计算机能够识别和处理汉字，在汉字处理的各个环节中，由于要求不同，采用的编码也不同，图 1-26 所示为汉字在不同阶段的编码。

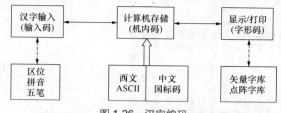

图 1-26 汉字编码

（1）汉字的输入码。汉字的输入码是为用户能够利用西文键盘输入汉字而设计的编码。由于汉字数量众多，字形、结构都很复杂，因此要找出一种简单易行的方案不那么简单。人们从不同的角度总结出了各种汉字的构字规律，设计出了多种输入码方案，主要有以下 4 种。

① 数字编码，如区位码。

② 字音编码，如各种全拼、双拼输入方案。

③ 字形编码，如五笔字型。

④ 音形编码，根据语音和字形双重因素确定的输入码。

（2）国标码。1980 年，我国颁布了《信息交换用汉字编码字符集·基本集》（GB2312—80），称为国标码。GB2312—80 中共收录了 6 763 个汉字，682 个非汉字字符（图形、符号）。汉字又分一级汉字 3 755 个和二级汉字 3 008 个，一级汉字按拼音字母顺序排列，二级汉字按部首顺序排列。

国标码中每个汉字或字符用双字节表示，每个字节最高位都置 0，而低 7 位中又有 34 种状态做控制用，所以每个字节只有 94（127 - 34 = 94）种状态可以用于汉字编码。前一字节表示区码（表示行，区号 0 ~ 94），后一字节表示位码（表示列，位号 0 ~ 94），形成区位码，区码和位码各用两位十六进制数字表示，例如汉字"啊"的国标码为 3021H。

有了统一的国标码，不同系统之间的汉字信息就可以互相交换了。

（3）汉字的机内码。汉字的机内码是汉字在计算机系统内部实际存储、处理统一使用的代码，又称汉字内码。机内码用两个字节表示一个汉字，每个字节的最高位都为"1"，低 7 位与国标码相同。这种规则能够使汉字与英文字符方便地区别开来（ASCII 的每个字节的最高位为 0）。例如：

"啊"的国标码为 00110000 00100001；

"啊"的机内码为 10110000 10100001。

（4）汉字的字形码。字形码提供输出汉字时所需要的汉字字形，在显示器或打印机中输出所用字形的汉字或字符。字形码与机内码对应，字形码集合在一起，形成字库。字库分点阵字库和矢量字库两种。

由于汉字是由笔画组成的方块字，所以对于汉字来讲，不论其笔画多少，都可以放在相同大小的方框里。如果我们用 m 行 n 列的小圆点组成这个方块（称为汉字的字模点阵），那么每个汉字都可以用点阵中的一些点组成。图 1-27 所示为汉字"中"的字模点阵。

如果将每一个点用一位二进制数表示，有笔形的位为 1，否则为 0，就可以得到该汉字的字形码。由此可见，汉字字形码是一种汉字字模点阵的二进制码，是汉字的输出码。

目前计算机上显示使用的汉字字形大多采用 16×16 点阵，这样每一个汉字的字形码就要占用 32 个字节（每一行占用 2 个字节，总共 16 行）。而打印使用的汉字字形大多为 24×24 点阵、32×32 点阵、48×48 点阵等，所需要的存储空间会相应地增加。显然，点阵的密度越大，输出的效果就越好。

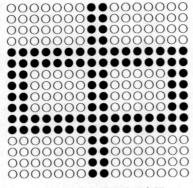

（a）汉字字模点阵示意图　　　　（b）汉字字形码

图 1-27　汉字点阵字模

1.3.5　数据在计算机中的处理过程

　　数据在计算机中的处理过程，也就是计算机对二进制代码所承载的信息的处理过程，这种处理过程常见的有：建立一个 Word 文件并打印输出；建立一个电子表格并输入数据，进行统计计算处理后打印输出报表；从网上下载一首歌曲，然后播放出来供人们欣赏等。当然，还有很多专业性的计算机应用案例，这里不再列举。下面通过对上述 3 个案例进行简单分析，来说明数据在计算机中的处理过程。

　　计算机系统在硬件结构上由主机和输入 / 输出设备构成，主机由 CPU 和内存组成，为加强计算机功能和方便人们使用还配备了各种外存。计算机硬件系统构成如图 1-28 所示。

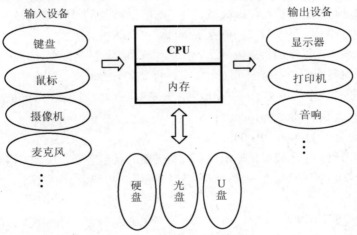

图 1-28　计算机硬件系统构成

　　（1）建立一个 Word 文件并打印输出。这一案例的操作和数据处理过程如下。

　　① 通过 Windows 操作系统建立一个新的 Word 文件，这实际上是在内存中开辟了一块存储区，用来暂时存储文件内容，以便于用户对文件进行编辑加工。

　　② 用户通过鼠标和键盘操作输入文件内容，对文件进行编辑加工等，这实际上是对内存区中的数据进行录入和修改操作。

　　③ 文件内容输入和编辑加工完成之后，进行"保存或另存为"操作以防止文件内容丢失，这实际上是将内存中的文件存储到硬盘中。此时若文件未关闭则内存、硬盘中同时存有文件内

容；若文件关闭则文件内容只存在硬盘中。

④ 当发出"打印"操作命令时，计算机将内存中的文件内容送到打印机，打印成文件形式。此时，若文件不在内存中，需要通过鼠标单击打开文件，即将文件内容从外存调入内存。在整个过程中 CPU 不停地执行相关的软件程序，协调人、内存、外存和输入 / 输出设备之间的工作，使每一项指令得到准确的执行，保证任务顺利完成。

（2）建立一个电子表格并输入数据，进行统计计算处理后打印输出报表。这一案例的操作和数据处理过程如下。

① 通过 Windows 操作系统建立一个新的 Excel 文件，这实际上是在内存中开辟了一块存储区，并通过 Excel 软件将这一区域的存储单元组织成"表格"关系，以符合用户使用的目的，与此同时将这种表格关系显示在显示器屏幕上，以便用户能够进行准确的录入和编辑加工。

② 用户通过鼠标和键盘操作录入表格内容，对表格进行编辑加工等，这也是对内存中的表格进行录入和修改操作。

③ 当使用 Excel 的统计计算功能对表格进行处理时，再调用 Excel 软件中的程序对表格进行自动化加工操作。后面的操作与数据流动情况同上面第一个案例。

（3）从网上下载一首歌曲，然后播放出来供人们欣赏。这一案例的操作和数据处理过程如下。

① 通过 Windows 操作系统和 IE 浏览器，将自己的计算机与远地的网站建立起"链路"，俗称"上网"。

② 用户通过上网操作将远地网站服务器上存储的一首歌曲文件复制到自己计算机的硬盘上，俗称"下载"。

③ 用 Windows 操作系统中的"多媒体播放器"播放这一歌曲，这实际上是运行多媒体播放程序，该程序自动将特定的歌曲文件从硬盘中调到内存，然后对文件中的数据进行解码，将二进制代码转换成声音信号送到音响设备上，播放出歌曲。

1.4 微型计算机的基本操作

◎ 微机的配置
◎ 计算机系统各部分的连接
◎ 开机与关机的操作顺序
◎ 重新启动计算机的方法
◎ 键盘的布局和使用操作
◎ 鼠标的使用操作

1.4.1 微型计算机的典型配置

由于计算机系统采用总线连接、部件可选的结构方式，使得计算机系统的配置非常灵活。同一型号的多媒体计算机，在购买或组装时，选用的部件不同，选择部件性能指标不同，最后组装的整机性能和价格差别是很大的。因此，在实际中，要根据计算机应用的目的来适当地选择计算机的配置，在保证达到应用的目标的前提下，获得最佳的性能价格比。

完成多媒体计算机配置，需要进行调研来获得最新的计算机整机或配件产品，也可以登录"中关村在线"等网站进行网络查询。表 1-4 所示为几种典型计算机应用的配置方案。

表1-4　　　　　　　　　　几种典型计算机应用的配置方案

应用目标	硬件基本配置	硬件可选配置	软 件 配 置
文字编辑	CPU Intel 奔腾 /512MB 内存 /80GB 硬盘 /DVD-ROM/17 英寸显示器 / 键盘 / 鼠标	声卡、麦克风、软驱、扫描仪、手写输入装置、打印机	Windows XP 等操作系统，Office 2007 或 Office 2003，WPS 2000
信息管理	CPU AMD 频率 2000MHz/1GB DDR 内存 /120GB 硬盘 / 软驱 / 光驱 /15 英寸显示器 / 键盘 / 鼠标	光盘刻录机、扫描仪、调制解调器、打印机、网卡	Windows XP 等操作系统、SQL Server 或 Oracle 等数据库管理系统
多媒体应用	CPU Intel 奔腾双核 /1GB DDRII 内存 /160GB/DVD-RW/19 英寸液晶显示器 / 键盘 / 光电鼠标	扫描仪、木质音箱、摄像头、数码相机、数字摄像机、1394 卡、彩喷打印机、网卡、游戏手柄	Windows XP 操作系统、Office 2003、Photoshop、Autherware、Flash、暴风影音等

1.4.2　计算机系统各部分的连接

计算机系统是由几个彼此分离的部分组成的，在使用前应将它们正确地连接起来。对于采用基本配置的计算机系统，连接较为简单，只需将键盘、鼠标、显示器与主机正确连接并接好电源线即可。对于配备了较多外设的计算机，连接略为复杂一些，要安装相关的功能扩展卡并将设备与功能扩展卡正确连接。

1．主机箱

主机箱（见图 1-29）是微机系统中最重要的部分。在机箱中安装有计算机的电源、硬盘驱动器、光盘驱动器、软盘驱动器、计算机的主板等，在主板上装有 CPU、内存、各种需要的接口卡等。主机箱是计算机系统的外包装，所有的外部设备都要连接到主机箱上，才能形成一个完整的计算机系统。一般在主机箱的背面都有许多连接设备用的插口，用户可以选择与设备连线插头相适合的插口进行连接（见图 1-30）。

2．显示器

显示器通过一根 15 针的 D 型连接线与安装在主机主板上的显示卡连接。显示卡通常是一块扩展卡，但也有的是集成在主板上的，这时只要将连接线插到主板上的显示器输出口上即可。进行连接时，应分别将连接线的两端接到显示卡和显示器的对应插槽内。D 型连接头具有方向性，接反了插不进去，连接时应小心对准，无误后再稍稍用力直至将插头插紧，然后上紧两边的两颗用于固定的螺钉。显示器的电源线可以直接插入电源接线盒，也可以插入主机显示器电源的输出端。

3．键盘和鼠标

键盘和鼠标的插头目前有 COM 插头和 USB 接头两种。键盘的 COM 插头是一个 5 针的圆插头，插头还带有一个导向片，确保插入时方向正确。主板上的键盘插孔有大、小两种规格，应确保插孔与插头的规格一致，如果不一致，需要用一个小转大或大转小的转接线进行转接。连接时应将键盘插头对准主板上的键盘插座，轻轻推入并稍稍转动一下，待导向片对准导向槽后再稍用力插紧。鼠标接口也有两种类型，一种为串行口的，连接时将它接在主板的任何一个空闲串行口上，上紧两边的螺钉即可。还有一种称为 PS/2 接口的，它的外观和连接方法同键盘是一样的。安装 PS/2 鼠标时容易将它的插座与键盘的插座弄混，安装前应仔细辨认，如果主板上没有标明，则通常靠外的是键盘插座。实在辨认不清也没有关系，可以先试插一下，如果开机后鼠标和键盘不工作，再换回来即可。

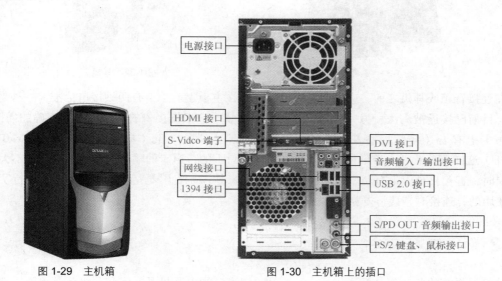

图 1-29　主机箱　　　　　　　　　　图 1-30　主机箱上的插口

4. 打印机

打印机通常是通过并行口或 USB 接口连接到主机的。并行口是一个 25 针的扁平接口，连接电缆两端的接口并不一样，其中一端较小，并带有螺钉，用来连接主机的并行口；另一端则较大，且两边有卡口槽，用来连接打印机。连接时先将小的一端连接到主机上，上紧固定螺钉，再将另一端连至打印机上，并扣紧卡口。USB 接口就是通常插接 U 盘的接口，通过与 USB 接口适配的连接线将打印机连接到主机上。最后将打印机的电源线一端插入打印机电源插座，另一端插入电源接线板。

5. 调制解调器

调制解调器分内置式和外置式。内置式调制解调器（Modem）安装时需要打开机箱，将它插到一个合适的 ISA 或 PCI 插槽内（视它的接口方式而定）。安装外置式的调制解调器时不需要打开机箱，它是通过一根串行传输线与主机相连，安装时将该串行传输线一端接至调制解调器，另一端接至主机主板上的一个串行口（COM1 或 COM2），再将调制解调器的电源适配器（一个小型稳压电源）接至电源插座，将其输出端接至调制解调器电源输入端。

调制解调器与主机连接好之后，接下来就要连接电话线。将电话线从电话机上拔下来，插入调制解调器上的 Line 插孔。若是还想同时连接电话机，再使用一根电话线，将其一端接入调制解调器的 Phone 插孔，另一端连接至电话机即可。但要注意的是，如果电话有插拔功能，在使用调制解调器传输数据之前应先禁止该功能，以免传输过程被打断。

6．音箱和耳机

音箱和耳机都是将计算机中的信息以声音形式输出的设备（分别见图 1-31、图 1-32）。

图 1-31　音箱

图 1-32　耳机

在连接音箱或耳机之前，应确保声卡正确安装在主板上。声卡有两种接口标准，一种是 ISA 接口，目前已接近被淘汰；另一种是 PCI 接口。安装时应根据接口的不同插入到正确的插槽中。通常声卡上有 In（接信号输入线）、Out（接信号输出线）、Mic（接麦克风）和 JoyStick（接游戏杆）这样几个插口。音箱和耳机是接在 Out 插口上的，声卡的输出信号功率一般都不大，要接音箱时，音箱自身应带有功率放大器。麦克风接口是当需要用麦克风录音或在网上进行实时对话时使用的，连接时直接将麦克风信号线接入即可。

1.4.3　开机与关机

计算机系统的各个部分都连接好之后，就可以准备加电开机了。但在开机前必须再仔细检查一下各部分的连线，确保无误后方可加电。特别要注意的是，有些计算机的电源提供两种输入电压：一种是 110V 的，另一种是 220V 的。一定要确保其开关是打在 220V 的位置，否则开机后极易烧毁机器。

1．正确开关计算机系统

开机的顺序为：先开外设，再开主机。开外设的顺序是先开音箱、打印机等，再开显示器。关机的顺序正好相反，先关主机，再关外设。

如果只是短时间不使用计算机，不用马上关闭。开关电源时冲击电流会对计算机造成影响，相比而言，让计算机继续运转片刻造成的损耗要小一些。在计算机死机需要关机重新启动时，切记关机后要等待至少 5s 再加电重启，否则易对计算机造成损坏。

计算机加电开启后，首先由 BIOS 程序对计算机的硬件进行自检，如果自检没有发现错误，则 BIOS 加载操作系统，操作系统加载后用户就可以正常地使用计算机了。

2．重新启动计算机

在使用计算机的过程中，可能经常会遇到需要重新启动系统的情况，如安装了新的应用程序或更新了硬件的驱动程序，或者系统出现死机，无法正常关闭等。前者的重启是正常重启，它通常是在系统提出了重启请求后由用户正常操作来完成的；而后者则是非正常重启，是在系统出现了严重错误而无法继续正常工作的情况下进行的。

重新启动计算机有两种方法：一种是冷启动，另一种是热启动。两者的区别在于启动的过程中是否关闭电源。

（1）冷启动。冷启动是指先直接关闭计算机电源，然后再打开电源来重新启动系统。除非计算机对热启动无反应，否则不要用这种方式来重启系统。目前，很多高档计算机不支持冷启动，直接按电源按钮没有反应，实现了对计算机的保护。

（2）复位操作。在一些计算机的机箱控制面板上有一个标有 Reset 的复位键，按下该键的功能与冷启动差不多，它采用使计算机瞬间掉电的方式，实现重启的目的。

（3）热启动。热启动是指不关闭计算机的电源，利用键盘上的 Ctrl+Alt+Del 组合键来启动系统。在 DOS 下这样做会立即重启系统；在 Windows 95/98 操作系统中，则是先跳出一个"关闭程序"的对话框，用户可以从程序列表中选择要关闭的程序，当用户再次按下 Ctrl+Alt+Del 组合键时才能重启系统；在 Windows 2000 以上版本的操作系统中，则启动任务管理器，支持用户选择锁定计算机、注销、关机等操作，注销或关机时自动执行"关闭程序"操作。

频繁地启动计算机还有可能对硬件造成损伤，所以在使用计算机时应按正确的方法操作，避免出现这种情况。

1.4.4　键盘与鼠标的使用

键盘和鼠标是计算机基本的输入设备，要熟练地操作计算机，就必须熟练掌握键盘和鼠标的使用操作方法。

1. 键盘的布局

目前，微机使用的多为标准 101/102 键盘或增强型键盘。增强型键盘只是在标准 101 键盘基础上又增加了某些特殊功能键。三者的布局大致相同，如图 1-33 所示。

图 1-33　键盘布局

（1）主键盘区。键盘上最左侧键位框中的部分称为主键盘区（不包括键盘的最上一排），主键盘区的键位包括字母键、数字键、特殊符号键和一些功能键，它们的使用频率非常高。

① 字母键：包括 26 个英文字母键，它们分布在主键盘区的第 2，3，4 排。这些键上标着大写英文字母，通过转换可以有大小写两种状态，输入大写或小写英文字符。开机时默认是小写状态。

② 数字键：包括 0 ～ 9 共 10 个键位，它们位于主键盘区的最上面一排。这些键都是双字符键（由 Shift 键切换），上挡是一些符号，下挡是数码。

③ 特殊符号键：它们分布在 21 个键上，一共有 32 个特殊符号，特殊符号键上都标有两个符号（数字不是特殊符号），由 Shift 键进行上下挡切换。

④ 主键盘功能键：是指位于主键盘区内的功能键，它们一共有 11 个，有的单独完成某种功能，有的需要与其他键配合完成某种功能（组合键）。说明如下。

Caps Lock	大小写锁定键	它是一个开关键，按一次该键可将字母锁定为大写形式，再按一次则锁定为小写形式
Shift	换挡键	按下该键不松手，再击某键，则输入上挡符号；不按该键则输入下挡符号
Enter	回车键	按回车键后，输入的命令才被接受和执行。在字处理程序中，回车键起换行的作用
Ctrl	控制键	该键常与其他键联合使用，起某种控制作用，如"Ctrl+C"表示复制选中的内容等
Alt	转换键	该键常同其他键联合使用，起某种转换或控制作用，如"Alt+F3"用于选择某种汉字输入方式
Tab	制表定位键	在字表处理软件中，常定义该键的功能为：光标移动到预定的下一个位置
Backspace（←）	退格键	该键的功能是删除光标位置左边的一个字符，并使光标左移一个字符位置

（2）功能键区。功能键区位于键盘最上一排，一共有 16 个键位。其中 F1 ～ F12 称为自定义功能键。在不同的软件里，每一个自定义功能键都被赋予了不同的功能。

Esc	退出键	该键通常用于取消当前的操作，退出当前程序或退回到上一级菜单
PrtSc	屏幕打印键	单击或与 Shift 键联合使用，将屏幕上显示的内容输出到打印机上
Scroll Lock	屏幕暂停键	该键一般用于将滚动的屏幕显示暂停，也可以在应用程序中定义其他功能
Pause Break	中断键	该键与 Ctrl 键联合使用，可以中断程序的运行

（3）编辑键区。编辑键位于主键盘区与小键盘区中间的上部，共有 6 个键位，它们执行的通常都是与编辑操作有关的功能。

Insert	插入 / 改写	该键是开关键，用于在编辑状态下将当前编辑状态变为插入方式或改写方式
Del	删除键	单击该键，当前光标位置之后的一个字符被删除，右边的字符依次左移到光标位置
Home		在一些应用程序的编辑状态下按下该键可将光标定位于第 1 行第 1 列的位置
End		在一些应用程序的编辑状态下按该键可将光标定位于最后一行的最后一列
Page Up	向上翻页键	单击该键，可以使整个屏幕向上翻一页
Page Down	向下翻页键	单击该键，可以使整个屏幕向下翻一页

（4）小键盘区。键盘最右边的一组键位称为小键盘区。其中各键的功能均能从别的键位上获得，但用户在进行某些特别的操作时，利用小键盘，使用单手操作可以使操作速度更快，尤其是录入或编辑数字的时候更是这样。

Num Lock	数字锁定键	单击该键，Num Lock 指示灯亮，此时再按小键盘区的数字键则输出上符号即数字及小数点号；若再按一次该键，Num Lock 指示灯熄灭，这时再按数字键则分别起各键位下挡的功能

（5）方向键区。方向键区位于编辑键区的下方，一共有 4 个键位，分别是上、下、左、右键。单击该键，可以使光标沿某一方向移动一个坐标格。

2. 键盘操作

在熟悉了键盘布局之后，还应该掌握使用键盘时的左右手分工（见图 1-34、图 1-35）、正确的击键方法和良好的操作习惯，并且要进行大量的练习才能够熟练地使用键盘进行计算机应用操作。

图 1-34　键盘操作的手位

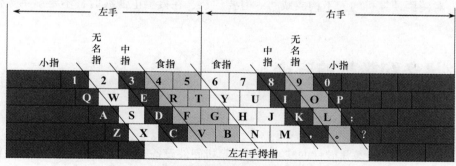

图 1-35　键盘操作左右手分区图

3. 鼠标的使用

鼠标是一种手握型指向设备。在图形用户界面下鼠标是必备的输入设备，可以通过在桌面移动鼠标来改变屏幕上光标的位置，快速地选中屏幕上的对象。鼠标使计算机用户不再需要记忆众多的操作指令，仅需移动鼠标将光标移至相关命令的位置，轻轻按键，即可执行该命令，大大提高了计算机的使用效率。

鼠标的操作主要有单击（左击或右击）、双击和拖曳。

（1）单击：按下并放开左键（左击）或按下并放开右键（右击）。

（2）双击：连续两次迅速地按下并放开鼠标左键。

（3）拖曳：首先使光标指向某一对象，按下鼠标左键不松手，移动鼠标将对象放置到新的位置处再松手。

每一种操作具体执行什么功能，要视当前执行的程序而定。

1.5 计算机的安全使用

◎ 使用计算机的人身安全

◎ 计算机设备安全

◎ 软件和数据的安全

◎ 信息活动规范

◎ 计算机病毒的特点、症状、分类与防治

　　计算机与我们的生活、工作的关系已经密不可分，人们需要很好地维护才能安全、有效地使用它。关于计算机的安全使用主要有人身安全、设备安全、数据安全、计算机病毒防治等几个方面。在人身安全方面，微机属于在弱电状态工作的电器设备，并且机械运动装置均封闭在机箱之内，对使用计算机的人不构成威胁。但要注意，在接触电源线时，不要湿手操作，以防触电。

1.5.1 设备和数据的安全

1. 设备安全

　　设备安全主要是指计算机硬件的安全。对计算机硬件设备安全产生影响的主要是电源、环境与操作3个方面的因素。

　　（1）电源。在正常的连接下，电网电压的突变会对计算机造成损坏。如果附近有大功率、经常启停的用电设备，为保证计算机安全正常地工作，要配备一台具有净化、稳压功能的UPS电源。这种电源可以过滤电网上的尖峰脉冲，保持供给计算机设备稳定的220V交流电压，并且在停电时电源内部的蓄电池可以为用户提供保存程序和数据的操作时间。

　　（2）环境。

　　① 计算机设备要放置稳定，与周边物体距离保持在10cm以上，在温室状态下，使计算机处于通风良好便于散热的环境中。

　　② 要使计算机处在灰尘较少的空气环境中。灰尘进入计算机机箱会使计算机运行出错，磁盘读写出错甚至损坏设备。

　　③ 要防止潮湿。空气湿度大或水滴进入计算机任何一个部件都会造成计算机工作错误或损坏设备。

　　④ 要防止阳光直射计算机屏幕。阳光照射会降低显示器的使用寿命或损坏显示性能。

⑤ 要防止震动。经常性的震动对计算机的任何一个部件都是有害的。

（3）使用操作。

① 计算机中的各种芯片，很容易被较强的电脉冲损坏。在计算机中这种破坏性的电脉冲通常是由于显示器中的高压，电源线接触不良的打火以及各部件之间接触不好，造成电流通断的冲击等。因此，在操作时要注意以下几点。

- 先开显示器后开主机，先关主机后关显示器。
- 在开机状态下，不要随意插拔各种接口卡和外设电缆。
- 特别不要在开机时随意搬动各种计算机设备，这样做对计算机设备和人身安全都很不利。

② 各种操作不能强行用力。在键盘操作、插拔磁盘、插拔各种接口卡以及连接各种外部设备的电缆线时，如果适当用力还不能完成操作，一定要停下来仔细观察，分析问题的原因，纠正错误，再继续操作。

③ 要选择质量较好的打印纸。如果打印机纸上有硬块杂质，会损坏打印机的打印头。

④ 软盘驱动器的指示灯亮时，切不可插拔盘片；光盘驱动器要通过按钮操作打开与闭合，不要用手推拉，否则有可能对驱动器造成损坏。

2. 数据安全

这里的数据包括所有用户需要的程序和数据及其他以存储形式存在的信息资料。这些数据有的是用户长期工作的成果，有的是当前处理工作的重要现场信息，一旦被破坏或丢失，可能给用户造成重大损失。因此，保证数据安全就是保证计算机应用的有效性，保证人们的生活和工作正常有序。造成数据破坏或丢失，有计算机故障、操作失误、计算机病毒等几种原因。

（1）计算机故障。

① 最常见的情况是外存储器（软盘、硬盘或移动存储设备）工作出现故障，使数据无法读出或读出错误。因此，要注意对存储设备的保护，防止折弯、划伤或受到强磁场的影响；要防止计算机正在对磁盘（特别是硬盘）做读写时震动计算机，造成磁头和盘片的损伤。

② 软件故障也是造成数据破坏的原因之一。系统软件和应用软件或多或少都存在一些缺陷，当计算机运行程序恰好经过缺陷点时，会造成数据的混乱。

（2）操作失误。

① 在操作使用计算机的过程中，误将有用的数据删除。

② 忘记将有用的数据保存起来或找不到已经保存的数据。

③ 数据文件的读写操作不完整，使存储的数据无法读出。

（3）计算机病毒感染。计算机病毒是目前最常见的破坏数据的原因。

（4）对于计算机故障和操作失误造成数据破坏或丢失的问题可以通过以下几个措施来避免或减少损失。

① 经常进行数据备份，保留最新阶段成果。

② 加强对存储盘片的保护。

③ 养成数据管理的良好习惯（包括对硬盘目录下的数据文件和软盘、光盘的管理）。

④ 深入理解各种软件操作命令的执行过程，保证数据文件存储完整。

1.5.2　信息活动规范

1. 知识产权的概念

知识产权是一种无形财产权，是从事智力创造性活动取得成果后依法享有的权利。知识产权通常分为两部分，即"工业产权"和"版权"。工业产权又称"专利权"，是发明专利、实用新型、外观设计、商标的所有权的统称。版权（Copyright）亦称"著作权"，是指权利人对其创作的文学、科学和艺术作品所享有的独占权。这种专有权未经权利人许可或转让，他人不得行使，否则构成侵权行为（法律另有规定者除外）。

对于专利权，《中华人民共和国专利法》第五十七条规定，未经专利权人许可，实施其专利，即侵犯其专利权。对于著作权（版权），《中华人民共和国著作权法》规定，未经著作权人许可，复制、发行、表演、放映、广播、汇编、通过信息网络向公众传播其作品，即侵犯其著作权。

依据我国《计算机软件保护条例》规定，中国公民、法人或者其他组织对其所开发的软件，不论是否发表，依照条例享有著作权。我们通常所说"软件盗版"即是未经软件著作权人许可而进行软件复制，是违法行为。

2. 信息活动行为规范

（1）分类管理。要自觉养成信息分类管理的好习惯，使自己的信息处理工作更加快捷、高效。

（2）友好共处。与他人共用计算机时，要注意保护他人的数据，珍惜别人的工作成果。

（3）拒绝病毒。提高预防计算机病毒的意识，维护良好的信息处理工作环境。

（4）遵纪守法。在信息活动中，要遵守国家法律法规，不做有害他人、有害社会的事情。

（5）爱护设备。文明实施各种操作，爱护信息化公共设施。

（6）注意安全。认真管理账号、密码和存有重要数据的存储器、笔记本电脑等，防止丢失。

1.5.3　计算机病毒的防治

计算机病毒（Virus）是一种人为编制的能在计算机系统中生存、繁殖和传播的程序。计算机病毒一旦侵入计算机系统，就会危害系统的资源，使计算机不能正常工作。

1. 计算机病毒的分类

计算机病毒按照破坏情况分类，可分为以下两类。

（1）良性病毒。这类病毒一般不会破坏计算机系统。

（2）恶性病毒。这类病毒以破坏计算机系统为目的，病毒发作时，有可能破坏计算机的软、硬件，如"熊猫烧香"病毒。

2. 计算机病毒的特点

（1）传染性。计算机病毒随着正常程序的执行而繁殖，随着数据或程序代码的传送而传播。因此，它可以迅速地在程序之间、计算机之间和计算机网络之间传播。

（2）隐蔽性。计算机病毒程序一般很短小，在发作之前人们很难发现它的存在。

（3）触发性。计算机病毒一般都有一个触发条件，具备了触发条件后病毒便发作。

（4）潜伏性。计算机病毒可以长期隐藏在文件中，而不表现出任何症状。只有在特定的触发条件下，病毒才开始发作。

（5）破坏性。计算机病毒发作时会对计算机系统的工作状态或系统资源产生不同程度的破坏。

3. 计算机病毒的危害

（1）计算机病毒激发对计算机数据信息的直接破坏。大部分计算机病毒在激发的时候直接破坏计算机的重要信息数据，所利用的手段有格式化磁盘、改写文件分配表和目录区、删除重要文件或者用无意义的"垃圾"数据改写文件、破坏 CMOS 设置等。

（2）占用磁盘空间和对信息的破坏。寄生在磁盘上的计算机病毒总要非法占用一部分磁盘空间。引导型病毒的一般侵占方式是由计算机病毒本身占据磁盘引导扇区，而把原来的引导区转移到其他扇区，也就是引导型病毒要覆盖一个磁盘扇区。被覆盖的扇区数据永久性丢失，无法恢复。

文件型病毒利用一些 DOS 功能进行传染，这些 DOS 功能能够检测出磁盘的未用空间，把计算机病毒的传染部分写到磁盘的未用部位去，所以在传染过程中一般不破坏磁盘上的原有数据，但非法侵占了磁盘空间。一些文件型病毒传染速度很快，在短时间内感染大量文件，每个文件都不同程度地加长了，就造成磁盘空间的严重浪费。

（3）抢占系统资源。大多数计算机病毒在动态下常驻内存，必然抢占一部分系统资源。计算机病毒所占用的基本内存长度大致与计算机病毒本身长度相当。除占用内存外，计算机病毒还抢占中断，干扰系统运行。

（4）影响计算机运行速度。计算机病毒进驻内存后不但干扰系统运行，还影响计算机速度，主要表现如下。

① 计算机病毒为了判断传染激发条件，总要对计算机的工作状态进行监视，影响计算机速度。

② 有些计算机病毒进行了加密，CPU 每次运行病毒程序时都要解密后再执行，影响计算机速度。

③ 计算机病毒在进行传染时同样要插入非法的额外操作，使计算机速度明显变慢。

（5）计算机病毒给用户造成严重的心理压力。计算机病毒会给人们造成巨大的心理压力，极大地影响了现代计算机的使用效率，由此带来的无形损失是难以估量的。

4. 计算机病毒的防治

计算机病毒在计算机之间传播的途径主要有两种：一种是在不同计算机之间使用移动存储介质交换信息时，隐蔽的计算机病毒伴随着有用的信息传播出去；另一种是在网络通信过程中，随着不同计算机之间的信息交换，造成计算机病毒传播。由此可见，计算机之间信息交换的方法便是计算机病毒传染的途径。

为保证计算机运行的安全有效，在使用计算机的过程中要特别注意对计算机病毒传染的预防，如发现计算机工作异常，要及时进行计算机病毒检测和杀毒处理。建议用户采取以下措施。

（1）要重点保护好系统盘，不要写入用户的文件。

（2）尽量不使用外来软盘，必须使用时要进行计算机病毒检测。

（3）计算机上安装对计算机病毒进行实时检测的软件，发现计算机病毒及时报告，以便用户做出正确的处理。

（4）尽量避免使用从网络下载的软件，防止计算机病毒侵入。

（5）对重要的软件和数据定时备份，以便在发生计算机病毒感染而遭破坏时，可以恢复系统。

（6）定期对计算机进行检测，及时清除（杀掉）隐蔽的计算机病毒。

（7）经常更新杀毒软件。常用的计算机杀毒软件有 KILL、KV3000、金山毒霸、瑞星等。

关于计算机杀毒软件的使用方法，请参考有关资料说明。

一、填空题

1. 电子计算机是 _____。

2. 计算机具有 _____、_____、_____、_____、_____ 的特点。

3. 计算机的应用领域有：_____、_____、_____、_____ 和 _____。

4. 科学计算又称为 _____。

5. CAD 是指 _____。

6. CAI 是指 _____。

7. 第一台电子计算机 _____ 诞生于 _____ 年的 _____（国家）。

8. 电子计算机至今已经历了 _____ 个发展阶段；微型计算机从 _____ 年问世以来经历了 _____ 个发展阶段。

9. 根据摩尔定律，微处理器 _____ 性能提高一倍，价格降低 _____。

10. 按照计算机的分类标准，我们最常见的计算机是 _____。

11. 一个完整的计算机系统包括 _____ 和 _____ 两大部分。

12. 计算机硬件是指 _____。

13. 计算机软件是指 _____。

14. 计算机硬件系统的 5 个组成部分是 _____、_____、_____、_____、_____。

15. "裸机"是指 _____。

16. 中央处理器（_____）由 _____ 和 _____ 构成。

17. 计算机的主机包括 _____ 和 _____ 两个部分。

18. 计算机的外部设备包括 _____ 和 _____。

19. 运算器又称为 _____（_____），它可以完成的运算有 _____ 和 _____。

20. 控制器的作用是 _____。

21. 存储器的作用是 _____。

22. 输入设备的作用是 _____。

23. 输出设备的作用是 _____。

24. 软件系统是指 _____。

25. 系统软件包括 _____。

26. 操作系统的五大功能是：_____、_____、_____、_____、_____。

27. 常用的服务程序有 ＿＿＿＿＿＿＿＿、＿＿＿＿＿＿＿＿、＿＿＿＿＿＿＿＿。

*28. 遵循"逢二进一"计数规律形成的数是 ＿＿＿＿＿＿＿＿＿＿＿＿，它的进位基数是 ＿＿＿＿＿＿＿＿＿。用来表示数字的符号有 ＿＿＿＿＿＿＿＿＿。

*29. 数据和信息在计算机中都是以 ＿＿＿＿＿＿＿＿＿ 的形式存储和处理。

*30. 将一个二进制数转换成十进制数表示，只要 ＿＿＿＿＿＿＿＿＿＿＿＿＿＿。

*31. 将十进制数转换成二进制数有 ＿＿＿＿＿＿＿＿ 和 ＿＿＿＿＿＿＿＿ 再 ＿＿＿＿＿＿＿＿＿＿＿＿＿＿＿3 个步骤。

*32. 十进制整数转换成二进制的要诀是 ＿＿＿＿＿＿＿＿＿＿＿＿＿＿。

*33. 十进制小数转换成二进制小数的要诀是 ＿＿＿＿＿＿＿＿＿＿＿＿。

*34. 计算机中数据的最小单位是 ＿＿＿＿＿＿＿，数据的基本单位是 ＿＿＿＿＿＿。

*35. 字是 ＿＿＿＿＿＿＿ 单位，字长是 ＿＿＿＿＿＿＿。

*36. 二—十进制编码又称 ＿＿＿＿＿＿＿ 码，用 ＿＿＿＿ 位二进制数表示 ＿＿＿＿ 位十进制数。

*37. 汉字的编码分为：＿＿＿＿、＿＿＿＿、＿＿＿＿、＿＿＿＿。

*38. 汉字的输入码有：＿＿＿＿、＿＿＿＿、＿＿＿＿、＿＿＿＿。

*39. 汉字国标码的全称是：＿＿＿＿＿＿。它共收入字符 ＿＿＿＿＿ 个，其中汉字 ＿＿＿＿＿ 个，非汉字图形符号 ＿＿＿＿＿＿ 个。

*40. 在 GB2312—80 中，一级常用汉字 ＿＿＿＿＿ 个，二级常用汉字 ＿＿＿＿＿ 个。

*41. 汉字的机内码用 ＿＿＿＿＿＿ 表示，且它们的最高位都是 ＿＿＿＿＿＿＿。

*42. 汉字输出码的作用是 ＿＿＿＿＿＿＿＿＿＿＿＿＿＿＿＿＿＿＿＿。

43. 关于计算机的安全使用主要有 ＿＿＿＿＿＿、＿＿＿＿＿＿、＿＿＿＿＿＿ 和 ＿＿＿＿＿＿4 个方面。

44. 对计算机硬件设备安全产生影响的因素有 ＿＿＿＿＿＿、＿＿＿＿＿＿、＿＿＿＿＿＿3 个方面。

45. 计算机电源最好配备 ＿＿＿＿＿＿＿＿＿＿＿＿＿＿＿。

46. 简单地说，计算机的工作环境要通风、＿＿＿＿＿＿、＿＿＿＿＿＿、＿＿＿＿＿＿ 等。

47. 计算机中的各种芯片很容易被 ＿＿＿＿＿＿ 损坏。

48. 电脉冲的来源有：＿＿＿＿、＿＿＿＿、＿＿＿＿、＿＿＿＿。

49. 造成数据破坏或丢失的原因有：＿＿＿＿、＿＿＿＿、＿＿＿＿。

50. 计算机病毒是 ＿＿＿＿＿＿＿＿＿＿＿＿＿＿＿＿＿＿。

51. 计算机病毒的特点是：＿＿＿＿、＿＿＿＿、＿＿＿＿、＿＿＿＿。

52. 计算机病毒发作的症状有 ＿＿＿。

53. 计算机病毒的分类：＿＿＿＿、＿＿＿＿。

54. 计算机病毒传播的途径：（1）＿＿＿＿＿＿＿＿＿；（2）＿＿＿＿＿＿＿＿＿。

55. 如果必须要使用外来软盘，事先要 ＿＿＿＿＿＿＿＿＿＿＿＿＿＿＿＿。

56. 定期对计算机系统进行病毒检测，可以 ＿＿＿＿＿＿＿＿＿＿＿＿＿＿＿＿＿＿。

二、选择题

1. 计算机的存储器由 ＿＿＿＿ 两大类构成，主存储器由 ＿＿＿＿ 构成。

（A）内存储器和软盘　　　　　　　　（B）内存储器和外存储器

（C）ROM 和 PROM　　　　　　　　（D）ROM 和 RAM

2. 外存储器由 ＿＿＿＿ 构成。

（A）主存储器和软盘 　　　　　　（B）软盘和 PROM

（C）ROM 和 RAM 　　　　　　　（D）软盘、硬盘、光盘

三、计算题

1. 将下列二进制数转换成十进制数。

（1）$(1010110.1011)_2$ 　　　　　　（2）$(101111.001)_2$

（3）$(10000000)_2$ 　　　　　　　（4）$(01111111)_2$

（5）$(0.1)_2$ 　　　　　　　　　　（6）$(0.1111111)_2$

2. 将下列十进制数转换成二进制数和十六进制数。

（1）$(327.625)_{10}$ 　　　　　　　（2）$(32.5)_{10}$

（3）$(256)_{10}$ 　　　　　　　　　（4）$(1024)_{10}$

（5）$(127)_{10}$ 　　　　　　　　　（6）$(0.9876)_{10}$

3. 容量换算。

3MB = ＿＿＿＿＿＿ KB = ＿＿＿＿＿＿ B

10GB = ＿＿＿＿＿＿＿ MB = ＿＿＿＿＿ KB = ＿＿＿＿＿＿ B

1572864B = ＿＿＿＿＿＿ KB = ＿＿＿＿＿＿ MB

4. 写出下列字符的 ASCII。

5：＿＿＿＿＿　　　　6：＿＿＿＿＿　　　　7：＿＿＿＿＿

@：＿＿＿＿＿　　　　?：＿＿＿＿＿　　　　$：＿＿＿＿＿

K：＿＿＿＿＿　　　　W：＿＿＿＿＿　　　　d：＿＿＿＿＿

四、简答题

1. 实践证明游戏盘多数都带有计算机病毒，为什么?

2. 简述你目前掌握的一种杀毒软件的使用方法。

五、观察题

在教师指导下熟悉计算机外围设备与主机的连接关系。

六、操作题

1. 对照键盘了解各个键的位置和作用，并学会通过键盘输入英文和数字。

2. 掌握鼠标的使用方法，并学会通过鼠标单击方法打开和关闭文件。

第2章

操作系统Windows XP

2.1 认识 Windows XP

◎ 操作系统的基本概念

◎ Windows XP操作系统的启动与关闭

◎ Windows XP操作系统的鼠标与操作

◎ Windows XP操作系统的桌面与图标

◎ Windows XP操作系统的任务栏组成

◎ Windows XP操作系统的"开始"菜单

◎ Windows XP操作系统的对话框

Windows XP 是 Microsoft 公司为微型计算机系统设计的 32 位操作系统，其功能强大，界面华丽，使用方便，是目前广泛使用的操作系统。

2.1.1 操作系统简介

操作系统（Operating System，OS）是最基本的系统软件，它由管理和控制计算机软件、硬件、数据等系统资源的一系列程序构成，是用户和计算机之间的接口。

计算机系统资源一般划分为四大类：CPU、存储器、外部设备、程序与数据。

从资源管理的观点出发，操作系统划分为五大管理功能。针对 CPU，设置进程管理与作业管理；针对存储器，设置存储器管理；针对外部设备，设置设备管理；针对程序与数据，设置文件管理，如图 2-1 所示。

从用户使用的观点出发，操作系统为用户提供方便、快捷、友好的使用界面。

1. 进程管理

进程是程序的一次执行过程，是一个动态的概念。任何程序都是通过 CPU 执行的，当计算机同时运行多个程序时，某一时刻 CPU 应该执行哪个程序是需要一个管理策略的。进程管理的作用是有效地调度工作进程，合理地分配 CPU 的时间。

2. 存储管理

存储管理是针对内存存储空间的管理。存储管理的作用是按照一定的策略合理地划分内存空间，并分配给运行的程序，使存储空间的使用合理、高效。

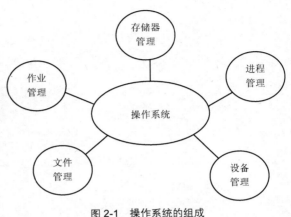

图 2-1　操作系统的组成

3. 设备管理

设备管理是针对除 CPU 和内存之外的其他硬件资源的管理。设备管理的作用是记录各个设备的工作状态，合理地分配给请求的进程，并尽量使设备与 CPU 并行工作，从而提高工作效率。

4. 作业管理

作业是指用户在一次事务处理过程中，要求计算机系统所做工作的集合。作业包括程序、数据及执行程序的控制步骤。作业管理的作用是为用户提供使用计算机系统的友好界面，使用户能够方便地运行自己的作业，并对进入系统的用户作业进行合理的组织与调度。

5. 文件管理

程序和数据以文件的形式存储在计算机中。文件管理的作用是合理地划分外存空间，使用户文件按名存取，并使用户可以对文件方便地进行读、写、检索、保护、修改、删除等操作。

按照计算机的工作环境，操作系统分为：单用户操作系统、批处理操作系统、分时操作系统、实时操作系统和网络操作系统。

2.1.2　Windows XP 操作系统

在 Windows XP 操作系统中，用户可以同时运行多个应用程序、完成多任务操作，充分利用

CPU 及其他系统资源。例如，用户可以在欣赏 CD 播放美妙音乐的同时，上网浏览或发送电子邮件给远方的朋友。

　　Windows XP 操作系统提高了内存管理能力和高速缓存的效率，能对 4 GB 的内存实施动态管理。这有利于充分利用计算机的内存资源，并使操作变得高效、迅速。

　　Windows XP 操作系统采用完全图形化的用户界面，提供了丰富的系统菜单，每个应用程序或文档都有自己的图标，用户无需记忆或输入命令，只要通过鼠标单击图标或菜单项，即能完成各种工作。此外，用户可以在桌面上为任何应用程序、文档或打印机建立快捷方式，通过快捷方式可以方便地访问某个常用项目。

　　在 Windows XP 操作系统中，所有的应用程序基本具有相同的外观和操作方法，用户只要学会一种应用程序的使用方法，就不难掌握其他应用程序。

2.1.3　Windows XP 操作系统的基本操作

实例 2.1　启动 Windows XP 操作系统

 任务操作

　　① 打开打印机、显示器等外部设备的电源。

　　② 启动主机，计算机进入自检过程和引导过程，然后进入登录界面，如图 2-2 所示。选择用户名，输入密码后进入 Windows XP 操作系统的桌面，即进入 Windows XP 操作系统的工作环境，如图 2-3 所示。

图 2-2　Windows XP 操作系统的登录界面

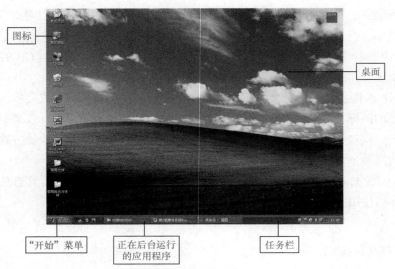

图 2-3　桌面及桌面的组成

实例 2.2　对桌面图标的基本操作

　　桌面是指占据整个屏幕的区域。它像一个实际的办公桌一样，可以把常用的应用程序以图标的形式摆放在桌面上。

　　图标是代表应用程序（如 Microsoft Word、Microsoft Excel）、文件（如文档、电子表格、图形）、打印机信息（如设备选项）、计算机信息（如硬盘、软盘、文件夹）等的图形。桌面上的图标又称为快捷方式。用户可以通过桌面上的图标，快速地启动相应的程序，打开文件、文件夹或硬件设备，进入相应的窗口。用户可以根据不同的需要，在桌面上创建自己的快捷方式图标。

　　桌面上出现的图标根据 Windows XP 操作系统安装方式的不同而有所不同，常见的图标一般有如下几种。

　　（1）　：我的电脑。利用它可以浏览计算机所有磁盘的内容，进行文件的管理工作，更改计算机的软硬件配置和管理打印机。

　　（2）　：回收站。它是一个电子垃圾箱，可以临时存放被用户删除的文件等信息。被删除的文件可以通过"回收站"恢复到原来的位置，也可以被永久删除。

　　（3）　：网上邻居。如果计算机已经连接到网络上，利用"网上邻居"，可以很方便地访问网络上的其他计算机，和其他计算机之间共享资源。

　　（4）　：我的文档。这是当前用户的默认文件夹，用于存储当前用户的各种文件。

任务操作

　　① 通过鼠标指向查看图标的提示信息：移动鼠标使光标指向"我的文档"图标，将显示有关"我的文档"的提示信息，如图 2-4 所示。

　　② 通过鼠标单击选中图标：单击"我的文档"图标，该图标被选中，如图 2-5 所示。单击图标、文件夹，可以完成选中操作；单击菜单项、按钮可以完成打开和执行操作。

　　③ 通过鼠标拖动将"我的文档"图标拖放到桌面右上角：移动鼠标使光标指向"我的文档"图标，按下鼠标左键并保持，将"我的文档"图标拖动到桌面右上角，再松开鼠标按钮。拖动操

作一般用于移动或复制某个项目。

④ 通过鼠标拖动选中多个图标：在桌面拖动鼠标，画出一个虚线矩形，被虚线矩形覆盖的图标均被选中。

⑤ 通过鼠标右击打开快捷菜单：移动鼠标使光标指向"我的文档"图标，单击鼠标右键，打开与"我的文档"有关的快捷菜单，可以选择快捷菜单中的命令完成相应的操作。

右击鼠标弹出快捷菜单是 Windows XP 操作系统中一个很有用的操作，它可以在不同的应用程序窗口，针对不同的项目，弹出相关的快捷菜单（见图2-6）。熟练使用右击操作，可大大提高操作效率。

图 2-4　通过指向查看提示信息

选中前

选中后

图 2-5　通过单击选中图标

图 2-6　快捷菜单

⑥ 通过鼠标双击打开应用程序窗口：双击"我的文档"图标，打开"我的文档"窗口，如图2-7所示。

双击操作一般用于打开某个文件或执行一个应用程序。例如，双击某个图标，将启动该图标所代表的应用程序。

 打开"回收站"窗口。将"我的电脑"图标移到桌面的右下角。

 知识与技能

鼠标指针的形状变化。

鼠标指针（光标）在不同的位置或在系统执行不同的操作时，会有不同的形状。图2-8所示为常见的鼠标指针形状及其相应的操作说明。

图 2-7　"我的文档"窗口

正常选择		不可用	
求助		垂直调整	
后台运行		水平调整	
忙		沿对角线 1 调整	
精确定位		沿对角线 2 调整	
选定文字		移动	
手写		候选	

图 2-8　鼠标指针的不同形状

实例 2.3　对桌面图标的编辑与组织

 任务操作

（1）将桌面图标"Internet Explorer" 重新命名为"Internet 浏览器"　。

① 用鼠标右击需要重新命名的图标，弹出快捷菜单，如图2-6所示。

② 选择"重命名"命令，该图标的名称呈闪烁的高亮度显示。

③ 输入新的名字"Internet 浏览器"，并回车确认。

（2）删除桌面上的"PDF 阅读器"图标 。

① 用鼠标右击需要删除的"PDF 阅读器"图标，弹出快捷菜单。

② 选择"删除"命令，此时系统显示确认对话框，如图 2-9 所示。

图 2-9　删除快捷方式

③ 单击"删除快捷方式"按钮，"PDF 阅读器"图标被放入回收站。

当桌面上的某些图标不再需要时，可以将其删除。还可以采用拖动的方式，直接将选中的图标拖到回收站。

（3）查看桌面图标"资源管理器"的属性。桌面图标的属性包含"常规"属性和图标所代表的应用程序的属性，如图 2-10 所示。

① 用鼠标右击"资源管理器"图标，弹出快捷菜单。

② 选择"属性"命令，进入"属性"对话框。

③ 修改其属性或查看完毕后，单击"确定"按钮退出。

（4）将桌面上的图标按类型重新排列。

① 在桌面的空白处右击，弹出快捷菜单，如图 2-11 所示。

图 2-10　桌面图标的属性

图 2-11　桌面快捷菜单

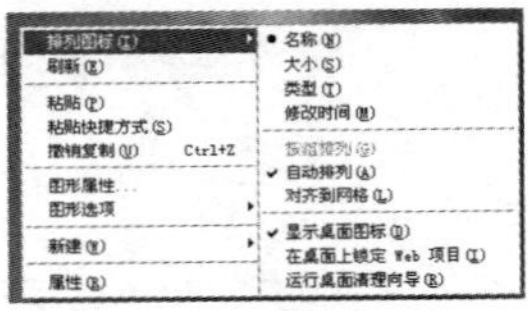

② 选择"排列图标"、"类型"命令，桌面图标按类型重新排列。

"排列图标"子菜单列出了多种排列图标的方法。

　　按"修改时间"重新排列桌面图标。查看  图标的属性。将  图标以自己的名字命名。

实例 2.4　退出 Windows XP 操作系统

情境描述

当用户停止使用 Windows XP 操作系统时，应按正确的方式退出系统，而不能直接关闭计算机电源。因为系统在内存中存有部分信息，为了使下次开机能正常进行，系统将对整个运行环境做善后处理，非正常关机将导致有用的信息丢失。

任务操作

① 单击任务栏中的"开始"菜单。

② 选择"关闭计算机"命令，弹出"关闭计算机"对话框，如图 2-12 所示。

③ 选择"关闭"按钮，计算机将自动关闭。然后可以关闭显示器及主机的电源开关。

④ 当单击"取消"按钮时，将放弃"关闭计算机"的操作。

 知识与技能

在"关闭计算机"对话框中，还有其他两种选项可供选择。

（1）待机（S）：使计算机处于一种低功率状态。在选择"待机"之前，应保存所有打开的文档。如果在一段时间内不需要使用计算机，又不想关闭，可选择该状态。

图2-12 "关闭计算机"对话框

（2）重新启动（R）：使计算机重新启动。当计算机不能正常工作或发生"死机"现象时，可选择该选项。

2.1.4 任务栏的设置

Windows XP操作系统桌面底部的水平矩形条称为"任务栏"，如图2-13所示。任务栏由"开始"菜单、快速启动栏、任务栏和系统工具栏组成。

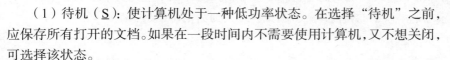

快速启动栏　　　　　正在运行的任务　　　　　　　　　　　　　　　　系统工具栏

图2-13 任务栏的组成

1. 任务栏

Windows XP操作系统可以同时运行多个应用程序，任务栏将依次列出所有已经打开的文档和应用程序的图标。例如，图2-13所示的资源管理器、Word程序和画图程序。

2. 快速启动栏

快速启动栏用于存放频繁使用的应用程序的图标，单击快速启动栏上的图标，即可启动相应的应用程序。

3. 系统工具栏

系统工具栏用于存放系统时间、语言指示器等系统工具的图标。

实例2.5 快速组织桌面上的所有窗口

 情境描述

当桌面上有两个或多个应用程序窗口同时打开时，如果用户想同时浏览几个窗口的内容，或者希望几个窗口同时显示在桌面上，可以通过任务栏快捷菜单来控制实现。

 任务操作

① 层叠窗口：在任务栏的空白处右击鼠标，弹出快捷菜单，如图2-14所示。选择"层叠窗口"命令，则桌面上的所有窗口以层叠形式出现，同时显示每个窗口的标题栏。

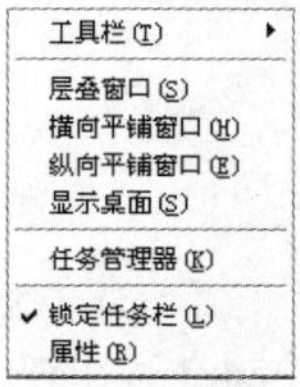

图2-14 任务栏快捷菜单

② 横向平铺窗口：选择"横向平铺窗口"命令，则所有打开的窗口上下平铺在整个桌面上。

③ 纵向平铺窗口：选择"纵向平铺窗口"命令，则所有打开的窗口左右平铺在整个桌面上。

④ 最小化所有窗口：选择"显示桌面"命令，则所有打开的窗口全部最小化。此时，单击任务栏上某一应用程序的图标，则该应用程序的窗口将恢复为原来的大小。

⑤ 使某一窗口变为活动窗口。当桌面上打开了多个窗口时，如果想在其中的某个窗口中进行操作，可以用鼠标单击该窗口中的任何位置，则该窗口变为活动窗口。

 知识与技能

在 Windows XP 操作系统中，用户可以同时运行多个应用程序，并且每个应用程序都有自己的窗口。通过任务栏可以看到所有已经打开的应用程序窗口。

当前正在操作的应用程序称为"前台应用程序"，又称为"前台窗口"、"当前窗口"或者"活动窗口"。其他运行的应用程序则处于"后台"。例如在图 2-13 中，呈现高亮度显示的画图程序是前台运行的程序，而资源管理器、Word 程序则在后台运行。

单击任务栏上的任意一个图标，则该图标所代表的窗口变为"活动窗口"。单击任务栏上的图标，可以切换到不同的应用程序。如果关闭了某个"活动窗口"，则其相应的图标将从任务栏中消失。

 试一试通过任务栏快捷菜单能否关闭应用程序。

实例 2.6　通过"任务栏和「开始」菜单属性"对话框设置任务栏

 任务操作

（1）启动"任务栏属性"对话框。用鼠标右击任务栏的空白处，在快捷菜单中选择"属性"命令，打开"任务栏和「开始」菜单属性"对话框，如图 2-15 所示。

（2）隐藏任务栏。如果需要完整的屏幕，不想让任务栏占据桌面空间，可以将它隐藏起来。

① 单击"任务栏和开始菜单属性"对话框的"任务栏"标签，显示"任务栏"选项卡，如图 2-15 所示。

② 选择"自动隐藏任务栏"复选框。

③ 单击"确定"按钮，完成隐藏任务栏设置。

此时，单击屏幕上的任何位置，任务栏将不再显示。需要显示任务栏时，只要将鼠标移动到屏幕底部，它将自动显示出来。

（3）恢复显示任务栏。

① 打开"任务栏和「开始」菜单属性"对话框。

② 在"任务栏"选择卡中，取消选择"自动隐藏任务栏"复选框，任务栏将重新显示在桌面底部。

在"任务栏"选项卡中，还可以通过"显示时钟"复选框，控制是否在任务栏的右侧显示系统时间，如图 2-15 所示。

（4）在任务栏上设置"快速启动"工具栏，并添

图 2-15　"任务栏和「开始」菜单属性"对话框

加新图标。任务栏的左侧放置了一个"快速启动"工具栏，单击工具栏上的图标可以快速地启动相应的应用程序。用户也可以在此工具栏上添加自己常用的应用程序图标。

① 在任务栏的空白处右击，弹出快捷菜单。

② 将鼠标指针移动到"工具栏"选项，显示"工具栏"子菜单。

③ 选择"快速启动"命令，则"快速启动"工具栏设置成功。

④ 添加新图标。选中桌面上的图标，例如"我的电脑"，将其拖动到"快速启动"工具栏上。

（5）取消设置的工具栏。启动任务栏的快捷菜单，单击去掉"工具栏"子菜单中相应选项前的"✓"标志，则去掉"✓"标志的工具栏将从任务栏上消失。

 看看你的计算机任务栏是否有"快速启动栏"？如果没有，把它显示出来，然后将桌面上的"我的文档"图标放入快速启动栏。

2.1.5 "开始"按钮与"开始"菜单

"开始"按钮位于屏幕的左下角。单击"开始"按钮，将出现如图 2-16 或图 2-17 所示的"开始"菜单。"开始"菜单包含了使用户能够快速方便地开始工作的几乎所有命令选项。例如，启动应用程序、打开文档、改变系统设置、获取帮助以及在磁盘中查找指定信息等。

图 2-16　"开始"按钮与"开始"菜单

图 2-17　"开始"按钮与经典"开始"菜单

实例 2.7　改变"开始"菜单的显示形式

 情境描述

通过对"「开始」菜单"对话框的设置，可以改变"开始"菜单的形状、"开始"菜单所显示的项目。

 任务操作

（1）将"开始"菜单设置为如图 2-16 所示的形式。

① 打开"任务栏和「开始」菜单属性"对话框，在"「开始」菜单"选项卡中选择"「开始」菜单"单选钮，如图 2-18 所示。所选择的"开始"菜单样式如图 2-16 所示。

② 单击"自定义"按钮可进行自定义"开始"菜单的常规与高级设置，如图 2-19 所示。可以设置"开始"菜单中显示的项目数与项目、所显示图标的大小等。

图 2-18 "「开始」菜单"选项卡　　　　　图 2-19 "自定义「开始」菜单"对话框的常规与高级设置

（2）设置经典"开始"菜单。为照顾 Windows 操作系统的早期用户，Windows XP 操作系统保留了过去的"开始"菜单形式，并冠以"经典开始菜单"的名义，以供早期用户选用。

① 选择"「开始」菜单"选项卡中的"经典「开始」菜单"单选钮。

② 单击其对应的"自定义"按钮，打开"自定义经典「开始」菜单"对话框。可以设置"开始"菜单中显示的项目以及删除或添加新的项目。

 看看你的计算机上"开始"菜单的样式，试试把它改为另一种形式。

2.1.6　对话框

对话框的主要功能是接收用户输入的信息和显示系统的相关信息。

对话框有多种不同的形式，但其中所包括的交互方式大致相同，一般包括单选钮、复选框、列表框、文本框、下拉列表框、按钮等，如图 2-20 所示。用户可以通过选择或输入信息，回答系统的提示与询问。一旦指定了要求的信息，应用程序将自动执行相应的命令。表 2-1 所示为对话框中的常用选项及操作。

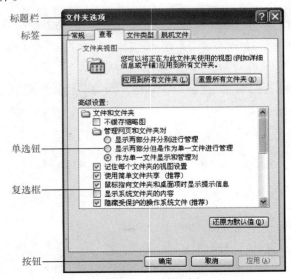

图 2-20　对话框示例

表2-1 对话框常用选项及操作

常 用 选 项	操 作
复选框	当出现"✓"符号时，表示激活状态，复选框允许多选
单选钮	当出现黑点符号时，表示激活状态，单选钮只允许单选
列表框	含有一系列条目的选择框。单击需要的条目，即为选中。如果是下拉列表框，应首先单击"▼"箭头，显示选项清单后，再进行选择
文本框	用于输入字符、汉字或数字。在文本框中单击鼠标以确定插入点，然后输入需要的正文信息。如果文本框的右端有一个"▼"箭头，单击它可显示一个选项清单，用户可从中进行选择
按钮	许多对话框都包括3个按钮，分别是"确定"、"取消"和"应用"。单击按钮，可执行相应的操作

2.2 Windows XP 操作系统的文件管理

◎ 文件、文件类型与文件名
◎ 资源管理器的窗口与菜单
◎ 资源管理器的文件与文件夹操作
◎ 资源管理器的磁盘操作
◎ "回收站"的使用
◎ "我的电脑"的使用

文件管理是任何操作系统的基本功能之一，Windows XP 操作系统通过两种途径对系统中的文件和文件夹进行管理："我的电脑"和"资源管理器"。它们在文件管理的操作方面非常相近，许多界面是一样的。本节主要介绍资源管理器的使用方法。

2.2.1 认识文件与文件夹

Windows XP 操作系统中的所有信息是以文件与文件夹的形式组织管理的。

1. 文件与文件名

在 Windows XP 操作系统中，各种信息是以文件的形式存储在磁盘上的。每个文件有一个文件名，系统通过文件名对文件进行组织管理。

Windows XP 操作系统中的文件名最多可由 255 个字符组成。文件名的组成与使用规则如下。

（1）文件名允许使用空格，在查询文件时允许使用通配符"*"和"？"。

（2）文件名允许使用多间隔符，最后一个间隔符后的字符被认为是扩展名。例如 hhh.k.a，扩展名为 .a。

（3）文件名中不允许出现下列字符：？\ * " <> |。

（4）保留用户指定的大小写格式，在管理文件时不区分大小写。

2. 文件类型

在 Windows XP 操作系统中，文件根据存储信息的不同，分成许多不同的类型，主要包括执行文件、文本文件、支持文件、图形文件、多媒体文件、数据文件、字体文件等。部分文件类型如图 2-21 所示。其他文件类型，可通过资源管理器查看。

regedit.exe
文本文档.txt
ACDSee.hlp
Doc1.doc
BMP 图像.bmp
演播厅补充清单.xls

（a）执行文件 （b）文本文件 （c）帮助文件 （d）Word文件 （e）图形文件 （f）Excel文件

图 2-21 部分文件类型及相应图标

3. 文件夹

Windows XP 操作系统采用了文件夹结构。一个文件夹既可以包含文档、程序、快捷方式等文件，也可以包含下一级文件夹（称为子文件夹）。通过文件夹可以将不同的文件进行分组、归类管理。

4. 文件夹树

由于各级文件夹之间存在着相互包含的关系，因此所有文件夹构成了一个树状结构，称为文件夹树。

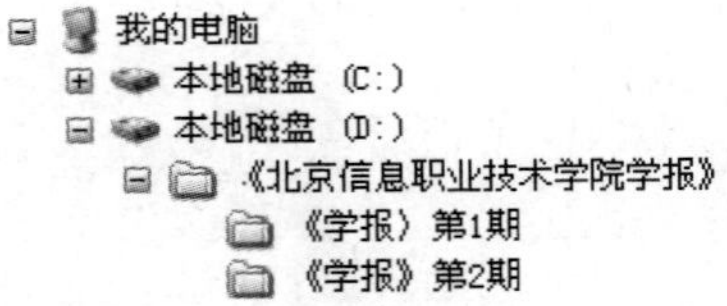
我的电脑
本地磁盘 (C:)
本地磁盘 (D:)
《北京信息职业技术学院学报》
《学报》第1期
《学报》第2期

图 2-22 文件夹树

例如，图 2-22 所示为一个文件夹树的示意图，其中，“我的电脑”是文件夹树的根，下一级是“本地磁盘（C：）”和“本地磁盘（D：）”，而“《北京信息职业技术学院学报》”是“本地磁盘（D：）”的子文件夹，“《学报》第 1 期”、“《学报》第 2 期”则是“《北京信息职业技术学院学报》”的子文件夹。

2.2.2 资源管理器的启动与退出

实例 2.8 使用多种方法启动与关闭资源管理器

情境描述

资源管理器是 Windows XP 操作系统中一个非常重要的应用程序，利用它可以完成对文件或文件夹的重命名、复制、移动、删除操作，还可以完成修改文件或文件夹的属性、建立新文件夹、对硬盘或移动存储器格式化，以及建立或断开与网络驱动器的连接等操作。

任务操作

1. 启动资源管理器

① 使用鼠标右击“开始”菜单，在弹出的快捷菜单中选择“资源管理器”命令。

② 双击桌面上的“资源管理器”图标。

资源管理器启动成功后，将进入资源管理器窗口，如图 2-23 所示。

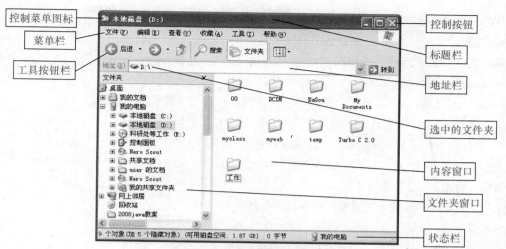

图 2-23　资源管理器窗口的组成

2. 关闭资源管理器

① 单击窗口标题栏上的"关闭"按钮。

② 单击"文件"菜单，选择"关闭"选项。

③ 右击任务栏上资源管理器的图标，在快捷菜单中选择"关闭"选项。

④ 单击控制菜单图标，从下拉菜单中选择"关闭"选项。

2.2.3　资源管理器的窗口与菜单

资源管理器窗口主要由以下几部分组成。

（1）标题栏。标题栏位于窗口的第 1 行，用于显示窗口的标题（即应用程序或文档的名字）。例如，资源管理器窗口的名字是所选文件夹的名字。

（2）控制菜单。控制菜单位于窗口的第 1 行左侧，是系统中用来改变窗口尺寸，移动、最大化、最小化和关闭窗口的命令菜单。在控制菜单中选择命令即可实现相应的操作。

（3）控制按钮。控制按钮位于窗口的第 1 行右侧。它有两种组合：最小化、最大化和关闭；最小化、还原和关闭，如图 2-24 所示。

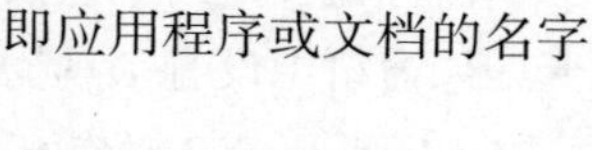

最小化　最大化　还原　关闭

图 2-24　控制按钮及其作用

• "最小化"按钮将使应用程序窗口缩小为一个图标，保存在任务栏上，即将应用程序转为后台工作。

• "最大化"按钮将使应用程序窗口扩大到整个屏幕。

• "还原"按钮将使应用程序窗口恢复为最大化以前的大小和位置。

• "关闭"按钮将关闭当前的应用程序窗口，使其退出运行。

（4）菜单栏。菜单栏位于窗口的第 2 行，包含了供用户使用的各类命令，单击某菜单选项，将出现相应的子菜单，选择子菜单中的命令，即可实现相应的操作，如图 2-25 所示。

Windows XP 操作系统对菜单有如下一些约定。

• 菜单分组线。命令之间的浅色线条称为分组线，它将命令分成若干组，这种分组是按命令功能组合的。例如，图 2-25 所示的"查看"菜单，其命令被分成了 5 个小组。

- 变灰的命令。正常的命令是用黑体字显示的，用户可以随时选用。变灰的命令是用灰色字体显示的，它表示当前不能使用。

- 带有省略号（…）的命令。选择该类命令时，将会弹出一个对话框，要求用户输入某些信息。例如，图 2-25 所示的"自定义文件夹"命令。

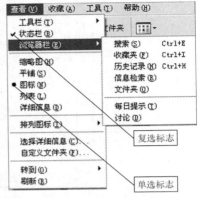

图 2-25 "查看"菜单

- 带有对勾"✓"的命令。这表示该命令已被选用。此类命令可让用户在"选中"与"放弃"两种状态之间进行切换。例如，图 2-25 所示的"状态栏"命令，可以在显示与不显示"状态栏"之间进行切换。此类命令允许用户多选。

- 带有"●"的命令。这表示该命令已被选用。在同组的命令中，只能有一个命令被选用。例如，图 2-25 所示的第 2 组中，只能在"缩略图"、"平铺"、"图标"、"列表"和"详细信息"5 个命令中选择一个，此时选用的是"图标"命令。

- 带有"▶"的命令。这表示该命令还有下一级子菜单。例如，图 2-25 所示的"浏览器栏"命令。

- 名字后带有组合键的命令。组合键是一种快捷键，用户可以直接从键盘按下组合键以执行相应的命令。例如，按下 Ctrl+E 组合键，将启动"搜索"功能。

- 命令后面的字符。这也是一种快捷键，用户可以使用"Alt+ 指定字符"的组合键，直接从键盘打开菜单。例如，图 2-25 所示的"查看"菜单，只要在键盘上按下 Alt+V 组合键，即可显示出来。

（5）工具按钮栏。工具按钮栏位于窗口的第 3 行。每个工具按钮代表一项操作，而这些操作在菜单栏中均能找到。由于这些操作是用户经常使用的，所以 Windows XP 操作系统将这些命令制做成按钮以方便使用。

当鼠标指针指向这些按钮时，系统将会显示有关按钮功能的提示。

如果窗口中没有工具栏，可以选择"查看"菜单中的"工具栏"命令，选择所需要的按钮显示。

在 Windows XP 操作系统中，几乎所有的应用程序窗口都设有工具栏。

（6）状态栏。状态栏位于窗口的最后一行，用于显示当前应用程序的状态信息。例如，资源管理器窗口的状态栏主要显示当前选中了几个对象，共占据多少存储空间，当前还有多少剩余空间等。如果窗口中没有状态栏，可以选择"查看"菜单中的"状态栏"命令，以显示状态栏的信息。

（7）地址栏。地址栏不是所有应用程序都有的。资源管理器的地址栏位于窗口的第 4 行，用于显示当前选中的文件或文件夹的绝对路径。如果窗口中没有地址栏，可以选择"查看"菜单下的"工具栏"子菜单中的"地址栏"命令，以显示地址栏的信息。

（8）主窗口区。资源管理器的主窗口区分为两部分，左边的窗口区用于显示以树状结构组织的所有文件夹，称为"文件夹窗口"；右边的窗口区用于显示所选中的某个文件夹、驱动器或桌面的内容，称为"内容窗口"。

窗口之间的分隔线用于隔离"文件夹窗口"和"内容窗口"，分隔线是可以移动的。将鼠标指向分隔线，当鼠标指针变为双向箭头时，按住鼠标左键拖动，此时有阴影线随鼠标双向箭头移动，待阴影线移到合适的位置后，释放鼠标左键，分隔线将移到新的位置。

资源管理器的这种组织方式使用户对系统资源具有整体的概念，比较适合浏览每个文件夹的内容，也便于在不同的文件夹之间进行大量的文件操作。

实例2.9　窗口操作（见图2-26）

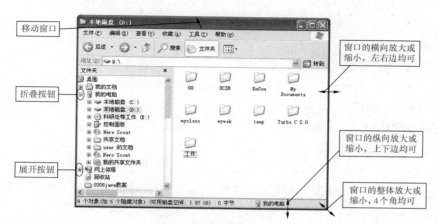

图2-26　窗口操作示意图

① 移动窗口：用鼠标选中标题栏，按住鼠标左键拖动，可以上下、左右地移动窗口，改变窗口的位置，直到满意为止。

② 改变窗口的大小：将鼠标指针指向窗口的上下边缘，当指针变为指向上、下的双向箭头时，按住鼠标左键向上或向下拖动，可以使窗口纵向变大或缩小；将鼠标指针指向窗口的左右边缘，当指针变为指向左、右的双向箭头时，按住鼠标左键向左或向右拖动，可以使窗口横向变宽或变窄；将鼠标指针指向窗口的任意对角位置，当指针变为双头斜向指针时，按住鼠标左键向对角线方向拖动指针，可以使窗口整体变大或缩小。

③ 使用水平和垂直滚动条：滚动条是用来帮助显示窗口内容的。当指定选项的信息或整个文本不能在窗口内全部显示出来时，在窗口的下端或右侧将出现水平或垂直的滚动条。在滚动条内有一个表明显示内容的相对位置的滑块，利用鼠标指针移动滑块，可以浏览到所需的全部内容。

④ 使用展开按钮与折叠按钮：在资源管理器的"文件夹窗口"，经常进行文件系统的展开和折叠操作。展开文件夹是为了显示文件夹的层次结构以找到所需要的文件夹；折叠文件夹是为了压缩展开的文件夹层次结构，便于对其他文件夹的查找与选择。

• 带有展开按钮"+"的驱动器或文件夹，表示还有下一级子文件夹，单击"+"号，即可显示其下一级子文件夹。

• 带有折叠按钮"–"的驱动器或文件夹，表示该驱动器或文件夹的下一级子文件夹已经显示，单击"–"号，则关闭下级子文件夹的显示。

• 不带任何按钮的驱动器或文件夹表示没有子文件夹，因此，不存在展开和折叠的问题。

　试一试，按"类型排序"后文件、文件夹有什么排列特点？

2.2.4　文件与文件夹的基本操作

实例 2.10　在 C 盘的根文件夹下建立如图 2-27 所示的文件夹树

 任务操作

① 在资源管理器中选定指定文件夹，例如，选中"本地磁盘（C：）"。

② 选择"文件"/"新建"/"文件夹"命令，在资源管理器的"内容窗口"将出现一个名为"新建文件夹"的小编辑框。

③ 在小编辑框中输入新建文件夹的名字，例如，输入"学报"。

④ 在空白处单击或按回车键确认。

此时，在 C 盘根文件夹下，新建了一个名为"学报"的子文件夹。

⑤ 打开"学报"文件夹，在资源管理器的"内容窗口"右击鼠标，在弹出的快捷菜单中选择"新建"/"文件夹"命令。

⑥ 在小编辑框中输入新建文件夹的名字，例如，输入"第 1 期"。

⑦ 在空白处单击或按回车键确认。

⑧ 参照步骤①～④或⑤～⑦完成其他文件夹的建立。

 在 C 盘根文件夹创建如图 2-28 所示的班级文件夹树。

图 2-27　学报文件夹　　　　　图 2-28　班级文件夹

实例 2.11　利用多种方法选中文件或文件夹

 情境描述

在对文件或文件夹进行操作之前，应首先选中文件或文件夹。

 任务操作

① 选中一个文件或文件夹：用鼠标单击要选中的文件或文件夹的名字，使其成为高亮（蓝底白字）显示。

② 选中连续的多个文件或文件夹：单击要选中的第 1 个文件或文件夹，按住 Shift 键并保持，再单击要选中的连续的一组文件或文件夹的最后一个。被选中的连续的文件或文件夹以高亮显示。

③ 选中非连续的多个文件或文件夹：单击要选中的第 1 个文件或文件夹，按住 Ctrl 键并保持，再单击其他想选中的文件或文件夹。被选中的文件或文件夹以高亮显示。

④ 取消选定：在窗口的任意空白区域上单击，将取消文件或文件夹的选中状态，高亮显示自动消失。

⑤ 选中全部文件或文件夹：选择"编辑"/"全部选定"命令，则"内容窗口"中的所有文件与文件夹均被选中。

⑥ 反向选定：选择"编辑"/"反向选择"命令。所谓"反向选定"是选中当前未被选中的所有文件和文件夹，即原来已选中的将被放弃，原来没被选中的将被选中。

⑦ 选择局部连续但总体不连续的文件或文件夹组：首先用鼠标选择第 1 个局部连续组，然后按住 Ctrl 键并保持，单击第 2 个局部连续组的第 1 个文件或文件夹，再按住 Ctrl+Shift 组合键，单击第 2 个局部连续组的最后一个文件或文件夹。用同样的步骤可选择其他局部连续组。

实例 2.12　文件与文件夹的复制

 情境描述

为安全起见，将实例 2.10 创建的"学报"文件夹树，复制到 D 盘根文件夹下，进行备份。使用资源管理器可以将文件或文件夹复制到另一个文件夹或磁盘上。

 任务操作

（1）利用鼠标拖动进行复制。

① 在同一磁盘中进行复制操作：首先选中被复制的文件或文件夹，然后按住 Ctrl 键并保持，再用鼠标拖动被复制的文件或文件夹，到达指定的目标文件夹时释放鼠标，复制操作开始，如图 2-29 所示。

图 2-29　复制操作示意图

② 在不同磁盘之间进行复制操作：不需要按住 Ctrl 键，直接将被选中的复制文件或文件夹，拖动到目标磁盘的指定文件夹下即可。例如，拖动"学报"文件夹到"本地磁盘（D:）"。

注意，在拖动文件或文件夹的过程中，鼠标指针的下方应带有一个"＋"号，它表明进行的是复制操作而不是移动。

（2）利用工具按钮进行复制。

① 首先选中被复制的文件或文件夹，如选中"学报"文件夹。

② 单击工具栏上的"复制"按钮。

③ 在文件夹窗口打开目标驱动器或指定文件夹，如打开"本地磁盘（D:）"。

④ 单击工具栏上的"粘贴"按钮，复制操作开始。

 知识与技能

还可以使用菜单命令进行复制，在菜单栏的"编辑"菜单或右击快捷菜单中，均存在"复制"、"粘贴"命令，复制文件或文件夹的操作方法与工具按钮是相同的。

在进行复制操作时，应注意如下两个问题。

（1）在复制过程中，如果需要取消复制操作，可以单击"正在复制"对话框中的"取消"按钮，如图 2-29 所示。

（2）如果复制的文件在目标磁盘或文件夹中已经存在，系统将显示如图 2-30 所示的提示信息，单击"是"按钮，则新文件

图 2-30　复制操作的提示信息

将替换原有文件；单击"否"按钮，则保留原有文件；单击"全部"按钮，继续复制，不再提示；单击"取消"按钮，结束复制操作。

实例 2.13　向移动驱动器中复制文件或文件夹

 情境描述

　　如果需要将磁盘中的文件或文件夹复制到移动硬盘或"MP3"等移动驱动器中，除了使用上述操作之外，还可以使用"文件"菜单中的"发送到"命令。例如，将"学报"文件夹，复制到移动磁盘"sunzy（F：）"中。

 任务操作

　　① 首先选中要复制的文件或文件夹，如选中"学报"文件夹。

　　② 用鼠标右击"学报"文件夹，在快捷菜单中选择"发送到"/"sunzy（F：）"命令，被选中的"学报"文件夹即复制到移动硬盘，如图 2-31 所示。

　　使用"文件"菜单也可以完成上述操作。

图 2-31　"发送到"命令

　选择一个适当的文件夹，复制你的"班级文件夹树"。

实例 2.14　将如图 2-28 所示的文件夹树移动到"本地磁盘（D：）"中

 任务操作

　　（1）利用鼠标拖动进行移动。

　　① 在同一磁盘中进行移动操作：将鼠标指针移到需要移动的文件或文件夹上，按住鼠标左键将其拖向文件夹窗口，待目标文件夹呈高亮显示时，释放鼠标即可完成移动。

　　② 在不同磁盘之间进行移动操作：按住 Shift 键并保持，再将鼠标指针移到需要移动的文件或文件夹上，按住鼠标左键将其拖向文件夹窗口，待目标文件夹呈高亮显示时，释放鼠标即可完成移动。

　　（2）利用工具按钮进行移动。

　　① 首先选中需要移动的文件或文件夹。

　　② 单击工具栏上的"剪切"按钮。

　　③ 在文件夹窗口打开目标驱动器或指定文件夹。

　　④ 单击工具栏上的"粘贴"按钮，移动操作完成。

还可以使用菜单命令进行移动操作,在菜单栏的"编辑"菜单或右击快捷菜单中,均存在"剪切"、"粘贴"命令,移动文件或文件夹的操作方法与工具按钮是相同的。

实例 2.15 文件或文件夹的重命名

 情境描述

有时需要对一些已经存在的文件或文件夹重新命名。例如,将如图 2-28 所示的"班级文件夹"中的"学生资料"文件夹改名为"学生名单"。

 任务操作

① 首先选中需要改名的文件或文件夹,如选中"学生资料"文件夹。

② 选择"文件"/"重命名"命令,此时选中的文件或文件夹呈闪烁性的高亮显示,如图 2-32 所示。

图 2-32 重命名过程

③ 输入新的文件名,如输入"学生名单",并按回车键确认。

 知识与技能

使用右击快捷菜单也可以完成上述操作。此外,还可以直接单击被选中的文件或文件夹的名字,同样可以输入新的文件名,并按回车键确认。

实例 2.16 文件或文件夹的删除

 情境描述

为了节省磁盘空间,对于那些不再使用的文件或文件夹,可以进行删除操作。删除操作分为送入"回收站"和真正的物理删除两种。送入"回收站"的文件或文件夹,需要时还可以恢复回来;被物理删除的文件或文件夹,则不能再恢复了。例如,删除"本地磁盘(C:)"中的"学报"文件夹。

 任务操作

(1)送入"回收站"的删除。

① 选中准备删除的文件或文件夹,如选中"本地磁盘(C:)"中的"学报"文件夹。

图 2-33 确认删除对话框

② 选择"文件"/"删除"命令(或者直接单击工具栏上的"删除"按钮),这时出现一个对话框,提示用户是否确认删除操作,如图 2-33 所示。

③ 单击"是"按钮,则执行删除操作;单击"否"按钮,

则放弃删除操作。

使用键盘上的 Delete 键或选择右击快捷菜单中的"删除"命令也可完成删除操作。

（2）取消删除操作。文件或文件夹被删除之后，立刻选择"编辑"/"撤销"命令，可以取消刚刚进行的删除操作，恢复被删除的文件或文件夹。

（3）恢复被删除的文件或文件夹。送入"回收站"的操作并非真正的物理删除，需要时可以把它们恢复到原来的位置上。

① 在资源管理器的文件夹窗口中，单击"回收站"图标，"回收站"的内容将显示在内容窗口中。

② 选中需要恢复的文件或文件夹。

③ 选择"文件"/"还原"命令，则需要恢复的文件或文件夹将回到原有的位置上。

直接双击打开桌面上的"回收站"，也可以完成恢复文件或文件夹的操作。

（4）物理删除文件或文件夹。物理删除是真正的删除，一经物理删除的文件或文件夹，不能再恢复回来。

① 选中准备删除的文件或文件夹。

② 在键盘上直接按下 Shift+Delete 组合键，弹出确认删除对话框，如图 2-34 所示。

③ 单击"是"按钮，则执行物理删除；单击"否"按钮，则放弃删除操作。

图 2-34 确认删除对话框

注意 这种删除是不经过"回收站"的直接删除。图 2-34 所示的系统提示与图 2-33 所示的提示是不一样的。

（5）删除"回收站"中的文件或文件夹。这也是一种物理删除。

① 在资源管理器（或桌面）上打开"回收站"。

② 选中准备物理删除的文件或文件夹。

③ 选择"文件"/"删除"命令（或在右击快捷菜单中选择"删除"命令），弹出如图 2-34 所示的对话框。

④ 单击"是"按钮，则执行删除操作；单击"否"按钮，则放弃删除操作。

如果在"文件"菜单中选择"清空回收站"命令，则"回收站"中的全部内容将被物理删除。

注意 因为"物理删除文件或文件夹"和"删除'回收站'中的文件或文件夹"是一种永久性删除，无法再恢复，所以操作时一定要慎重。

动手做 选择一个文件，将其送入回收站，然后再把它恢复到原位置。试一试能否把"回收站"中的文件恢复到其他的文件夹。

实例 2.17 设置文件或文件夹的属性

 情境描述

文件和文件夹具有两种属性：只读和隐藏。利用资源管理器可以设置或改变一个文件或文件夹的属性。

 任务操作

① 选中要设置属性的文件或文件夹。

② 选择"文件"/"属性"命令（或在右击快捷菜单中选择"属性"命令），打开文件属性对话框。

③ 选择需要的文件属性，单击"确定"按钮完成，如图 2-35 所示。

 知识与技能

文件和文件夹的两种属性是一种复选方式，即允许为一个文件或文件夹同时设置两种不同的属性。"属性"对话框记录了所选文件或文件夹的有关信息。例如，在如图 2-35 所示的文件属性对话框中，显示了"项目支出预算明细.doc"文件的名称、类型、位置、大小、创建时间、属性等信息。

图 2-35 文件属性对话框

实例 2.18 对"文件夹选项"对话框的操作

 情境描述

通过"文件夹选项"对话框可以打开或关闭"隐藏文件"和"系统文件"的显示；可以查看在 Windows XP 操作系统中已经注册的各种文件类型及相应的图标，可以为新的文件类型建立关联。

所谓关联是为某一类文件指定一个相应的应用程序，关联是通过扩展名来建立的。例如，可以将扩展名为 .DOC 的 Word 文件与 Word 2003 应用程序相关联，也可以将扩展名为 .BMP 的文件与画图应用程序相关联。建立关联后，只要双击文件名，系统将自动启动与之关联的应用程序，并打开该文件。例如，双击扩展名为 .DOC 的文件，Windows XP 操作系统将自动启动 Word 2003 并打开该文件。

凡是已在 Windows XP 操作系统下注册的文件，均自动与其相应的应用程序建立关联。

 任务操作

（1）设置"隐藏文件"的显示方式。

① 打开"文件夹选项"对话框：选择"工具"/"文件夹选项"命令。

② 设置"隐藏文件"和"系统文件"的显示方式：在"文件夹选项"对话框中，单击"查看"标签，进入"查看"选项卡，如图 2-36 所示。有关"隐藏文件"的设置有如下 3 种选择。

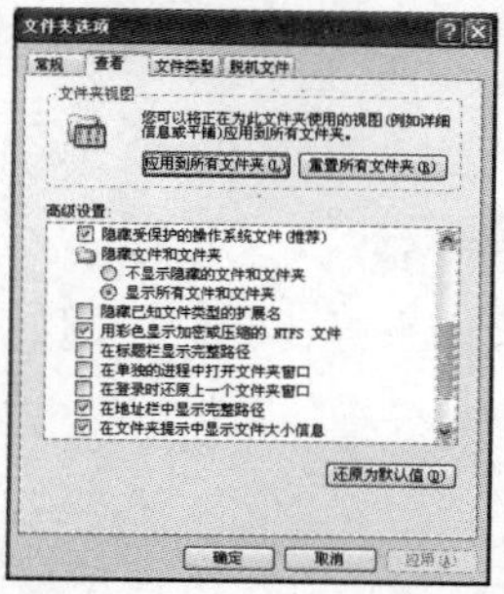

· 不显示隐藏的文件和文件夹：选中该复选框，在资源管理器中不显示具有隐藏属性的文件和文件夹。

· 显示所有文件和文件夹：选中该选项，即使具有隐藏属性的文件和文件夹，也将在资源管理器中显示出来。

· 隐藏受保护的操作系统文件（推荐）：选中该选项，在资源管理器中不显示受保护的操作系统文件。对于初学者，建议选中该选项，以免破坏 Windows XP 操作系统的有用文件。

图 2-36 "查看"选项卡中的高级设置

（2）显示或隐藏已知文件类型的扩展名与标题栏中的完整路径。

① 在"查看"选项卡中，选择"隐藏已知文件类型的扩展名"复选框，则资源管理器显示文件名时，将不显示已在 Windows XP 操作系统中注册过的文件扩展名（类型名）。

② 在"查看"选项卡中，选择"在标题栏显示完整路径"复选框，则资源管理器的标题栏上将显示所选文件或文件夹的完整路径。

（3）查看在 Windows XP 操作系统中已注册的文件类型。

① 在"文件夹选项"对话框中，单击"文件类型"标签，进入"文件类型"选项卡。

② 在"已注册的文件类型"列表框中，列出了已注册的文件类型和相应的图标，单击某个文件类型，将在其下方显示详细信息，如图 2-37 所示。

③ 可以对已经注册的文件类型做编辑或删除操作。

（4）为新的文件类型建立关联。

① 在"文件类型"选项卡中，单击"新建"按钮，显示"新建扩展名"对话框，如图 2-38 所示。

② 在"文件扩展名"文本框中输入文件的扩展名。

③ 单击"高级"按钮，在"关联的文件类型"下拉列表框中选择关联的文件。

④ 单击"确定"按钮，返回"文件类型"对话框。

⑤ 单击"关闭"按钮，返回"文件类型"选项卡，新关联建立完成。

如果一个文件没有关联的应用程序，双击它时，屏幕将显示"打开方式"对话框，可以在该对话框中建立关联，如图 2-39 所示。

图 2-37　已注册的文件类型

图 2-38　"新建扩展名"对话框

图 2-39　"打开方式"对话框

 动手做　在桌面选择一个文件或图标，将其属性设置为"隐藏"，刷新桌面后看看它是否还在？如果还在，请把它隐藏；如果不在，请把它显示出来。

实例 2.19　文件或文件夹的搜索

 情境描述

如果忘记了一个文件或文件夹在磁盘中的具体位置，可以通过搜索操作来寻找它们。例如，查找 1234.txt 文件。

 任务操作

① 单击"开始"按钮，选择"搜索"命令，即可进入"搜索结果"窗口（也可在资源管理器中，单击工具栏上的"搜索"按钮），如图 2-40 所示。

② 在"搜索助理"中单击"所有文件和文件夹"选项，出现"按下面任何或所有标准进行搜索"对话框。

③ 在"全部或部分文件名"文本框中，输入要查找的文件或文件夹的名字，如输入1234。

④ 在"在这里寻找"下拉列表框中选择需要搜索的驱动器或文件夹，如选择"IBM_PRELOAD（C:）"。

⑤ 单击"搜索"按钮，开始查找。搜索结果显示在窗口右侧。

本例共搜索出一个文件，存放在"C:\Documents"文件夹下，如图2-40所示。

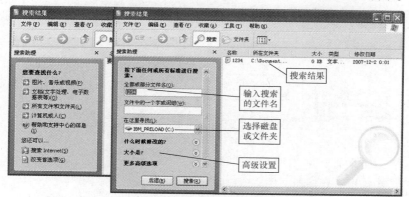

图2-40 搜索信息的设置

 知识与技能

如果搜索不到指定的文件或文件夹，系统将显示未找到的信息。

对于要搜索的文件或文件夹，如果还想知道更多的信息，可以通过"搜索结果"窗口进行高级设置。通过高级设置可以适当缩小搜索范围，以减少搜索时间。高级设置有如图2-41所示的3种对话框。

（1）什么时候修改的：如果记得文件大概的建立日期或最后的修改日期，可单击此项进行设置。例如，选择"修改时间"从"2007-5-2至2007-10-2"。

（2）大小是：如果记得所搜索文件的大小，可单击此项进行设置。例如，选择"指定大小""至少"是"10000"KB。

图2-41 "搜索结果窗口"的高级设置

（3）更多高级选项：如果需要对选定的驱动器或文件夹所包含的子文件夹、隐藏文件夹也进行搜索，可单击此项进行设置。例如，选择"搜索系统文件夹"、"搜索子文件夹"复选框。

 在C盘搜索"??.txt"，体会一下"？"号的作用；在C盘搜索"*.txt"，体会一下"*"号的作用。

2.2.5 "回收站"的使用

实例2.20 "回收站"的设置与使用

 情境描述

"回收站"是硬盘上的一块区域，"回收站"的大小是可以调整的。"回收站"的空间越大，

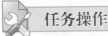

所能存储的删除文件就越多，在实际操作中可以随时恢复的文件也就越多。系统将"回收站"的大小设置为磁盘空间的 10%，用户可以根据需要自行调整。

任务操作

（1）以多种方法打开"回收站"窗口，如图 2-42 所示。

图 2-42 "回收站"窗口

① 方法一：双击桌面上的"回收站"图标。

② 方法二：单击资源管理器文件夹窗口中的"回收站"图标。

③ 方法三：打开"我的电脑"窗口，在其"地址"列表框中选择"回收站"。

（2）设置"回收站"的属性。

① 打开"回收站 属性"对话框。用鼠标右击桌面上的"回收站"图标，在快捷菜单中选择"属性"命令，打开"回收站 属性"对话框，如图 2-43 所示。

② 设置"显示删除确认对话框"。所谓"显示删除确认对话框"，是指删除文件或文件夹时系统提示的"确认文件删除"信息，如图 2-33、图 2-34 所示。是否显示该提示，由"全局"选项卡中的"显示删除确认对话框"复选框决定。选中复选框，则显示确认提示；否则不显示确认提示。

③ 改变回收站的大小。在"全局"选项卡中，利用鼠标移动滑块，调整"回收站"存储空间占磁盘空间的比例。例如，在如图 2-43 所示的对话框中，"回收站"的存储空间占磁盘空间的比例为 10%。

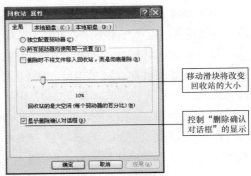

图 2-43 "回收站 属性"对话框

看看你的"回收站"中是否有文件？如果有的话把它们清空。

2.2.6 磁盘的格式化

实例 2.21 磁盘的格式化

情境描述

磁盘必须经过格式化后才能使用。格式化磁盘意味着在磁盘上建立可以存放文件的磁道和扇区,格式化磁盘将删除磁盘中原有的全部文件。Windows XP 操作系统不允许格式化正在使用的磁盘。

 任务操作

使用资源管理器对磁盘进行格式化。

① 启动资源管理器。

② 用鼠标右击需要进行格式化的磁盘驱动器,在快捷菜单中选择"格式化"命令,打开"格式化"对话框,如图 2-44 所示。

③ 在"容量"下拉列表框中选择存储容量的大小,此项一般为默认。

④ 在"格式化选项"选项区中选择格式化的方式。

- 快速格式化:只删除磁盘上的原有文件,一般用于已经做过格式化的磁盘。

- 启用压缩:格式化磁盘后,启用压缩存储。

- 创建一个 MS-DOS 启动盘:格式化磁盘后,为磁盘添加系统文件,即制作系统盘。

⑤ 如果需要给格式化的磁盘起一个名字,可以在"卷标"文本框中输入自定的名字。

⑥ 通过"文件系统"可以选择磁盘的存储模式:FAT32 或 NTFS。一般默认为 FAT32。

⑦ 单击"开始"按钮,磁盘格式化开始。格式化完成后,将通过对话框予以提示,如图 2-45 所示。

图 2-44　格式化对话框

图 2-45　格式化完毕对话框

⑧ 单击"确定"按钮,返回格式化对话框;单击"关闭"按钮,退出格式化对话框。

 如果你的移动存储器存取速度减慢,可以对它进行格式化操作。

 知识与技能

在资源管理器中用鼠标右击指定磁盘驱动器,在弹出的快捷菜单中选择"属性"命令,打开"属性"对话框。在"属性"对话框中,可以浏览磁盘的总空间、已用空间等信息。

2.2.7　我的电脑

"我的电脑"也是 Windows XP 操作系统的一个文件与文件夹管理机构。Windows XP 操作系统安装成功后,"我的电脑"文件夹自动建立,其快捷方式驻留在桌面上。

实例 2.22　"我的电脑"窗口的基本操作

 任务操作

① 打开"我的电脑"窗口:在桌面上双击"我的电脑"图标,打开"我的电脑"窗口,

如图 2-46 所示。

图 2-46 "我的电脑"窗口

② "我的电脑"窗口与资源管理器窗口的转换：单击"我的电脑"窗口工具栏上的"文件夹"按钮，"我的电脑"窗口由一个内容窗口转换为两个窗口，即增加了一个文件夹窗口，如图 2-46 所示。

知识与技能

"我的电脑"窗口的组成和操作与资源管理器基本相同，所不同的是，"我的电脑"窗口只有一个主窗口，即内容窗口。

"我的电脑"为用户提供了一种快速访问 Windows XP 操作系统资源的途径，这些资源及使用方法如下。

（1）磁盘：显示本机所安装（逻辑划分）的本地磁盘情况。选中某个本地磁盘（如 C 盘），通过"文件"菜单或右击快捷菜单，可以选择对磁盘查看"属性"、"搜索"文件或文件夹、"格式化"或"打开"等操作；直接双击"磁盘"，可以显示该磁盘所包含的文件和文件夹；打开某个磁盘或文件夹后，选择"文件"/"新建"命令，可以建立新的文件夹；使用"剪切"、"复制"和"粘贴"按钮（或"编辑"菜单中的选项），可以完成对文件或文件夹的移动、复制等操作。

（2）有可移动存储的设备：显示本机插入的所有移动设备，如移动硬盘、DVD 光盘驱动器、MP3 等。

（3）系统任务。

· 查看系统信息：单击该选项可打开"系统属性"对话框。

· 添加 / 删除程序：单击该选项可打开"添加或删除程序"对话框，用于添加或卸载应用程序。

· 更改一个设置：单击该选项可打开"控制面版"对话框。

（4）其他位置：可以方便地转到"网上邻居"、"我的文档"、"共享文档"、"控制面板"。

利用"我的电脑"窗口练习文件或文件夹的复制、移动操作。

2.3 系统设置

- ◎ 设置用户账号*
- ◎ 安装与设置打印机*
- ◎ 改变显示器的设置
- ◎ 添加与删除程序
- ◎ 鼠标与键盘的设置
- ◎ 设置系统日期与时间

Windows XP 的系统设置主要是通过"控制面板"来完成的，控制面板是一个系统文件夹，它汇集了 Windows XP 操作系统的硬件和软件的设置工具，使用这些工具可以方便地安装和设置硬件、安装或卸载应用程序软件。例如，通过控制面板可以对用户账号、输入法、键盘、鼠标、显示器、打印机、日期及时间等项目进行属性设置和调整。

2.3.1 用户账户与"我的文档"管理 *

在 Windows XP 操作系统中通过用户管理，可以方便地创建用户账户、更改用户权限，使每个用户拥有自己独立的存储空间。

实例 2.23 创建新用户账户

 任务操作

（1）打开"控制面板"窗口。

① 方法一：单击"经典开始菜单"，在"设置"子菜单中选择"控制面板"命令，打开"控制面板"窗口，如图 2-47 所示。

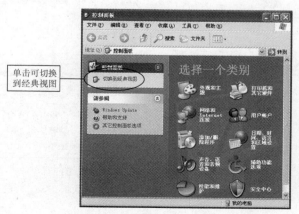

图 2-47 "控制面板"窗口

59

② 方法二：启动资源管理器，在其文件夹窗口单击"控制面板"选项。

③ 方法三：启动"我的电脑"窗口，单击"控制面板"图标。

（2）创建新用户账户 sunzy。

① 在"控制面板"窗口中，单击"用户账户"选项，进入"用户账户"对话框，如图 2-48 所示。

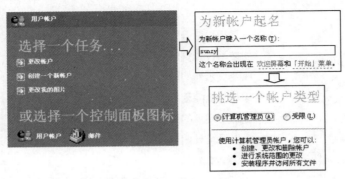

图 2-48 "用户账户"对话框

② 单击"创建一个新账户"选项，在对话框输入新账户的名字。例如，输入 sunzy。

③ 单击"下一步"按钮，挑选账户类型。

· 计算机管理员：具有创建、更改和删除用户账户，进行系统范围的修改，安装程序并访问所有文件的权利。

· 受限：不具有安装所有程序的权利，不能访问其他账户的资源。

④ 单击"创建用户"按钮，完成创建任务。

（3）创建用户密码。

① 在"用户账户"对话框中，选择"更改账户"选项。

② 在显示的已有账户中，选择需要更改的账户名。例如，选择 sunzy 账户。

③ 在显示的 5 项修改内容中，选择"创建密码"选项。

④ 按照图 2-49 所示，连续输入两次同样的密码，然后单击"创建密码"按钮，密码创建结束。

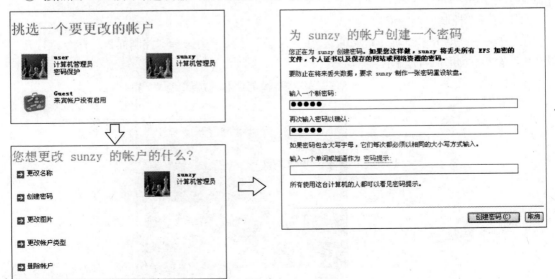

图 2-49 创建密码对话框

在如图2-49所示的"更改账户"对话框中，还可以进行"更改名称"、"更改图片"（用户图标）、"删除账户"、"更改账户类型"等操作。密码创建后，还可以进行"更改密码"、"删除密码"等操作。

 如何为sunzy账户换一个图标呢？如何为sunzy修改密码呢？比较一下：在"开始"菜单与经典"开始"菜单中"控制面板"有什么不同？创建你自己的账户。

实例2.24 管理"我的文档"

 情境描述

用户账户创建后，系统将为每个账户创建一个只属于该账户的"我的文档"文件夹，存储位置默认C盘。"我的文档"的英文名称是"My Documents"，是用户保存文件的默认文件夹。对"我的文档"文件夹的操作与资源管理器、"我的电脑"基本相同。

在桌面双击"我的文档"图标，打开"我的文档"窗口，如图2-50所示。

通过设置"我的文档"属性，可以改变"我的文档"文件夹的存储位置。

 任务操作

① 用鼠标右击"我的文档"图标，在快捷菜单中选择"属性"命令，打开"我的文档 属性"对话框。

② 单击"移动"按钮，显示"选择一个目标"对话框。

③ 为"我的文档"文件夹选择一个存放位置。例如，选择"本地磁盘（D：）"。

④ 单击"确定"按钮返回"我的文档 属性"对话框。设置完毕后"我的文档"文件夹将保存在D盘，如图2-51所示。

图2-50 "我的文档"窗口

图2-51 改变我的文档的存储位置

 看看在"我的文档 属性"对话框中的"常规"选项卡中还能进行什么设置？

2.3.2 安装与设置打印机 *

Windows XP操作系统为打印机的设置和管理提供了丰富的手段。通过系统提供的打印机设置，用户可以安装多台打印机，可以设置打印机或网络打印机的特性、打印字体、打印质量、打印速度，可以查看打印队列、改变打印队列顺序等。

实例 2.25　安装打印机

 情境描述

安装打印机，实际上是安装打印机的驱动程序，驱动程序是计算机控制打印机的一个专门程序。不同的打印机，其驱动程序也不一样。

 任务操作

① 安装打印机前，首先应将打印机连接在计算机上，并开启电源启动打印机。

如果打印机是新连接的，Windows XP 操作系统一般会自动检测到，并自动打开"添加打印机向导"对话框，如图 2-52 所示。如果系统未检测到，用户可以自行打开"添加打印机向导"对话框。

图 2-52　添加打印机向导

② 通过"开始"菜单或"控制面板"可以打开"添加打印机向导"对话框。

如果是 USB 等热插拔接口打印机，Windows XP 操作系统将自动安装，可单击"取消"按钮退出安装。

③ 单击"下一步"按钮，出现两种选择：如果是连接到本机的打印机，可选择"连接到此计算机的本地打印机"单选钮；如果是通过网络连接的打印机，则选择"网络打印机或连接到其他计算机的打印机"单选钮。

④ 选择"连接到此计算机的本地打印机"单选钮，并选中"自动检测并安装即插即用打印机"复选框。单击"下一步"按钮，系统开始检测已安装的打印机，检测到则自动安装相应的驱动程序。

如果没有检测到打印机，则单击"下一步"按钮，选择打印机与计算机的接口。一般情况下，采用系统默认端口。

⑤ 单击"下一步"按钮，首先在"厂商"列表框中选择打印机的生产厂家，然后在"打印机"列表框中选择驱动程序。例如，在图 2-52 中，选择的是"Canon LBP -860"。如果打印机带有厂商提供的安装盘，软盘插入 A：驱动器，光盘放入光盘驱动器，单击"从磁盘安装"按钮。

⑥ 单击"下一步"按钮，在"打印机名"文本框输入打印机的名字，然后在"是否希望将这台打印机设置为默认打印机？"的询问中作出选择。例如，图 2-52 中输入的打印机名是"Canon LBP -860"，将"是否希望将这台打印机设置为默认打印机"设置为"是"。

⑦ 单击"下一步"按钮，进入最后一个对话框，该对话框询问"要打印测试页吗"。如果已经连接好打印机，可以选择"是"选项。

⑧ 单击"完成"按钮，打印机安装完毕。

如果你有打印机，试试安装操作。

实例 2.26　设置打印机的属性

 情境描述

打印机安装成功之后，可以打开打印机属性对话框，对其进行设置。需要说明的是，打印机属性对话框的选项卡数目和项目名称会因为打印机的不同而异。

如果系统安装了多台打印机，应将最常用的打印机设置成"默认打印机"。在打印文档时，如果不指定打印机，将以"默认打印机"完成打印任务。

 任务操作

① 打开"打印机和传真"窗口，用鼠标右击打印机图标，在快捷菜单中选择"属性"命令，打开打印机属性对话框。

② 单击"常规"标签，可以在"常规"选项卡的"注释"文本框输入打印机的有关说明；单击"打印首选项"按钮，可以对纸张大小、打印方向、纸张来源和介质选择进行设置；单击"打印测试页"按钮，控制打印测试页。

③ 单击"共享"标签，可以在"共享"选项卡中设置打印机共享。

④ 单击"高级"标签，可以在"高级"选项卡中设置打印机的优先级，还可以更新驱动程序，如图 2-53 所示。

⑤ 设置默认打印机：在"打印机和传真"窗口，用鼠标右击选中的"打印机"图标，在快捷菜单选择"设为默认打印机"命令。

在"打印机和传真"窗口中，还有与打印机设置有关的一些选项，如图 2-54 所示。

图 2-53　设置打印机的高级属性

图 2-54　打印机任务

2.3.3　改变显示器的设置

无论在计算机上进行何种操作，其结果都将反映到显示器上。可以调整显示器，使视觉舒服一些，也可以给屏幕设置保护程序，延长显示器的寿命。Windows XP 操作系统将显示器的属性设置统一到"显示属性"对话框，用户可以利用它方便地设计自己喜欢的颜色、墙纸、屏幕保护程序以及排列图标的方式。

实例 2.27　设置桌面背景图案和屏幕保护程序

情境描述

在"显示属性"对话框中，可以使用"桌面"选项卡进行桌面背景的设置。桌面背景可以是自选的一幅图片、一个 HTML 文档或者是 Windows XP 操作系统自带的墙纸和图案。

设置屏幕保护程序是为了防止显示器老化。屏幕保护程序是一种持续运动的图像，当用户在较长时间内没有任何键盘和鼠标操作时，屏幕保护程序将自行启动，在屏幕上显示一幅幅活动的图像。

任务操作

① 在桌面空白处右击鼠标，在快捷菜单中选择"属性"命令，打开"显示属性"对话框。

在"控制面板"窗口中，单击"外观和主题"图标，进入"选择一个任务"窗口，任意单击其中的某个选项也可打开"显示属性"对话框，如图 2-55、图 2-56 所示。

图 2-55　选择任务窗口

图 2-56　"显示属性"对话框的"桌面"选项卡

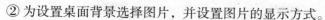

② 为设置桌面背景选择图片，并设置图片的显示方式。

在"桌面"选项卡中有如下几种选择。

- 通过"背景"列表框，选择 Windows XP 操作系统提供的图片。
- 单击"浏览"按钮，可打开"浏览"对话框，选择用户自己的图片。

对于选中的图片，可在"位置"下拉列表框中选择其显示方式，有以下 3 种设置。

- 居中：将图片放置在桌面的中央。
- 平铺：将图片重复排列在桌面上。
- 拉伸：将图片全屏幕显示在桌面上。

图 2-57　设置屏幕保护程序

如果图片和显示方式均已设置完成，单击"确定"按钮，桌面背景设置完毕。

③ 选择屏幕保护程序。在如图 2-57 所示的"屏幕保护程序"选项卡中，在"屏幕保护程序"下拉列表框选择一种保护程序。

④ 设置屏幕保护程序启动的时间。在"等待"数值框中输入等待时间，如果在确定的等待时间内，键盘和鼠标均没有发生动作，则屏幕保护程序自行启动。

⑤ 设置屏幕保护程序的密码。如果不希望其他人看到屏幕上的内容，可以为屏幕保护程序设置一个密码。选择"在恢复时使用密码保护"复选框，则恢复时必须使用用户登录密码。

⑥ 设置完成，单击"确定"按钮退出对话框。

　将当前桌面的背景图片的"位置"改为"居中"。将"飞跃星空"设置为计算机的屏幕保护程序，启动等待时间为 1 分钟。

实例 2.28　设置显示器分辨率

 情境描述

显示器的属性主要包括显示器的分辨率和显示器的颜色密度。

显示器的分辨率是指在屏幕上显示像素的多少，显示的像素越多，分辨率就越高。颜色的密度是指显示器可以显示多少种颜色。目前的显示器至少可以显示 256 色，而 24 位或 32 位的真彩色，允许有 2^{24} 和 2^{32} 种颜色。

 任务操作

① 设置显示器的颜色密度。单击"设置"标签，显示如图 2-58 所示的选项卡，单击"颜色质量"下拉列表，显示颜色的种类，选择适合屏幕的颜色数即可。一般有中（16 位）、最高（32 位）。

② 设置屏幕分辨率。用鼠标拖动"屏幕分辨率"下的滑块，可以改变屏幕的分辨率。分辨率范围由 800×600 像素到 1 280×1 024 像素，

图 2-58　设置显示器属性

有些显示器可达到 1 600 × 1 200 像素。

③ 设置完成，单击"确定"按钮退出。

 知识与技能

一台显示器的分辨率和颜色的设置，是和显示器本身、显示适配卡有密切关系的，并不是所有的显示器都能设置最高的颜色和分辨率。

 在如图 2-56 所示的"显示属性"对话框中，单击"自定义桌面"按钮，看看它能干什么？试一试，在"外观"选项卡中，通过设置改变一下 Windows XP 操作系统的窗口和按钮的颜色与外观。

2.3.4 添加 / 删除程序

通过"控制面板"窗口的"添加 / 删除程序"选项，Windows XP 操作系统保持着对应用程序安装与卸载的控制。用户可以通过单击"添加 / 删除程序"选项，打开"添加或删除程序"窗口，如图 2-59 所示，安装新的应用程序，也可卸载不用的应用程序。

实例 2.29 添加或删除 Windows XP 操作系统组件

 情境描述

Windows XP 操作系统提供了功能丰富的组件。在安装 Windows XP 操作系统时，由于各种原因，一般不完全安装。在使用过程中，可以根据需要随时补充安装某些组件。同样，当某些组件不再使用时，也可以删除，以释放磁盘空间。

 任务操作

① 打开"添加或删除程序"窗口，单击"添加 / 删除 Windows 组件"按钮，显示"Windows 组件向导"对话框，如图 2-60 所示。

图 2-59 "添加或删除程序"窗口

图 2-60 "Windows 组件向导"对话框

在"组件"列表框中，每个组件选项前都有一个复选框，复选框中有"√"时，表示该组件已安装在系统中。

② 删除 Windows 组件。选中需要删除的组件（复选框中有"√"），单击"下一步"按钮，

系统开始删除操作。

③ 添加 Windows 组件。选中需要安装的组件（复选框中无"√"），单击"下一步"按钮，系统开始添加操作。

④ 单击"完成"按钮退出对话框。

 如果你的计算机没有安装"传真服务"组件，请把它安装上。查看你所用的计算机中安装了几个 Windows 组件，它们占据了多少存储空间？

实例 2.30　添加、更改或删除应用程序

 任务操作

① 打开"添加或删除程序"窗口，单击"更改或删除程序"按钮，如图 2-59 所示。

② 在列表框中选中某个应用程序，被选中程序的下方可能显示如下 3 种操作提示。

- 删除：单击则删除所选程序。
- 更改 / 删除：单击则删除所选程序。
- 更改和删除：单击"更改"按钮则重新安装所选程序，单击"删除"按钮则删除所选程序。

③ 打开"添加或删除程序"窗口，单击"添加新程序"按钮，显示如下两种选择。

- CD 或软盘：从光盘驱动器或软盘驱动器安装新程序。
- Windows Updata：通过互联网从 Microsoft 公司网站上安装新程序。

④ 选择一种方式，在安装向导的带领下，完成新程序安装。

 看一看你的计算机中安装了哪些应用程序。

 知识与技能

能够在 Windows XP 操作系统下运行的应用程序，一般都自带安装程序。当应用程序光盘放入驱动器时，安装程序可立即被系统识别，自动启动安装向导。

2.3.5　鼠标与键盘的设置

实例 2.31　设置鼠标

 情境描述

利用鼠标的属性对话框，可以调整按键的响应速度、双击的时间间隔。鼠标还可设置为适合左手习惯的用户使用。

 任务操作

① 在"控制面板"窗口单击"打印机和其他硬件"选项，单击"鼠标"打开"鼠标 属性"对话框，

如图 2-61 所示。

② 在如图 2-61 所示的"按钮"选项卡中可进行如下设置。

· 选择"习惯左手"单选钮，以适应左手使用鼠标的用户。

· 调整"双击速度"滑块，可以调整鼠标双击的时间间隔，从而改变双击的速度。

· 选择"启用单击锁定（T）"复选框，使拖动操作改为：第 1 次按下（时间比单击稍长），此后移动等于拖动，直到再次单击，拖动结束。单击"设置（E）"按钮，设定第 1 次按下的时间长度。

③ 在如图 2-62 所示的"指针选项"选项卡中可进行如下设置。

图 2-61 "鼠标 属性"对话框的"按钮"选项卡

图 2-62 "指针选项"选项卡

· 调整"选择指针移动速度"滑块，可以改变鼠标在屏幕上移动的速度。

· 选择"显示指针踪迹（D）"复选框，使指针移动时出现轨迹，拖动下面的滑块可以改变轨迹的长短。

④ 在如图 2-63 所示的"指针"选项卡中，确定指针显示的样式。

可以直接从"方案（S）"下拉列表框中选择已有的方案；也可以从"自定义（C）"列表框中，选定某一种指针；还可以单击"浏览"按钮，在弹出的对话框中选择指针。

 挑一种你喜欢的指针样式，并设置为当前显示。

实例 2.32　设置键盘

 情境描述

利用键盘的属性对话框，可以调整键盘对按键的响应速度，调整键盘不同的语言及布局。

 任务操作

① 在"控制面板"窗口单击"打印机和其他硬件"选项，单击"键盘"打开"键盘 属性"对话框，如图 2-64 所示。

② 在"速度"选项卡中可进行如下设置。

· "重复延迟（D）"、"重复率（R）"：键盘录入字符时，按住某键不放，字符重复出现的速度。一般"重复延迟"设置为"短"，"重复率"设置为"中间"或"快"。

- "光标闪烁频率（**B**）"：在进行文本编辑时，插入点光标的闪烁速度。一般"光标闪烁速度"设置为"快"，这样比较容易发现光标所在的位置。

图 2-63 "指针"选项卡

图 2-64 "键盘 属性"对话框

2.3.6 设置系统日期与时间

实例 2.33 设置与调整系统日期和时间

 情境描述

查看一个文件的属性时，总会看到创建时间、修改时间和访问时间，这些时间是 Windows XP 操作系统根据系统日期和时间自动添加的。系统日期和时间显示在任务栏的最右侧。可以根据需要对系统日期和时间，以及所在的时区进行调整，并设置与 Internet 时间服务器同步。

 任务操作

① 在"控制面板"窗口单击"日期、时间、语言和区域设置"选项，在"日期、时间、语言和区域设置"窗口，单击"更改日期和时间"选项，打开"日期和时间属性"对话框，如图 2-65、图 2-66 所示。

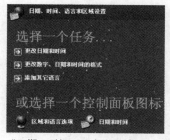

图 2-65 "日期、时间、语言和区域设置"窗口

图 2-66 "日期和时间 属性"对话框

在"任务栏"右侧双击"时间"图标，也可进入"日期和时间"属性对话框。

② 设置系统日期。系统一般显示的是当前日期。如果需要修改，可用鼠标单击年份列表框的上下箭头以确定年份，打开月份下拉列表框可选择月份，再用鼠标单击选择天，即可完成设置。

③ 设置系统时间。将鼠标指针指向选值框的数字时间，直接输入正确的时间。在设置时间

的同时，指针时钟也将显示相应的时间。

④ 设置时区。单击"时区"标签进入"时区"选项卡，单击下拉列表框选择所需要的时区。

⑤ 设置自动与 Internet 时间服务器同步。单击"Internet 时间"标签进入"Internet 时间"选项卡，选择"自动与 Internet 时间服务器同步"选项，并选择服务器，一般默认为"time.windows.com"。

⑥ 单击"确定"按钮，设置完成。

2.4 Windows XP 操作系统附带的应用程序

◎ 获取屏幕图像
◎ 画图的使用
◎ 记事本的使用

2.4.1 获取屏幕图像

实例 2.34 获取当前窗口或当前屏幕的图像

 情境描述

Windows XP 操作系统支持两种特殊的屏幕硬拷贝操作：拷贝整个屏幕或当前窗口，并可以将拷贝的图像"粘贴"到 Windows XP 操作系统提供的"画图"、"照片编辑器"或 Word 等应用程序中，还可以"粘贴"到 Photoshop 等专用图形图像处理程序中。对获取的图像，可以进行编辑、修改，也可以保存以待后用。

 任务操作

① 获取当前整个屏幕的图像。如果希望将当前屏幕的画面保存下来，可在键盘上按下 Print Screen（打印屏幕）键。此时，屏幕画面自动保存在剪贴簿中。

② 获取当前窗口的图像。如果仅仅希望将当前窗口的画面保存下来，可在键盘上按下 Alt + Print Screen 组合键。此时，当前活动窗口的画面自动保存在剪贴簿中。

③ 当前窗口或当前屏幕图像的编辑和使用。启动"画图"、Photoshop 等图片编辑程序，选择"编辑"/"粘贴"命令，可以将存储在剪贴簿中的图像粘贴到"画图"、Photoshop 等程序的窗口，并可以对图像进行裁剪、修改和保存等操作。

 动手做 试一试截取你的桌面，并保留起来。

2.4.2 画图

"画图"是 Windows XP 操作系统提供的一个绘图应用程序。使用"画图"程序可以绘制所需要的图形，也可以对已有的图形、图片进行裁剪、修改和组合操作。画图文件的扩展名为 .BMP。

实例 2.35 认识"画图"程序

任务操作

（1）启动"画图"程序。

① 单击"开始"按钮，在"所有程序"中选择"附件"选项。

② 选择"画图"命令即可进入"画图"程序窗口，如图 2-67 所示。

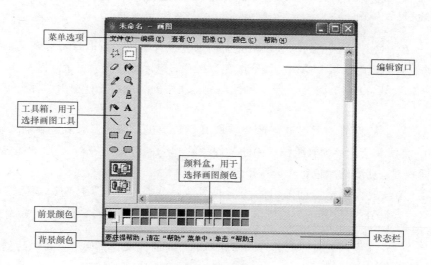

图 2-67　画图程序窗口

（2）设置颜色。在绘制图形前，首先要选择使用的颜色。"画图"程序提供的颜料盒，用于设置绘图所用的前景颜色和背景颜色。

① 设置前景色。所谓前景色是指绘制图形线条和边框的颜色。设置前景色的方法：用鼠标单击颜料盒中的某种颜色。

② 设置背景色。所谓背景色是指绘制图形的背景颜色。设置背景色的方法：用鼠标右击颜料盒中的某种颜色。

（3）认识画图工具。工具箱中汇集了一组用于画图的工具按钮，如图 2-68 所示。

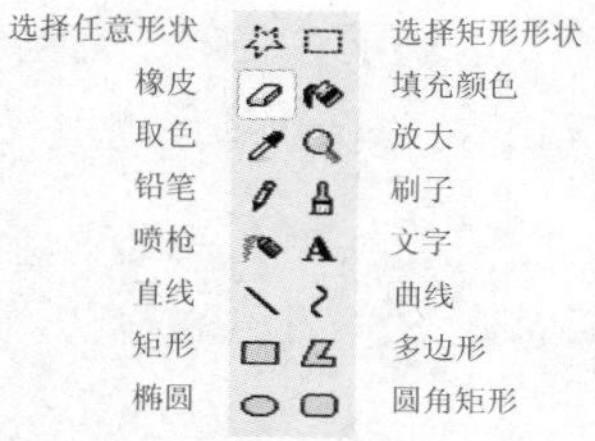

① 选择任意形状：裁剪工具，用于在画图区域中选定任意形状的剪切块。单击"选择任意形状"按钮，鼠标指针变为"+"形状，

图 2-68　画图工具栏

将鼠标指针移动到画图区域，按住鼠标左键，沿着需要选定的区域拖动，将选定区域的边界勾画出来后，释放鼠标。

② 选择矩形形状：裁剪工具，用于在画图区域中选定矩形剪切块。单击"选择矩形形状"按钮，鼠标指针变为"+"形状，将鼠标指针移动到画图区域，按住鼠标左键，沿着需要选定区域的对角线方向拖动，释放鼠标，选定区域被套在矩形框中。

 注意 对于上述两项操作，如果在勾画选定区域时出错或勾画的不满意，可以在非选定区单击或按一下 Esc 键，放弃选定。

对选定的区域，可以利用"编辑"菜单中的命令，进行复制、剪切和删除操作。进行移动操作时，将鼠标置于选定框内，按住鼠标左键拖动即可。

③ 橡皮 / 彩色橡皮：用于擦除绘图区的图形或图像。单击"橡皮"按钮，鼠标指针变为"□"形状，将鼠标指针移动到画图区域，按住鼠标左键拖动，将以背景色进行擦除；按住鼠标右键拖动，将以背景色擦除当前的前景色，其余颜色的图形或图像不被擦除。

 注意 当选中"橡皮"工具时，工具箱下方的选择栏将提供"橡皮"的大小··□■，以供用户选择。

④ 填充颜色：用于将一个封闭区域填充为前景色或背景色。所谓封闭区域是用线条或曲线勾画出来的、没有断点的区域。单击"填充颜色"按钮，鼠标指针变为一个"倾斜的水杯"形状，将鼠标指针移动到某个封闭区域中，单击鼠标左键，使用前景色填充；单击鼠标右键，使用背景色填充。

⑤ 取色：用于从当前的图形或图像中获取颜色。单击"取色"按钮，鼠标指针变为一个"针管"形状，将鼠标指针移动到绘图区中的某种颜色上，单击鼠标左键，获取的颜色将作为前景色；单击鼠标右键，获取的颜色将作为背景色。

⑥ 放大：用于放大显示当前编辑的图形或图像。单击"放大"按钮，鼠标指针变为一个"放大镜"形状，将鼠标指针移动到绘图区中，单击鼠标左键，图形将被放大。

 注意 当选中"放大"工具时，工具箱下方的选择栏将提供"放大"的倍数，以供用户选择。

⑦ 铅笔：用于绘制任意形状的曲线和直线。单击"铅笔"按钮，鼠标指针变为"铅笔"形状，将鼠标指针移动到绘图区中，按住鼠标左键拖动，将以前景色画出线条；按住鼠标右键拖动，将以背景色画出线条。如果需要绘制水平线、垂直线或45°斜线时，应首先按住 Shift 键，然后再拖动鼠标。

⑧ 刷子：类似于毛笔，用于绘制任意形状的曲线和直线。单击"刷子"按钮，按住鼠标左键拖动，将以前景色画出线条；按住鼠标右键拖动，将以背景色画出线条。

 注意 当选中"刷子"工具时，工具箱下方的选择栏将提供"刷子"的形状，以供用户选择。

⑨ 喷枪：用于产生喷涂效果的工具。单击"喷枪"按钮，鼠标指针变为"喷壶"形状，将鼠标指针移动到绘图区中，按住鼠标左键拖动，将以前景色喷涂；按住鼠标右键拖动，将以

背景色喷涂。

　　注意　　当选中"喷枪"工具时，工具箱下方的选择栏将提供"喷涂"区域的大小　，以供用户选择。

⑩　文字：用于在绘图区内输入文字。单击"文字"按钮，在绘图区内拖动鼠标创建文本框，然后在弹出的"字体"工具栏中选择需要的字体、字号、格式和排版方式（默认为横排），如图2-69所示。将光标移动到文本框内，选择输入方式后，即可输入文字。

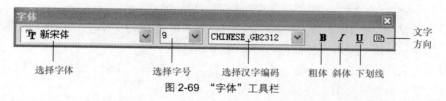

选择字体　　　　　选择字号　　选择汉字编码　　　粗体　斜体　下划线

文字
方向

图 2-69　"字体"工具栏

　　注意　　当选中"文字"操作时，工具箱下方的选择栏将提供"不透明"　　或"透明"　　处理选项，以供用户选择。所谓"透明"处理，是以当前图形作为输入文字的背景色。

⑪　直线：用于绘制直线。单击"直线"按钮，按住鼠标左键拖动，将以前景色画出线条；按住鼠标右键拖动，将以背景色画出线条。如果需要绘制水平线、垂直线或45°斜线时，应首先按住 Shift 键，然后再拖动鼠标。

⑫　曲线：用于绘制曲线。单击"曲线"按钮，按住鼠标左键拖动，将以前景色画出线条；按住鼠标右键拖动，将以背景色画出线条。单击线条上的某一点，然后拖动该点，可以调整曲线的形状。

　　注意　　当选中"直线"或"曲线"工具时，工具箱下方的选择栏将提供"线宽"选项　　，以供用户选择。

在选择"矩形"、"多边形"、"椭圆"和"圆角矩形"工具时，工具箱下方的选择栏将提供 3 种绘制选项　　，以供用户选择。

⑬　矩形：用于绘制长方形和正方形。单击"矩形"按钮，选择第 2 种绘制选项：按住鼠标左键拖动，将以前景色画出矩形框，以背景色填充矩形框；按住鼠标右键拖动，将以背景色画出矩形框，以前景色填充矩形框。

⑭　多边形：用于绘制由多条连续直线组成的多边形。单击"多边形"按钮，拖动鼠标指针绘制多边形的第 1 条边，绘制完成释放鼠标；用相同的方法绘制多边形的其他边；当确定了多边形的最后一点后，双击鼠标，多边形将自动封闭边界。选择第 1 种绘制选项时，按住鼠标左键拖动，将以前景色画出多边形框；按住鼠标右键拖动，将以背景色画出多边形框；不进行填充。

⑮　椭圆：用于绘制椭圆或圆。单击"椭圆"按钮，拖动鼠标指针，将绘制出任意大小的椭圆。如果需要绘制圆，应首先按住 Shift 键，然后拖动鼠标。选择第 3 种绘制选项时，按住鼠标左键拖动，将以前景色填充椭圆；按住鼠标右键拖动将以背景色填充椭圆。填充没有边框。

⑯　圆角矩形：用于绘制圆角矩形。单击"圆角矩形"按钮，拖动鼠标指针，将绘制出任意

大小的圆角矩形。如果需要绘制圆角正方形，应首先按住 Shift 键，然后拖动鼠标。

（4）保存图片。

① 选择"文件"/"保存"命令，弹出"另存为"对话框。

② 在"保存在"下拉列表框中选择磁盘和文件夹，在"保存类型"下拉列表框中选择图片类型，在"文件名"文本框中输入文件名。

③ 单击"保存"按钮，完成图片的保存。

（5）打开已有的图片。如果需要编辑已有的图片，应首先打开该图片文件。

① 选择"文件"/"打开"命令，显示"打开"对话框。

② 在"查找范围"中选定文件夹后，在"文件名"列表框显示已有的图片文件，选中需要的文件，然后单击"打开"按钮，则该图片被调入画图窗口。

（6）显示与关闭工具箱、颜料盒和状态栏。画图窗口内的工具箱、颜料盒和状态栏既可以显示，也可以关闭显示。它是由"查看"菜单控制的。

 绘制如图 2-70 所示的图形。复制桌面，截取"我的文档"、"我的电脑"图标，并保存。

图 2-70　画图绘制图

2.4.3　记事本

记事本是一个简单的文字处理工具，它操作方便，适用于小型文本文件的处理。

实例 2.36　建立新文件并设置页面

 情境描述

打开记事本窗口，可以新建文档，并可以通过页面设置改变当前文档的页面大小、正文文字的方向以及正文文字距页边的距离。

 任务操作

① 单击"开始"按钮，选择"所有程序"/"附件"/"记事本"命令，打开记事本窗口，如图 2-71 所示。

② 选择"文件"/"新建"命令，可以新建一页空白文档。

③ 选择"文件"/"页面设置"命令，打开"页面设置"对话框，如图 2-72 所示。在"大小"下拉列表框中选择页面的大小，例如，可以选择 A4、B5 或自定义大小等选项；

在"页边距"选项区中设置页面的边距；在"方向"选项区中，选择文字的排版方向。设置效果可以通过预览区显示出来。设置完毕，单击"确定"按钮退出。

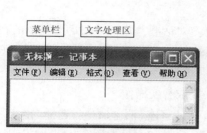

图 2-71　记事本窗口

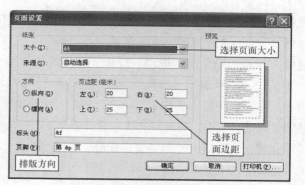

图 2-72　"页面设置"对话框

 注意　此时，选择一种中文输入法后，即可开始输入中文信息了。

实例 2.37　保存文档与打开文档

 情境描述

保存文档操作用于将当前建立的文档存储在指定文件夹中；而打开文档操作是将存储在指定文件夹中的文档调入内存，并显示在记事本窗口中。记事本处理的文档类型为正文文件，扩展名为 .TXT。

 任务操作

① 打开文档。选择"文件"/"打开"命令，显示"打开"对话框，在确定文件夹与文件名后，单击"打开"按钮，文件将显示在记事本窗口中。

② 保存文档。选择"文件"/"保存"命令，打开"保存"对话框，在确定文件夹与文件名后，单击"保存"按钮。

"保存"与"打开"对话框的使用与画图程序中的对话框基本相同，这里不再赘述。

③ 关闭文档并退出记事本。选择"文件"/"退出"命令。此时，首先关闭窗口中的文档显示，并将文档退出内存，存储在磁盘上，然后关闭记事本窗口。

实例 2.38　"编辑"菜单的使用

 情境描述

利用"编辑"菜单中的"剪切"、"复制"和"粘贴"命令，可以完成对选中文字的移动和复制操作；利用"删除"命令，可以完成对选中文字的删除操作；利用"时间/日期"命令，可以在光标所在位置插入当前的时间和日期；利用"全选"命令，可以选中页面的全部文字；

利用"撤销"命令，可以放弃刚刚进行的操作；利用"查找"命令可以方便地在文档中查找某个词汇；利用"替换"命令可以快速地将文档中的某个词汇或某些相同的词汇换成 其他词汇。

① 查找操作。选择"编辑"/"查找"命令，打开"查找"对话框，如图 2-73 所示。例如，在"查找内容"文本框中输入"中国"，单击"查找下一个"按钮，开始查找操作。当在文档中找到"中国"时，光标停留在文档中的"中国"位置。此时，再次单击"查找下一个"按钮，将继续查找；如果单击"取消"按钮，将停止查找操作。

② 替换操作。选择"编辑"/"替换"命令，打开"替换"对话框，如图 2-74 所示。例如，在"查找内容"文本框中输入"中国"，在"替换为"文本框中输入"北京"，单击"全部替换"按钮，文档中所有的"中国"将被"北京"所替换。

联合使用"查找下一个"与"替换"按钮，可以逐一完成替换操作。

③ "格式"菜单的操作。"格式"菜单包括"自动换行"与"字体"两个命令。选择"格式"/"字体"命令，可以打开"字体"对话框，完成对文字设置字型、字体和字号的操作，如图 2-75 所示。

图 2-73 "查找"对话框

图 2-74 "替换"对话框

图 2-75 "字体"对话框

2.5 数据安全与帮助

◎ 数据备份与恢复

◎ 数据压缩存储

◎ 清除计算机病毒

◎ 使用帮助和支持中心*

◎ 安装Windows XP操作系统*

2.5.1 数据备份与恢复

实例 2.39 重要数据的备份

 情境描述

在计算机中经常存放着一些非常重要的文档数据，如公司的财务数据和业务数据等。数据的备份是指将一些重要数据或整个计算机系统的数据进行复制，以便在出现故障或不慎删除时能够及时恢复。

 任务操作

① 单击"控制面板"窗口中的"性能和维护"选项，选择"备份您的数据"任务，或单击"开始"按钮，选择"所有程序"/"附件"/"系统工具"/"备份"命令，打开"备份或还原向导"对话框，如图 2-76 所示。

② 在对话框中单击"高级模式"，打开"备份工具"窗口，如图 2-77 所示。

图 2-76 "备份或还原向导"对话框

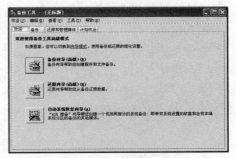

图 2-77 "备份工具"窗口

③ 在"欢迎"选项卡中单击"备份向导（高级）"按钮，启动"备份向导"，并单击"下一步"按钮。

④ 选择"备份选定的文件、驱动器或网络数据"单选钮，并单击"下一步"按钮。

⑤ 选择要备份的内容，如单击"学报"前的复选框，选择"学报"及下属文件夹。单击"下一步"按钮。

⑥ 单击"选择保存备份的位置"下拉列表框后的"浏览"按钮，确定备份文件的存储文件夹；在"键入这个备份的名字"文本框中输入备份文件的名字。单击"下一步"按钮。上述过程如图 2-78 所示。

⑦ 单击"完成"按钮，开始备份操作。备份向导转为"备份进度"对话框，并在最后显示备份结果报告，如图 2-79 所示。

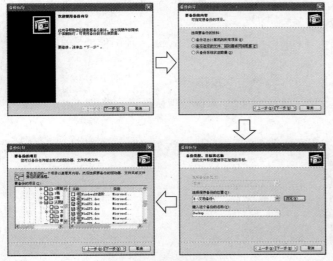

图 2-78 数据的备份过程

图 2-79 "备份进度"对话框

 知识与技能

（1）对数据进行还原。当计算机系统发生数据破坏时，在如图 2-77 所示的"备份工具"窗口中，单击"还原向导"按钮，打开"还原向导"对话框，还原过程与备份过程刚好相反，根据向导提示操作即可。

（2）备份整台计算机的全部信息。在"备份向导"对话框的"要备份的内容"界面中（见图 2-78 第 2 图），列出 3 个选项可供选择。

- "备份这台计算机的所有项目（E）"。
- "备份选定的文件、驱动器或网络数据（F）"。
- "只备份系统状态数据（S）"。

选择第 1 项功能，可以备份计算机的全部信息。

 恢复已备份的"学报"文件夹。尝试将"我的文档"文件夹整个备份。

2.5.2 数据压缩

数据压缩是通过压缩工具，将数据所占有的磁盘存储空间缩小。使用压缩工具可以在不损坏文件的前提下将数据的"体积"缩小，并且能方便地将压缩数据原样恢复，从而节约磁盘空间，便于转移和传输。常见的通用压缩格式有 ZIP、ARJ、RAR 和 CAB 等。

WinRAR 是目前流行的压缩工具之一，界面友好，使用方便，在压缩率和速度方面均有很好的表现。其压缩率比高，同时兼容 RAR 和 ZIP 格式。

实例 2.40 WinRAR 软件的安装

 任务操作

WinRAR 对计算机硬件的要求不是很高，安装文件只有 3MB ～ 4MB，所以安装速度相当快。

① 首先下载"wrar380sc.exe"，直接双击安装文件图标 wrar380sc.exe，弹出如图 2-80 所示的安装界面。

② 单击"浏览"按钮，选择安装路径，单击"确定"按钮。

③ 在如图 2-81 所示的安装界面进行设置，初学者可全部选择默认设置，单击"确定"按钮，继续安装。

④ 安装完毕显示如图 2-82 所示的对话框。通过对话框可直接运行 WinRAR 软件，也可查看软件的帮助信息或进入主页。单击"完成"按钮结束安装。

实例 2.41 创建压缩文件

 任务操作

① 通过"开始"菜单启动 WinRAR 程序，界面如图 2-83 所示。

图 2-80　WinRAR 安装界面

图 2-81　WinRAR 安装设置

图 2-82　WinRAR 安装结束对话框

图 2-83　WinRAR 界面

② 在 WinRAR 地址栏单击黑色下拉三角，选择要压缩的文件，如图 2-84 所示。

图 2-84　创建压缩文件

③ 单击工具栏中的"添加"按钮，打开"压缩文件名和参数"对话框，如图 2-85 所示，可在"压缩文件名"下拉列表框中修改要压缩文件的名称，默认名称为原文件名称；在"压缩文件格式"选项区中，选择"RAR"格式或"ZIP"格式；在"压缩方式"下拉列表框的"存储、最快、较快、标准、较好、最好"中选择其中一种，以确定压缩速度和压缩质量；可通过"浏览"按钮确定压缩文件存储的文件夹。

④ 在"高级"选项卡中，可以设置解压缩时的文件密码。

⑤ 单击"确定"按钮，开始压缩。压缩完成后，将在指定文件夹生成一个 RAR 格式的压缩文件。

知识与技能

创建一个压缩文件还有其他方法。例如，在资源管理器选择好要压缩的文件或文件夹，然后在文件名上右击鼠标，在弹出的快捷菜单中选择"添加到档案文件"命令，打开如图 2-85 所示的对话框。还可以通过单击工具栏上的"向导"按钮，根据提示一步一步完成压缩操作。

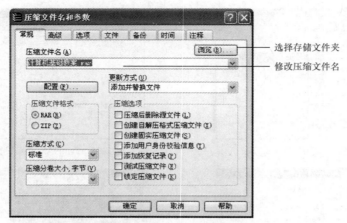

选择存储文件夹

修改压缩文件名

图 2-85　"压缩文件名和参数"对话框

　　试着压缩存储一个 Word 文件，比较一下压缩前后的文件大小。再尝试压缩存储一个图形文件，比较一下压缩前后的文件大小。

实例 2.42　解压缩文件

 任务操作

　　① 在资源管理器中用鼠标右击需要解压缩的文件，在弹出的快捷菜单中包括 WinRAR 提供的两个命令：选择"释放到这里"命令，将压缩文件解压到当前文件夹；选择"释放文件"命令，打开"解压路径和选项"对话框，如图 2-86 所示。

　　② 在对话框中选择解压的文件夹，并可做相应设置。

　　③ 单击"确定"按钮，开始解压缩操作。

图 2-86　"解压缩路径和选项"对话框

　　将已经压缩好的文件解压到桌面。了解一下什么是"自解压文件"，试着创建一个自解压文件。

2.5.3 清除计算机病毒

实例 2.43 清除计算机病毒

 情境描述

通过网络、移动存储装置，计算机不可避免地要与外界交流，那么感染计算机病毒的机会也会相对增加。因此，在计算机系统中安装杀毒软件是必须的。目前杀毒软件有很多种，例如瑞星、金山毒霸等。本节以瑞星杀毒程序为例进行介绍。

 任务操作

① 双击任务栏右侧的瑞星杀毒程序图标，启动主界面，如图 2-87 所示。

② 在瑞星杀毒程序主界面的左窗口，选定查杀毒范围，例如，选择"我的电脑"、"系统内存"、"引导区"、"系统邮件"等。

③ 单击"开始查杀"按钮，开始查杀毒操作。此时，"开始查杀"按钮变为"暂停查杀"和"停止查杀"按钮。当需要暂停或停止正在进行的查杀毒操作时，可以单击相应按钮，如图 2-88 所示。

图 2-87 瑞星杀毒程序主界面

图 2-88 瑞星杀毒程序的查杀毒过程

④ 启动实时监控。在瑞星杀毒程序主界面中，单击"防御"按钮，开启"文件监控"与"邮件监控"，即可启动实时监控功能，如图 2-89 所示。

⑤ 查杀毒设置。在瑞星杀毒程序主界面，单击"设置"按钮，打开"设置"对话框。

• 查杀设置：可以设置查杀毒的时间。例如，设置"使用开机查杀"。

开机查杀：可以设置查杀毒的对象。例如，设置"所有硬盘"。

手动查杀：可以针对发现的病毒设置"处理方式"，还可以设置"查杀文件的类型"，如图 2-90 所示。

图 2-89 实时监控设置

图 2-90 手动查杀设置

将瑞星杀毒程序的升级操作设置为每天一次。在防御设置中将"木马入侵拦截"设置为"在网络盘上执行程序"。

 知识与技能

病毒库用于记录各种病毒的特征信息，在查杀毒过程中与被检查的文件数据进行对比。因此，病毒库的规模越大，杀毒软件的功能越强。常见杀毒软件及网址如下。

- 瑞星　　　　　　　http://www.rising.com.cn
- 金山毒霸　　　　　http://db.kingsoft.com
- KV 系列　　　　　http://www.jiangmin.com
- KILL　　　　　　http://www.kill.com.cn
- 卡巴斯基　　　　　http://www.kaspersky.com.cn
- 诺顿　　　　　　　http://www.symantec.com/region/cn/

2.5.4　获取帮助*

实例 2.44　浏览帮助系统

 情境描述

Windows XP 操作系统的功能很多，很难全部记住，因此，Windows XP 操作系统提供了联机帮助功能，用户在操作上有什么问题，可以及时查询。完整的帮助系统可以从"开始"菜单中获得。本例查询"安装扫描仪"的帮助信息。

 任务操作

① 启动帮助系统。在"开始"菜单，选择"帮助和支持"命令，打开"帮助和支持中心"窗口。如图 2-91 所示。

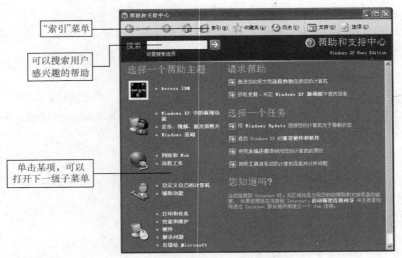

图 2-91　"帮助和支持中心"窗口

② 浏览帮助主题。帮助主题存放在主窗口中。单击任一个选项，则对应的"帮助"被打开。例如，单击"Windows 基础知识"选项，相应的"帮助"窗口被打开，如图 2-92 所示。窗口左侧为帮助主题，右侧为帮助内容显示区域。单击某个帮助主题，该主题的帮助内容将在窗口右侧显示。

③ 在"帮助和支持中心"窗口中，单击"硬件"帮助主题，进入下一级帮助主题。

④ 单击"扫描仪和照相机"帮助主题，在窗口右侧显示下一级帮助主题。

⑤ 单击"安装扫描仪或数码相机"题目，右窗口将显示相关的帮助信息。

实例 2.45　使用"搜索"查找"打印机"的帮助信息

情境描述

在"搜索"文本框中，输入需要查找的关键字，可以快速地找到相关的帮助信息。

任务操作

在"搜索"文本框输入"打印机"，然后单击按钮，搜索结果将在左窗口列出，如图 2-93 所示。

图 2-92　Windows 帮助窗口

图 2-93　"搜索"的使用

搜一搜：如何安装麦克风和扬声器？

知识与技能

"索引"是以英文字母排列顺序列出的帮助主题。在每个帮助主题下是该主题的分主题。用户可以在帮助主题列表框中利用滚动条浏览全部索引列表，也可以在"索引"选项卡的"键入要查找的关键字"文本框内，输入需要查找的主题名称，以寻找帮助内容，如图 2-94 所示。选中主题后，单击"显示"按钮，帮助信息将显示在右窗口中。

"索引"形式一般用于知道帮助主题的名称，但不知其在何处的时候。

图 2-94 "索引"功能

2.5.5 安装 Windows XP 操作系统 *

实例 2.46 安装 Windows XP 操作系统

 情境描述

Windows XP 操作系统有两种安装模式：全新安装和升级安装。全新安装是指在某个硬盘分区上安装 Windows XP 操作系统的整个版本，如果全新安装选择的硬盘分区不是原来 Windows 所在的硬盘分区，则计算机将有两个 Windows 操作系统，开机时可选择某一系统启动。升级安装是在原有 Windows 所在的硬盘分区上安装 Windows XP 操作系统，并保留有关的 Windows 设置。

 任务操作

① 准备工作。准备好 Windows XP Professional 简体中文版安装光盘，并检查光驱是否支持自启动。可能的情况下，在运行安装程序前用磁盘扫描程序检查所有硬盘错误并修复。重新启动系统并把光驱设为第 1 启动盘，保存设置并重启。

② 将 Windows XP 安装光盘放入光驱，重新启动计算机，按任意键后进入安装界面，如图 2-95 所示。按回车键后开始安装。

③ 在许可协议界面，按 F8 键确认后，进入选择分区界面，可通过方向键选择安装分区，并按回车键确认，开始运行安装程序。

④ 选择文件系统格式，例如，选择"FAT 文件系统格式"，按回车键确认。系统提示即将进行格式化操作，按 F 键开始格式化。格式化结束，安装程序开始将安装文件复制到磁盘。复制结束，系统自动重启进入安装界面，如图 2-96 所示。

图 2-95 安装界面（一）

图 2-96 安装界面（二）

⑤ 区域和语言设置选用默认值，单击"下一步"按钮，输入姓名和单位（姓名是用于以后注册的用户名），单击"下一步"按钮；输入产品密钥（安装序列号），如图 2-97（a）所示。单击"下一步"按钮开始安装，系统提示选择网络安装所用的方式，例如，选择"典型设置"，单击"下一步"按钮，如图 2-97（b）所示。

⑥ 系统继续安装，安装完成后自动重启。第一次启动需要较长时间，然后出现欢迎使用的画面，并提示设置系统。当提示连接 Internet 设置时，可单击右下角的"跳过"按钮，以后再设置，如图 2-98（a）所示。选择是否马上注册，单击"下一步"按钮，如图 2-98（b）所示；输入用户名，单击"下一步"按钮，如图 2-98（c）所示；安装结束，如图 2-98（d）所示。计算机重启。

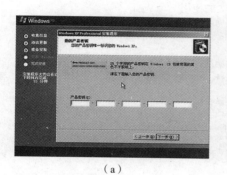
（a）

（b）

图 2-97　安装界面（三）

（a）

（b）

（c）

（d）

图 2-98　安装界面（四）

⑦ 重新启动后，按系统提示操作即可。

2.6 中文输入法的使用

◎ 输入法的切换与设置
◎ 添加与设置输入法
◎ 微软拼音输入法的使用

Windows XP 操作系统提供了多种汉字输入法，支持区位、全拼、双拼、郑码、智能 ABC、表形码等输入法。

2.6.1 输入法的启动与切换

实例 2.47 启动汉字输入法

 任务操作

① 单击任务栏右侧的"语言栏"图标，弹出如图 2-99 所示的输入法列表。

② 将鼠标指针指向某种输入法（如"智能 ABC"）并单击，在输入法列表框消失的同时，弹出中文输入状态栏，如图 2-100 所示。此时，即可进行中文输入操作。

图 2-99 输入法列表

图 2-100 中文输入状态栏

 试试启动"微软拼音输入法"。

实例 2.48 切换中英文输入法

 情境描述

当启动了某种中文输入方式后，桌面上将显示中文输入状态栏，它提供了几种情况的切换方法。

任务操作

① 中／英文输入切换。单击"中／英文输入切换"按钮，可以在中／英文输入之间进行切换。当显示"A"字母时，表示英文输入状态；当显示某种图案时，表示中文输入状态。还可以在键盘上直接按 Ctrl+ 空格组合键，进行中／英文输入的切换。

② 中文输入法切换。输入方式切换按钮显示当前选用的输入方式名称，单击该按钮，可以在中文输入法之间进行切换。还可以在键盘上直接按 Ctrl+Shift 组合键，进行中文输入方式的切换。

③ 全角／半角字符切换。所谓半角字符，是指输入的英文字符占一个字节（即半个汉字位置），半角状态呈现月牙形；全角字符是指输入的英文字符占两个字节（即一个汉字位置），全角状态（中文方式）呈现满月形。两种状态下输入的数字、英文字母、标点符号是不同的。单击该按钮，可以在全角／半角之间进行切换。还可以在键盘上直接按 Shift+ 空格组合键完成切换。

④ 中／英文标点符号的切换。中／英文标点符号的显示形式是不同的。例如，中文标点符号的句号用"。"表示，而英文的句号用"."表示。单击该按钮，可以在中／英文标点符号之间进行切换。

 试试"微软拼音输入法"的各种状态切换。

实例 2.49 设置软键盘状态

 情境描述

Windows XP 操作系统提供了 13 种软键盘布局，"软键盘"按钮是显示或隐藏当前键盘输入方式和键位表示的开关按钮。

 任务操作

① 用鼠标右击"软键盘"按钮，即可弹出软键盘菜单，如图 2-101 所示。

② 单击选择一种软键盘后，相应的软键盘显示在屏幕上。例如，"数字序号"软键盘如图 2-102 所示。

✔ PC键盘	标点符号
希腊字母	数字序号
俄文字母	数学符号
注音符号	单位符号
拼 音	制表符
日文平假名	特殊符号
日文片假名	

图 2-101 软键盘菜单

图 2-102 "数字序号"软键盘的形式

③ 再次单击"软键盘"按钮，取消软键盘显示。

2.6.2 添加与设置输入法

在 Windows XP 操作系统中，用户既可以使用支持 GB2312—80 的区位、全拼、双拼、智能 ABC 和郑码等输入法，也可选择支持大字符集的内码、全拼、双拼和郑码输入法。

实例 2.50　输入法的安装

 情境描述

　　Windows XP 中文版在系统安装时已为用户预装了输入法。用户还可以根据需要，任意安装或卸载其他输入法。本例将添加"中文（简体）- 双拼"输入法。

 任务操作

　　① 通过"控制面板"，打开"日期、时间、语言和区域设置"窗口，单击"添加其它语言"图标，打开"区域和语言选项"对话框，如图 2-103 所示。

　　② 在"语言"选项卡中，单击"详细信息"按钮，打开"文字服务和输入语言"对话框，如图 2-104 所示。

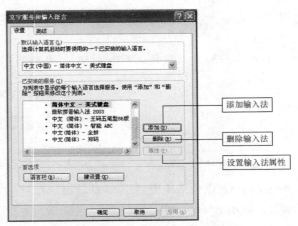

添加输入法

删除输入法

设置输入法属性

图 2-103　"区域和语言选项"对话框　　　　图 2-104　"文字服务和输入语言"对话框

　　③ 单击"添加"按钮，显示如图 2-105 所示的"添加输入语言"对话框。

　　④ 选中"中文（简体）- 双拼"，单击"确定"按钮返回。

　　⑤ 单击"确定"按钮，系统开始安装"中文（简体）- 双拼"输入法。

 知识与技能

　　在任务栏的右侧有一个"语言指示器"图标，它是输入法的启动按钮。"语言指示器"图标能否在任务栏上显示，取决于"文字服务和输入语言"对话框中是否设置了显示。单击"语言栏"按钮，在显示的"语言栏设置"对话框中，选择"在桌面上显示语言栏"复选框，如图 2-106 所示，"语言指示器"图标才能显示在任务栏上。

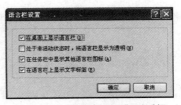

图 2-105　"添加输入语言"对话框　　　　　　图 2-106　"语言栏设置"对话框

2.6.3 微软拼音输入法

微软拼音输入法作为 Microsoft Windows 中文版的最新成员，与系统紧密集成，运行效率更高，性能更稳定。

实例 2.51 拼音编码与词语选择框的使用

 情境描述

通过输入汉字"计算机"，了解"词语选择框"的使用。词语选择框用于显示输入拼音编码后可能出现的所有字或词语，如图 2-107 所示。

 任务操作

① 输入拼音编码。输入汉字"计算机"对应的拼音编码"jsj"，如图 2-107 所示。

jsj

| 1 计算机 2 金三角 3 减速剂 4 计算 5 结算 | ◀ ▶ |

图 2-107 词语选择框

② 词语选择。拼音编码"jsj"可能表示的词语显示在"词语选择框"中。按下对应的数字键可选中相应的汉字或词语，按空格键（或回车键）确认。例如，按下"1"键（或按默认键——空格键），再按空格键，"计算机"输入完毕。

单击"词语选择框"中的 ▶◀ 翻页按钮，进行前后查找，直到最后确定。也可以使用键盘上的"+"或"－"键，进行前后翻页。

③ 在微软拼音输入法中，"ü"对应的按键是"V"键。例如，"女"字的拼音编码是"nv"。

④ 当某些声母的音节可能出现"二义"性的结果时，可用隔音符号"'"进行隔音。例如，"西安"的拼音编码是"xian"，也可按"xi'an"输入。

实例 2.52 一般汉字的输入方法

 任务操作

① 单个汉字的输入。单个汉字一般使用全拼输入，依照全拼输入法则，输入一个汉字的拼音编码后，词语选择框将显示 9 个带序号的汉字，输入所需汉字的序号或用鼠标单击词语选择框中的所需汉字，再按空格键，该汉字即被输入。

例如，输入"北"字。

输入拼音编码"bei"，选择数字键"2"，再按空格键，"北"字输入完毕，如图 2-108 所示。

bei

| 1 被 2 北 3 杯 4 倍 5 贝 6 背 7 备 8 碑 9 悲 ◀ ▶ |

图 2-108　输入汉字"北"

② 词组的输入。微软拼音输入法带有大量的词组，使用词组输入将大大提高输入速度。使用全拼、简拼和混拼都可以输入词组。

例如，使用全拼、简拼和混拼输入词组"北京"。

输入拼音编码"beijing"，弹出词语选择框，输入对应数字键，再按空格键，"北京"输入完毕。

输入拼音编码"bj"，弹出词语选择框，输入对应数字键，再按空格键，"北京"输入完毕。

输入拼音编码"beij"，弹出词语选择框，输入对应数字键，再按空格键，"北京"输入完毕。

输入拼音编码"bjing"，弹出词语选择框，输入对应数字键，再按空格键，"北京"输入完毕。

练习题

一、填空题

1. 当选定文件或文件夹后，欲改变其属性设置，可以用鼠标_____该文件或文件夹，然后在弹出的快捷菜单中选择"属性"命令。

2. 在 Windows XP 操作系统中，被删除的文件或文件夹将存放在_____。

3. 在 Windows XP 操作系统的资源管理器或"我的电脑"窗口中，若想改变文件或文件夹的显示方式，应选择_____菜单。

4. 在 Windows XP 操作系统中，管理文件或文件夹可使用_____。

5. 格式化磁盘时，可以在_____中通过右击快捷菜单，选择"格式化"命令进行。

6. 启动资源管理器有下面两种方式：_____桌面上的快捷方式图标；右击_____菜单，选择快捷菜单中的"资源管理器"命令。

7. 在资源管理器左窗口显示的文件夹中，文件夹图标前有_____标记时，表示该文件夹有子文件夹，单击该标记可进一步展开。文件夹图标前有_____标记时，表示该文件夹已经展开，如果单击该图标，则系统将折叠该层的文件夹分支。文件夹图标前不含_____时，表示该文件夹没有子文件夹。

8. 选择连续多个文件时，先单击要选择的第一个文件名，然后在键盘上按住_____键，移动鼠标单击要选择的最后一个文件名，则一组连续文件被选定。

9. 间隔选择多个文件时，应按住_____键不放，然后单击每个要选择的文件名。

10. 在资源管理器窗口的_____菜单中，选择_____/_____命令，可打开（显示）或者关闭（隐藏）工具栏，该选项是以开关方式工作的，左边出现_____标记时，意味着处于打开状态。

11. 在 Windows XP 操作系统中，应用程序窗口最小化时，将窗口缩小为一个_____。

12. 通过_____，可恢复被误删除的文件或文件夹。

13. 在 Windows XP 操作系统中，可以用"回收站"的_____将不用的文件或文件夹物理删除。

14. 在 Windows XP 操作系统的桌面上，用鼠标右击某图标，在快捷菜单中选择 _____ 命令即可删除该图标。

15. 要安装某个中文输入法，应首先打开"控制面板"窗口，选择其中的 _____ 类别，然后选择 _____ 选项。

16. Windows XP 操作系统提供的系统设置工具，都可以在 _____ 中找到。

17. 在 Windows XP 操作系统中，输入中文文档时，为了输入一些特殊符号，可以使用系统提供的 _____。

18. 用户可以在 Windows XP 操作系统中，使用 _____ 键来启动或关闭中文输入法，还可以使用 _____ 键在英文及各种中文输入法之间进行切换。

19. 在卸载不使用的应用程序时，直接删除该应用程序所在的文件夹是不正确的操作，应该使用 _____ 完整卸载。

20. 要将整个桌面的内容存入剪贴板，可在键盘上按 _____ 键。

21. 要将当前窗口的内容存入剪贴板，可在键盘上按 _____ 键。

22. 对于剪贴板中的内容，可以利用"编辑"菜单中 _____ 命令，将其粘贴到某个文件中。

23. 删除剪贴板中的内容，可以利用 _____ 菜单中 _____ 命令。

24. 启动"画图"程序，应选择 _____ 菜单中的 _____/_____ 命令。

25. 在"画图"程序的窗口中，画出一个正方形，应选择 _____ 按钮，并按住 _____ 键。

二、选择题

1. 当已选定文件后，下列操作中不能删除该文件的是 _____。
   （A）在键盘上按 Delete 键
   （B）用鼠标右击该文件，打开快捷菜单，然后选择"删除"命令
   （C）在"文件"菜单中选择"删除"命令
   （D）用鼠标双击该文件夹

2. 在 Windows XP 操作系统中，能更改文件名的操作是 _____。
   （A）用鼠标右击文件名，在快捷菜单中选择"重命名"命令，输入新的文件名后按回车键
   （B）用鼠标单击文件名，在快捷菜单中选择"重命名"命令，输入新的文件名后按回车键
   （C）用鼠标右键双击文件名，在快捷菜单中选择"重命名"命令，输入新的文件名后按回车键
   （D）用鼠标左键双击文件名，在快捷菜单中选择"重命名"命令，输入新的文件名后按回车键

3. Windows XP 操作系统的桌面上，不能打开"我的电脑"窗口的操作是 _____。
   （A）在"资源管理器"中选取"我的电脑"
   （B）用鼠标左键双击"我的电脑"图标
   （C）先用鼠标右击"我的电脑"图标，然后在弹出的快捷菜单中选择"打开"命令

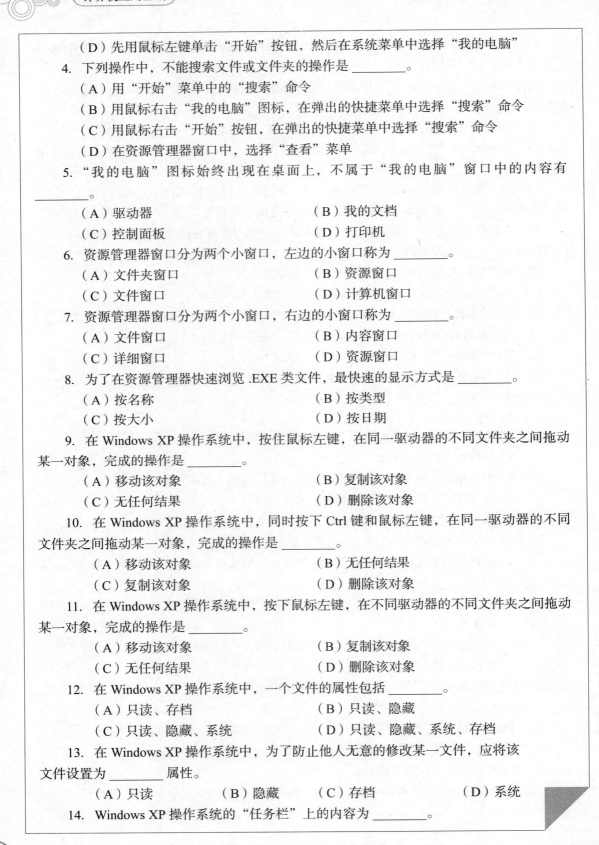

（D）先用鼠标左键单击"开始"按钮，然后在系统菜单中选择"我的电脑"

4. 下列操作中，不能搜索文件或文件夹的操作是 _____ 。

（A）用"开始"菜单中的"搜索"命令

（B）用鼠标右击"我的电脑"图标，在弹出的快捷菜单中选择"搜索"命令

（C）用鼠标右击"开始"按钮，在弹出的快捷菜单中选择"搜索"命令

（D）在资源管理器窗口中，选择"查看"菜单

5. "我的电脑"图标始终出现在桌面上，不属于"我的电脑"窗口中的内容有 _____ 。

（A）驱动器　　　　　　　　　　（B）我的文档

（C）控制面板　　　　　　　　　（D）打印机

6. 资源管理器窗口分为两个小窗口，左边的小窗口称为 _____ 。

（A）文件夹窗口　　　　　　　　（B）资源窗口

（C）文件窗口　　　　　　　　　（D）计算机窗口

7. 资源管理器窗口分为两个小窗口，右边的小窗口称为 _____ 。

（A）文件窗口　　　　　　　　　（B）内容窗口

（C）详细窗口　　　　　　　　　（D）资源窗口

8. 为了在资源管理器快速浏览 .EXE 类文件，最快速的显示方式是 _____ 。

（A）按名称　　　　　　　　　　（B）按类型

（C）按大小　　　　　　　　　　（D）按日期

9. 在 Windows XP 操作系统中，按住鼠标左键，在同一驱动器的不同文件夹之间拖动某一对象，完成的操作是 _____ 。

（A）移动该对象　　　　　　　　（B）复制该对象

（C）无任何结果　　　　　　　　（D）删除该对象

10. 在 Windows XP 操作系统中，同时按下 Ctrl 键和鼠标左键，在同一驱动器的不同文件夹之间拖动某一对象，完成的操作是 _____ 。

（A）移动该对象　　　　　　　　（B）无任何结果

（C）复制该对象　　　　　　　　（D）删除该对象

11. 在 Windows XP 操作系统中，按下鼠标左键，在不同驱动器的不同文件夹之间拖动某一对象，完成的操作是 _____ 。

（A）移动该对象　　　　　　　　（B）复制该对象

（C）无任何结果　　　　　　　　（D）删除该对象

12. 在 Windows XP 操作系统中，一个文件的属性包括 _____ 。

（A）只读、存档　　　　　　　　（B）只读、隐藏

（C）只读、隐藏、系统　　　　　（D）只读、隐藏、系统、存档

13. 在 Windows XP 操作系统中，为了防止他人无意的修改某一文件，应将该文件设置为 _____ 属性。

（A）只读　　　　（B）隐藏　　　　（C）存档　　　　　　（D）系统

14. Windows XP 操作系统的"任务栏"上的内容为 _____ 。

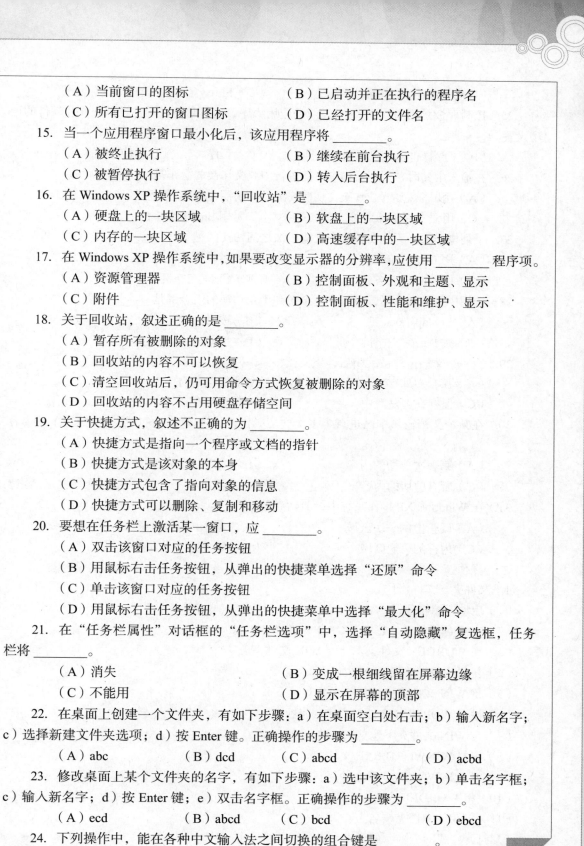

（A）当前窗口的图标　　　　　　　（B）已启动并正在执行的程序名

（C）所有已打开的窗口图标　　　　（D）已经打开的文件名

15. 当一个应用程序窗口最小化后，该应用程序将 _____。

（A）被终止执行　　　　　　　　　（B）继续在前台执行

（C）被暂停执行　　　　　　　　　（D）转入后台执行

16. 在 Windows XP 操作系统中，"回收站"是 _____。

（A）硬盘上的一块区域　　　　　　（B）软盘上的一块区域

（C）内存的一块区域　　　　　　　（D）高速缓存中的一块区域

17. 在 Windows XP 操作系统中，如果要改变显示器的分辨率，应使用 _____ 程序项。

（A）资源管理器　　　　　　　　　（B）控制面板、外观和主题、显示

（C）附件　　　　　　　　　　　　（D）控制面板、性能和维护、显示

18. 关于回收站，叙述正确的是 _____。

（A）暂存所有被删除的对象

（B）回收站的内容不可以恢复

（C）清空回收站后，仍可用命令方式恢复被删除的对象

（D）回收站的内容不占用硬盘存储空间

19. 关于快捷方式，叙述不正确的为 _____。

（A）快捷方式是指向一个程序或文档的指针

（B）快捷方式是该对象的本身

（C）快捷方式包含了指向对象的信息

（D）快捷方式可以删除、复制和移动

20. 要想在任务栏上激活某一窗口，应 _____。

（A）双击该窗口对应的任务按钮

（B）用鼠标右击任务按钮，从弹出的快捷菜单选择"还原"命令

（C）单击该窗口对应的任务按钮

（D）用鼠标右击任务按钮，从弹出的快捷菜单中选择"最大化"命令

21. 在"任务栏属性"对话框的"任务栏选项"中，选择"自动隐藏"复选框，任务栏将 _____。

（A）消失　　　　　　　　　　　　（B）变成一根细线留在屏幕边缘

（C）不能用　　　　　　　　　　　（D）显示在屏幕的顶部

22. 在桌面上创建一个文件夹，有如下步骤：a）在桌面空白处右击；b）输入新名字；c）选择新建文件夹选项；d）按 Enter 键。正确操作的步骤为 _____。

（A）abc　　　　（B）dcd　　　　（C）abcd　　　　（D）acbd

23. 修改桌面上某个文件夹的名字，有如下步骤：a）选中该文件夹；b）单击名字框；c）输入新名字；d）按 Enter 键；e）双击名字框。正确操作的步骤为 _____。

（A）ecd　　　　（B）abcd　　　　（C）bcd　　　　（D）ebcd

24. 下列操作中，能在各种中文输入法之间切换的组合键是 _____。

（A）Ctrl+Shift　　　　　　　　　（B）Ctrl+ 空格键

（C）用 Alt+F 功能键 　　　　　　（D）Shift+ 空格键

25. 控制面板是用来改变 _____ 的应用程序，通过它可以调整各种硬件和软件的选项设置。

　　（A）分组窗口　　　　（B）文件　　　　（C）程序　　　　（D）系统配置

26. 在输入中文时，下列操作中不能进行中英文切换的操作是 _____。

　　（A）用鼠标左键单击中英文切换按钮　　（B）用 Ctrl+ 空格键

　　（C）用语言指示器菜单　　　　　　　　（D）用 Shift+ 空格键

27. 下列操作中，不能在各种中文输入法之间切换的是 _____。

　　（A）用 Ctrl+Shift 键　　　　　　　　（B）用鼠标左键单击输入方式切换按钮

　　（C）用 Shift+ 空格键　　　　　　　　（D）Ctrl+ 空格键

28. 选用中文输入法后，可以实现全角和半角切换的组合键是 _____。

　　（A）按 CapsLock 键　　　　　　　　（B）按 Ctrl+ 圆点键

　　（C）按 Shift+ 空格键　　　　　　　　（D）按 Ctrl+ 空格键

29. 当一个文档窗口被关闭后，该文档将 _____。

　　（A）保存在外存中　　　　　　　　　　（B）保存在内存中

　　（C）保存在剪贴簿中　　　　　　　　　（D）既保存在外存中也保存在内存中

30. 在某个文档窗口中已进行了多次剪切操作，关闭该文档窗口后，剪贴簿中的内容为 _____。

　　（A）第一次剪切的内容　　　　　　　　（B）最后一次剪切的内容

　　（C）所有剪切的内容　　　　　　　　　（D）空白

31. 在 Windows XP 操作系统中，剪贴簿是 _____。

　　（A）硬盘上的一块区域　　　　　　　　（B）软盘上的一块区域

　　（C）内存的一块区域　　　　　　　　　（D）高速缓存中的一块区域

三、操作题

1. 文件夹与文件操作。

（1）启动资源管理器。

（2）在 C 盘根目录下建立 WORDEN 文件夹。

（3）在 WORDEN 文件夹下建立 WIN 文件夹。

（4）复制一些文件到 WIN 文件夹。

（5）将 WIN 文件夹移动到 C 盘根目录下。

（6）设置 WORDEN 文件夹为隐藏属性。

（7）在 WIN 文件夹下建立 SIN 文件夹。

（8）查找 WINWORD.EXE 文件。

（9）将 WINWORD.EXE 文件复制到 SIN 文件夹。

（10）将 WORDEN 文件夹删除。

（11）将 SIN 文件夹改名为 COS。

2. 打开"我的电脑"窗口，完成第 1 题的操作。

3. 将一个移动装置插入计算机，对其进行格式化。

4. 查看 C 磁盘的属性，确定其还剩多少存储空间。

5. 隐藏任务栏。

6. 将回收站的大小改为占硬盘存储空间的 15%。

7. 添加"区位"输入法。

8. 关闭"任务栏"上的"语言指示器"。

9. 安装一种打印机，型号自选。

10. 查看 2004 年 1 月 1 日是星期几。

11. 查看本系统共安装了多少应用程序。

12. 通过"帮助和支持"，找到"安装打印机"的帮助信息。

13. 通过"帮助和支持"，搜索"安装扫描仪"的帮助信息。

14. 进入资源管理器，找到有关"移动文件或文件夹"的帮助信息。

15. 将当前"画图"程序窗口中的内容以 ABC 为名保存在 C 盘的根目录下。

16. 启动"记事本"程序，练习输入中文。

第3章

因特网（Internet）应用

当今社会，因特网已经融入到了人们日常工作和学习的各个方面，网络正在改变着人们的生活理念和生活方式。因特网已迅速成为人类最普通的通信媒介，掌握网络应用已经成为现代人必备技能之一。

3.1 因特网的基本概念和功能

◎ 了解因特网的基本概念及提供的服务
◎ 了解TCP/IP在网络中的作用*
◎ 配置TCP/IP的参数*

3.1.1 因特网概念及服务

因特网（Internet）是世界上最大的互连网络，为人们的生活、工作提供了众多服务。

1. Internet 概念

Internet 是一个全球性的计算机网络，它是由世界上数以万计的局域网、城域网及广域网互连而组成的一个巨型网络。它是一个跨越国界、覆盖全球的庞大网络。

2. Internet 的常用术语

（1）网站与网页。通常，人们将提供信息服务的 WWW 服务器称为 WWW（或 Web）网站。WWW 上的各个超文本文件就称为网页（Page），一个 WWW 服务器上诸多网页中为首的一个称为主页（Home Page）。主页是服务器上的默认网页，是浏览该服务器时默认打开的页面。

（2）URL。统一资源定位符（Uniform Resource Locators，URL），用于在 Internet 中按统一方式指明和定位一个 WWW 信息资源的地址，即 WWW 是按每个资源文件的 URL 来检索和定位的，URL 即通常所说的"网址"。

（3）HTML。网页是采用超文本标识语言（Hyper Text Mark-up Language，HTML）来创建的。HTML 对网页的内容、格式及链接进行描述，HTML 文档本身是文本格式的，用任何一种文本编辑器都可以对它进行编辑。

（4）超链接和超文本。在一个网页中，作为"连接点"的词或短语通常被特殊显示为其他颜色并加下画线，称为超链接（Hyper Link）。当鼠标指向超链接时，形状会变成小手状，这就是超链接的典型特征。超文本是一种描述信息的方法，文本中的某些字、符号或短语可以起着"链接"的作用，即用鼠标点击后，立即跳转到与当前正在阅读的文档相关的新地方或另一个文档上。用户在阅读超文本时，不是按照从头到尾顺章逐节的传统方式去获取信息，而是可以在文档中随机地阅读。

（5）HTTP。超文本传输协议（Hyper Text Transfer Protocol，HTTP）是浏览器与 WWW 服务器之间进行通信的协议。

（6）Internet 协议。网络通信离不开协议，即通信各方必须共同遵守的规则和约定。目前，TCP/IP 是 Internet 的基础和核心。Internet 依靠 TCP/IP 实现各种网络的互连。该协议主要包括两部分：传输控制协议（TCP）和网际协议（IP）。利用 TCP/IP 可以保证数据安全、可靠地传送到目的地。

（7）域名。用抽象数字表示的 IP 地址不便于记忆。为了提供直观明了的主机标识符，TCP/IP 专门设计了一种字符型的主机命名机制，也就是给每个主机一个有规律的名字，这种主机名相对于 IP 地址来说是一种更为高级的地址形式，这就是域名系统（Doman Name System，DNS）。

主机域名的一般格式为：四级域名.三级域名.二级域名.顶级域名。顶级域名的划分采用两种模式，即地理模式和组织模式。在地理模式中，顶级域名表示国家或地区，次级域名表示网络的属性；在组织模式中，不显示所属的国家或地区，直接用顶级域名表示网络的属性。

在地理模式中，顶级域名与国家的对应关系如表 3-1 所示。

表3-1　　　　　　　　　　　　顶级域名与国家或地区的对照表

顶 级 域 名	所表示的国家或地区	顶 级 域 名	所表示的国家或地区
au	Australia，澳大利亚	ca	Canada，加拿大
ch	Switzerland，瑞士	cn	China，中国
cu	Cuba，古巴	de	Germany，德国
dk	Denmark，丹麦	es	Spain，西班牙
fr	France，法国	in	India，印度
it	Italy，意大利	jp	Japan，日本
se	Sweden，瑞典	sg	Singapore，新加坡
uk	United Kingdom，英国	us	United States，美国

在组织模式中，顶级域名与组织模式对应关系如表 3-2 所示。

表3-2　　　　　　　　　　　　顶级域名与组织模式对照表

顶 级 域 名	分 配 对 象	顶 级 域 名	分 配 对 象
com	营利性的商业实体	edu	教育机构或设施
gov	非军事性政府或组织	int	国际性机构
mil	军事机构或组织	net	网络资源或组织
org	非营利性组织机构	firm	商业或公司
store	商场	web	和 WWW 有关的实体
arts	文化娱乐	arc	消遣性娱乐

3．Internet 提供的服务

Internet 目前提供的服务主要包括信息浏览、电子邮件、文件传输、远程登录、电子公告牌等。

（1）信息浏览。WWW 是 World Wide Web 的缩写，也称为 Web 或 3W，中文译为万维网，是 Internet 提供的一种多媒体信息查询工具。WWW 加速了 Internet 向大众化发展的速度，Internet 提供的许多服务正在由 WWW 所取代，可以说 WWW 的出现改变了 Internet。使用 WWW 服务一般都有一个 Web 浏览器程序，这是一种访问 Web 服务器的客户端工具软件，也是 Web 服务器的一种易于使用的图形终端。它使人们能在友好的界面下，方便地进入 Internet 获取信息。

（2）电子邮件。作为网络所提供的最基本的功能，电子邮件（E-mail）一直是 Internet 上

用户最多、应用最广泛的服务。电子邮件快捷方便，具有很高的可靠性和安全性。

（3）文件传输。文件传输是信息共享的内容。Internet 是一个非常复杂的环境，有 PC、工作站、小型机、大型机等各种类型的计算机，这些计算机可能运行不同的操作系统，各种系统的文件结构各不相同。要解决异型机之间和异类操作系统之间的文件交流问题，需要建立一个统一的文件传输协议（File Transfer Protocol，FTP），用于管理计算机之间的文件传输。FTP 通常指文件传输服务。

（4）远程登录。Internet 用户进行远程登录是一个在网络通信协议 Telnet 的支持下使自己的计算机暂时成为远程计算机终端的过程。一旦登录成功，用户使用的计算机就像一台与对方计算机直接连接的本地计算机终端那样进行工作，用户可以实时地使用远程计算机对外开放的相应资源。

（5）电子公告牌。电子公告牌（BBS）是较早用于 Internet 的一种方式。它以终端形式与大型主机相连，然后进行信息的发布和讨论。

另外，还可以在 Internet 上召开网络会议，拨打网络电话，从事电子商务活动等。

3.1.2　TCP/IP*

1．TCP/IP 的作用

TCP/IP 是 Internet 的基本协议，它是"传输控制协议／网际协议"的简称。作为 Internet 的核心协议，TCP/IP 定义了网络通信的过程。更为重要的是，它定义了数据单元所采用的格式及它所包含的信息。TCP/IP 及相关协议形成了一套完整的系统，详细地定义了如何在支持 TCP/IP 的网络上处理、发送和接收数据。至于网络通信的具体实现，由 TCP/IP 软件完成。

2．TCP/IP 模型简介

TCP/IP 参考模型如图 3-1 所示。

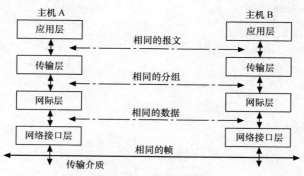

图 3-1　TCP/IP 参考模型

TCP/IP 规定在 Internet 上互相通信联络的计算机之间或用户之间应该遵循的信息表示规则，大家共同遵守以便相互之间能够获得与理解对方的信息。

3.1.3　配置 TCP/IP 参数*

了解了 TCP/IP 的作用，大家应该清楚，计算机访问 Internet 必须正确配置 TCP/IP 的相关参数。

实例 3.1 配置 TCP/IP 参数

 情境描述

单位新买一台计算机，操作系统已经安装，技术人员要对计算机进行相关的配置，使之能访问 Internet（假设单位的路由器和交换机都已经配置好，所有线缆已经连接好）。配置内容如下。

IP 地址为 192.168.1.68，子网掩码为 255.255.255.0，默认网关为 192.168.1.1，首选 DNS 服务器为 202.96.64.68，备用 DNS 服务器为 202.96.69.38。

 任务操作

① 用鼠标右击桌面上的"网上邻居"图标，在快捷菜单中选择"属性"命令，弹出"网络连接"窗口，如图 3-2 所示。然后用鼠标右击"本地连接"图标，在快捷菜单中选择"属性"命令，弹出"本地连接 属性"对话框，如图 3-3 所示。

② 选择"Internet 协议（TCP/IP）"复选框，然后单击"属

图 3-2 "网络连接"窗口

性"按钮，在弹出的"Internet 协议（TCP/IP）属性"对话框中填写相应信息，单击"确定"按钮，如图 3-4 所示。

图 3-3 "本地连接 属性"对话框

图 3-4 "Internet 协议（TCP/IP）属性"对话框

 知识与技能

1. IP 地址

（1）IP 地址的概念。IP 地址是 IP 为标识网络中的主机所使用的地址，连接到采用 TCP/IP 的网络的每个设备（计算机或其他网络设备）都必须有唯一的 IP 地址，它是 32 位的无符号二进制数，IP 地址通常分为 4 段，每段用圆点隔开的十进制数字组成，每个十进制数的取值范围是 0 ～ 255。例如，网易站点的 IP 地址是 61.135.253.10。

（2）IP 地址的分类。IP 地址的 32 位二进制结构由两部分组成：网络地址和主机地址。网络地址标识计算机所在的网络区段，主机地址是计算机在网络中的标识。IP 地址分为 A ～ E 类，A 类地址最高位是 0，适用于大型网络；B 类地址最高位是 10，适用于中等网络；C 类地址最高位是 110，适用于小型网络；D 类地址最高位是 1110，E 类地址最高位是 11110。常用的 IP 地址是 A、

B、C 类 IP 地址。IP 地址的分类如表 3-3 所示。

表3-3 IP地址的分类

类　　别	第一字节范围	网络地址位数	主机地址位数	最大的主机数目	地址总数
A	0 ～ 127	8bit	24bit	$2^{24}-2=16\ 777\ 214$	16 777 216
B	128 ～ 191	16bit	16bit	$2^{16}-2=65\ 534$	65 536
C	192 ～ 223	24bit	8bit	$2^{8}-2=254$	256
D	224 ～ 239	多播地址			
E	240 ～ 255	目前尚未使用			

（3）IP 地址分配方式。静态地址是指计算机的 IP 地址由网络管理员事先指定好，如没有特殊情况，一直使用这个分配好的地址（参照实例 3.1）。

动态获取地址是指计算机的 IP 地址由 DHCP 服务器在地址池中随机分配一个当前空闲的地址。

 提示　　DHCP 是（Dynamic Host Configuration Protocol）的缩写，中文译为动态主机配置协议，它是 TCP/IP 协议簇中的一个，主要是用来给网络客户机分配动态的 IP 地址。

2. 子网掩码

子网掩码的主要作用是用来说明子网如何划分。掩码是一个 32 位二进制数字，用点分十进制数来描述。掩码包含两个域：网络域和主机域。在默认情况下，网络域地址全部为"1"，主机域地址全部为"0"，表 3-4 所示为各类网络与子网掩码的对应关系。

表3-4 网络和子网掩码的对应关系

网 络 类 别	默认子网掩码
A	255.0.0.0
B	255.255.0.0
C	255.255.255.0

3. 默认网关

在网络通信过程中，当收发的数据无法找到指定的网关时，就会尝试从"默认网关"中收发数据，所以默认网关是需要设置的。默认网关的 IP 地址通常是具有路由功能的设备的 IP 地址，如路由器、代理服务器等。

4. DNS 服务器

DNS 服务器的主要工作就是将域名与 IP 进行翻译。为什么要对域名和 IP 进行翻译呢？原因在于具有典型特征的域名比由数字组成的 IP 地址便于记忆。在 TCP/IP 中有两个 DNS 服务器的 IP 地址，分别是"首选 DNS 服务器"和"备用 DNS 服务器"，当 TCP/IP 需要对一个域名进行 IP 地址的翻译时，会首先使用首选 DNS 服务器进行翻译，当首选 DNS 服务器失效时，为了保证用户能正常对该网站进行访问，就会立即启用备用 DNS 服务器进行翻译，所以如果要想正常访问网页，就必须把 DNS 服务器设置好。

课堂训练3.1

将实例 3.1 中的 IP 地址的获取方式由静态获取地址改为动态获取地址，并使用命令 "ipconfig/all" 查看获取的 IP 地址是什么。

3.2 Internet 的接入

◎ 了解Internet的常用接入方式及相关设备
◎ 会根据需要将计算机通过相关设备接入Internet
◎ 了解无线网络的使用方法*

3.2.1 接入 Internet

Internet 常用接入方式有专线接入和拨号接入两种方式，下面具体介绍如何接入 Internet。

实例 3.2 接入 Internet

 情境描述

你是一名计算机售后服务工程师，客户从你的公司新买了一台 SONY 的笔记本电脑，现在要接入 Internet，以便使用网络上的资源，请设计具体的接入方案。

任务分析： 客户接入 Internet，可以使用拨号接入、ADSL 接入、DDN 专线接入、ISDN 专线接入、Cable Modem 接入方式、光纤接入方式、以太网接入方式等。此客户是个人用户且计算机用途是个人家庭使用，所以应选择现在流行的 ADSL 方式接入 Internet。

 任务操作

① 单击任务栏"开始"按钮，选择"设置"/"控制面板"命令，在"控制面板"窗口中双击"网络连接"图标，弹出"网络连接"窗口，如图 3-5 所示。然后，双击"新建连接向导"图标，弹出"新建连接向导"对话框，如图 3-6 所示。

② 单击"下一步"按钮，在"网络连接类型"界面中选择"连接到 Internet（C）"单选钮，如图 3-7 所示。然后，单击"下一步"按钮，选择"手动设置我的连接（M）"单选钮，如图 3-8 所示。

图 3-5　"网络连接"窗口

图 3-6　"新建连接向导"对话框

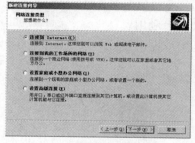

图 3-7　"网络连接类型"界面

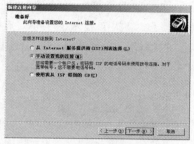

图 3-8　选择"手动设置我的连接（M）"

③ 单击"下一步"按钮，选择"用要求用户名和密码的宽带连接来连接（U）"单选钮，如图 3-9 所示。然后，单击"下一步"按钮，输入 ISP 名称，如输入"我的连接"，如图 3-10 所示。

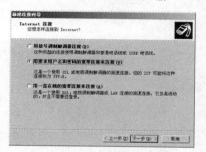

图 3-9　选择 Internet 连接方式

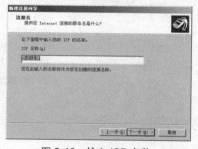

图 3-10　输入 ISP 名称

④ 单击"下一步"按钮，在"Internet 账户信息"界面中输入申请的"用户名"和"密码"，如图 3-11 所示。最后，单击"完成"按钮。选择"在我的桌面上添加一个到此连接的快捷方式"复选框，如图 3-12 所示。

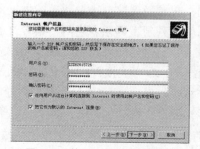

图 3-11　输入 Internet 账户信息

图 3-12　完成新建连接

⑤ 单击桌面上的"我的连接"快捷方式，打开"连接 ADSL"对话框，输入用户名和密码，单击"连接"按钮即可上网，如图 3-13 所示。

知识与技能

通过上述操作，可以完成用户接入 Internet 的需求，下面简单介绍拨号接入、ADSL 接入以及其他接入方式。

1. 拨号方式和 ADSL 接入方式

拨号入网是利用电话线和公用电话网（PSTN）接入 Internet 的技术，如图 3-14 所示。

图 3-13 "连接 ADSL"对话框

ADSL 是一种通过现有普通电话线为家庭、办公室提供宽带数据传输服务的技术。ADSL 技术的主要特点是可以充分利用现有的电话线网络，在线路两端加装 ADSL 设备即可为用户提供宽带接入服务。图 3-15 所示为 ADSL 接入 Internet 过程。

图 3-14　拨号接入 Internet 过程

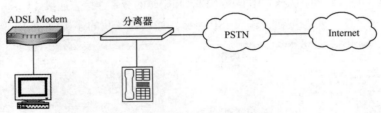

图 3-15　ADSL 接入 Internet 过程

2. DDN 专线接入方式和 ISDN 专线接入方式

数字数据网（Digital Data Network，DDN）和综合业务数字网（Integrated Services Digital Network，ISDN）都是属于专线接入当中的数字专线接入方式。

DDN 是利用数字信道传输数据信号的数据传输网，它是随着数据通信业务的发展而迅速发展起来的一种新型网络。它的传输媒介有光纤、数字微波、卫星信道以及用户端可用的普通电缆和双绞线。DDN 专线接入 Internet 过程如图 3-16 所示。

ISDN 基于公用电话网，利用普通电话线，实现端到端全程数字化通信，能承载多项通信业务，包括语音、数据、图像等，被形象地称做"一线通"。

图 3-16　DDN 专线接入 Internet 过程

3. 基于有线电视网（Cable Modem）的接入方式

电缆调制解调器（Cable Modem）是一种通过有线电视网络进行高速数据接入的装置。它一

般有两个接口，一个用来接室内墙上的有线电视端口，另一个与计算机或交换机相连。图 3-17 所示为 PC 和 LAN 通过 Cable Modem 接入 Internet 过程。

图 3-17　Cable Modem 接入 Internet 过程

4. 以太网接入技术

基于以太网技术的宽带接入网由局端网络设备和用户端网络设备组成。局端网络设备一般位于小区内，用户端网络设备一般位于居民楼内。局端网络设备提供与 IP 骨干网的接口，用户端网络设备提供与用户终端计算机相接的 10/100 BASE-T 接口。局端网络设备具有汇聚用户端网络设备网管信息的功能。以太网接入 Internet 过程如图 3-18 所示。

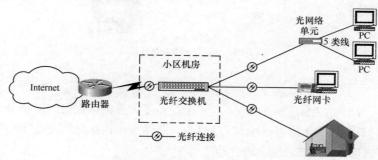

图 3-18　以太网接入 Internet 过程

5. 光纤接入技术

光纤接入技术实际就是在接入网中全部或部分采用光纤传输介质，构成光纤用户环路（或称光纤接入网，OAN），实现用户高性能宽带接入的一种方案。根据光网络单元（Optical Network Unit，ONU）所设置的位置，光纤接入网分为光纤到户（FTTH）、光纤到路边（FTTC）、光纤到大楼（FTTB）、光纤到办公室（FHHO）、光纤到楼层（FTTF）、光纤到小区（FTTZ）等几种类型，其中 FTTH 将是未来宽带接入网的发展趋势。光纤接入方式如图 3-18 所示。

3.2.2　无线网络 *

随着笔记本电脑、手机、个人数字助理（PDA）等移动通信工具的普及，用户端的无线接入业务也在不断地增长。下面介绍有关无线网络的知识。

1. 无线网络概述

无线网络技术涵盖的范围很广，既包括允许用户建立远距离无线连接的数据网络，也包括为近距离无线连接进行优化的红外线技术及射频技术。无线技术有多种实际用途。例如，手机用户可以使用移动电话查看电子邮件；使用便携式计算机的旅客可以通过安装在机场、火车站和其他公共场所的基站（AP）连接到 Internet；在家中，用户可以连接桌面设备来同步数据和发送文件。图 3-19 所示为无线接入 Internet 过程。

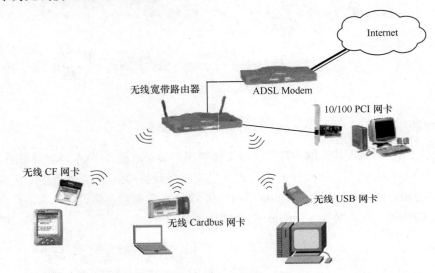

图 3-19　无线接入 Internet 过程

　　2．无线网络组件

　　（1）工作站。工作站（Station，STA）是一个配备了无线网络设备的网络节点。具有无线网络适配器的个人计算机称为无线客户端。无线客户端能够直接相互通信或通过无线访问点（Access Point，AP）进行通信。无线客户端是可移动的。

　　（2）无线 AP（无线访问点）。无线 AP 是在 STA 和有线网络之间充当桥梁的无线网络节点。无线 AP 包含以下几部分。

　　① 至少一个将无线 AP 连接到现有有线网络（如以太骨干网）的接口。

　　② 用于建立与 STA 的无线连接的无线网络设备。

　　③ IEEE 802.1D 桥接软件，用做无线和有线网络之间的透明桥梁。

　　无线 AP 类似于移动电话网络的基站。无线客户端通过无线 AP 同时与有线网络和其他无线客户端通信。

　　（3）端口。端口是设备的一个通道，可支持单个点对点的连接。对于 IEEE 802.11b，端口是一个用于建立单个无线连接的连结点，属于一个逻辑实体。具有单个无线网络适配器的典型无线客户端具有一个端口，只能支持一个无线连接。典型的无线 AP 具有多个端口，能够同时支持多个无线连接。无线客户端上的端口和无线 AP 上的端口之间的逻辑连接是一个点对点桥接的局域网网段，类似于基于以太网的网络客户端连接到一个以太网交换机。

　　3．无线接入技术

　　（1）无线接入技术概述。无线接入技术（也称空中接口）是无线通信的关键问题。它是指通过无线介质将用户终端与网络节点连接起来，以实现用户与网络间的信息传递。

　　无线信道传输的信号应遵循一定的协议，这些协议即构成无线接入技术的主要内容。无线接

入技术与有线接入技术的一个重要区别在于可以向用户提供移动接入业务。

（2）无线接入技术分类。无线技术主要分为：蜂窝技术、数字无绳技术、点对点微波技术、卫星技术、蓝牙技术等。

3.3 网络信息浏览

◎ 使用浏览器浏览和下载相关信息
◎ 使用搜索引擎检索信息
◎ 配置浏览器中的常用参数*

全世界有数百万台各种类型的计算机连接在 Internet 上，其中具有丰富的信息资源。本节主要说明当计算机接入 Internet 之后，如何快速有效地访问到自己所需要的信息，如何将有用的信息保存起来，如何优化上网操作等。

3.3.1 浏览网络信息和下载

访问网络上的各种资源，需要使用一些工具软件来实现，浏览器是帮助人们浏览网上信息资源的软件，如 Microsoft 公司的 Internet Explorer（IE）浏览器就是其中之一。

实例 3.3 保存网页和网页上的图片

 情境描述

你正在学习网页设计，想参照搜狐网站主页的框架设计结构来开发网站，并且要用到搜狐主页上"网络 110 报警服务"的图片。

任务分析：这是一个典型的浏览网页并且将网页的内容下载保存的案例。

 任务操作

① 双击桌面上的 Internet Explorer 图标或单击"开始"按钮，选择"程序"/"Internet Explorer"命令，启动 IE 浏览器。

② 在 IE 浏览器的"地址栏"中输入 http://www.sohu.com 并按回车键。显示搜狐网主页，然后选择菜单栏中的"文件"/"另存为"命令，如图 3-20 所示。在弹出的"保存网页"对话框中指定网页的保存位置和名称。单击"保存"按钮即可将网页保存，如图 3-21 所示。

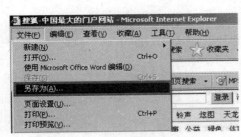

图 3-20　选择"另存为"命令　　　　　　　　图 3-21　"保存网页"对话框

 提示　　　　如果只是保存主页的 HTML 文档，则在保存类型中选择"网页，仅 HTML（*.htm;*.html）"选项；如果保存主页的 HTML 文档同时还保存图片、动画等信息，则在保存类型中选择"网页，全部（*.htm;*.html）"选项。

③ 在主页下方找到"网络 110 报警服务"的图片，在图片上右击鼠标，在快捷菜单中选择"图片另存为"命令即可完成图片的保存，如图 3-22 所示。

 知识与技能

（1）利用 IE 浏览器下载文件。

例如，到"驱动之家"网站上下载 NVIDIA 显卡 XTreme 加速驱动 182.06 版。

① 首先在 IE 浏览器地址栏中输入 http://www.mydrivers.com 打开"驱动之家"主页，然后单击"驱动中心"链接，如图 3-23 所示。在打开的页面中单击"下载 NVIDIA 显卡 XTreme 加速驱动 182.06 版"链接，如图 3-24 所示。

图 3-22　保存图片

图 3-23　单击"驱动中心"链接　　　　　　图 3-24　单击"下载 NVIDIA 加速驱动"链接

② 在打开的页面中单击"点此下载"链接，如图 3-25 所示。然后，在下载页面中选择一个下载链接即可下载，如图 3-26 所示。

（2）将 Web 页面中的信息复制到文档。例如，将网页中一段文字复制到 Word 中保存。

首先选定要复制的文字，选择菜单栏中的"编辑"/"复制"命令，如图 3-27 所示。然后在 Word 文档中，单击放置位置，选择菜单栏中的"编辑"/"粘贴"命令，如图 3-28 所示。

图 3-25　单击"点此下载"链接

图 3-26　选择下载地址

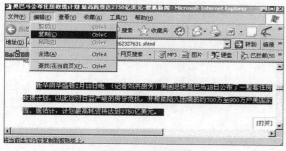

图 3-27　选择复制文字

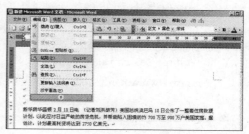

图 3-28　粘贴文字

3.3.2　搜索引擎

在 Internet 中快速查找自己需要的信息，一般都要借助于网络检索工具"搜索引擎"的帮助。

实例 3.4　搜索有关"2008 年全球金融危机"的内容

情境描述

根据工作需要，须尽快搜集有关"2008 年全球金融危机"的文章。

任务分析：网上信息量很大，各种信息掺杂在一起人工难以分类，如要专门检索某一类相关信息可以根据"关键字（词）"利用网络搜索引擎很方便地查询到该类相关内容。下面以百度网站为例讲解。

任务操作

在 IE 浏览器中打开百度网站并输入关键字"2008 年全球金融危机"，然后单击"百度一下"按钮，如图 3-29 所示。在弹出的界面中单击一个关于金融危机的链接就可以查看相关内容，如图 3-30 所示。

知识与技能

1．搜索引擎概念

"搜索引擎"是这样一些 Internet 上的站点，它们有自己的数据库，保存了 Web 上的很多网页的检索信息，而且数据库内容还是不断更新的。用户可以访问它们的主页，通过输入和提交一些有关想查找信息的关键字，让它们在自己的数据库中检索，并返回结果页面。结果页面中罗列了指向一些网页地址的超链接的网页，这些页面可能包含用户所感兴趣的内容。

图 3-29　输入关键字

图 3-30　单击含有关键字的链接

2. 常用搜索引擎

Google：http://www.google.com

Yahoo：http://search.yahoo.com

百度：http://www.baidu.com

3. 搜索引擎基本使用方法

（1）使用加号（+）。使用加号"+"或者空格把几个条件相连可以搜索到同时拥有这几个字段的信息。

（2）使用减号（-）。使用减号"-"可以避免在查询某个信息中包含另一个信息。例如，查找"周杰伦"的歌曲《双节棍》，但又不希望得到的结果中有 MP3 格式的，可以输入"周杰伦 歌曲 双节棍 -MP3"。

（3）使用引号""。如果希望查询的关键字在查询结果中不被拆分，可以使用引号将其括起。

课堂训练3.2

上网搜索"《计算机应用基础》教材"。

3.3.3　配置浏览器参数 *

为快速而便利地畅游网络，需要对 IE 浏览器做一些正确的设置，如设置主页、删除历史记录、输入重复资料等。下面具体介绍这些操作设置。

1. 设置主页

在 IE 浏览器中，选择菜单栏中的"工具"/"Internet 选项"命令，弹出如图 3-31 所示的"Internet 选项"对话框。在"地址（R）"文本框中输入欲设置的主页地址，单击"确定"按钮即可。

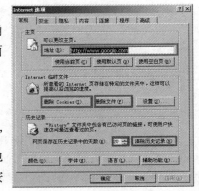

图 3-31　"Internet 选项"对话框

2. 设置和清除历史记录、清理临时文件

① 设置网页保存天数，在图 3-31 中的"网页保存在历史记录中的天数"数据框中输入想要网页保存的天数，如输入 20 天，单击"确定"按钮。

② 清除历史记录，单击图 3-31 中的"清除历史记录"按钮。

③ 删除上网期间硬盘上的临时文件，单击图 3-31 中的"删除文件"按钮。

3. 将网页添加到收藏夹

单击"收藏夹"按钮或者选择菜单栏中的"收藏"/"添加收藏夹"命令，弹出"添加到收藏夹"对话框，单击"确定"按钮完成。图 3-32 所示为将新浪首页添加到收藏夹。如果选择"允许脱机使用"复选框，则在不连接 Internet 的状态下，也可以浏览已经事先下载并保存在本地计算机中的网页。

单击"收藏夹"按钮或者打开"收藏"菜单，选择"整理收藏夹"命令，弹出如图 3-33 所示的"整理收藏夹"对话框，可以进行"删除"、"重命名"等操作。

图 3-32　添加新浪首页到收藏夹

图 3-33　"整理收藏夹"对话框

4. 设置自动完成功能

① 打开 IE 浏览器，选择菜单栏中的"工具"/"Internet 选项"命令，如图 3-34 所示。在弹出的"Internet 选项"对话框中单击"内容"标签，在"内容"选项卡中单击"自动完成"按钮，如图 3-35 所示。

图 3-34　选择"Internet 选项"命令

图 3-35　单击"自动完成"按钮

② 在出现的"自动完成设置"对话框中，选中"Web 地址"、"表单"、"表单上的用户名和密码"和"提示我保存密码"复选框，单击"确定"按钮完成设置，如图 3-36 所示。如果想取消"自动完成"功能，则将上述 4 项取消选中状态，并单击"清除表单"和"清除密码"按钮即可。

5. 设置和清理 Cookie

Cookie 是某些网络站点在硬盘上用很小的文本文件存储的一些信息，包含与用户访问的网站相关的信息。下面介绍如何设置。

① 打开 IE 浏览器，选择菜单栏中的"工具"/"Internet 选项"命令，单击"隐私"标签，如图 3-37 所示。在"隐私"选项卡中单击"高级"按钮，弹出如图 3-38 所示的"高级隐私策略设置"对话框。如果想让 IE 浏览器创建 Cookie 时提示用户，则将第一方 Cookie 和第三方 Cookie 都设置为"提示"；如果允许 IE 浏览器创建 Cookie，则将第一方 Cookie 和第三方 Cookie 都设置为"接受"；否则设置为"拒绝"。

② 要删除 Cookie，单击图 3-31 中的"删除 Cookies（I）"按钮即可。

图 3-36　设置自动完成功能

图 3-37　单击"隐私"标签

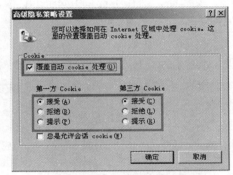

图 3-38　"高级隐私策略设置"对话框

3.4　电子邮件管理

◎ 申请电子邮箱
◎ 收发电子邮件
◎ 使用常用电子邮件管理工具*

电子邮件系统是 Internet 最广泛的应用之一，通过电子邮件，人们可以方便、快速、低成本地交换多种形式的信息。

3.4.1　电子邮箱

大型门户网站都提供免费邮箱的注册登录功能，下面介绍如何申请免费电子邮箱。

实例 3.5　申请免费电子邮箱

 情境描述

　　在已经接入 Internet 的计算机上进行操作，以自己姓名的汉语拼音（后面也可以加几位数码）为用户名在"网易"上申请免费电子邮箱。

 任务操作

　　① 在 IE 浏览器的地址栏中输入 http://www.163.com 打开网易主页，单击"免费邮箱"链接，如图 3-39 所示。

　　② 在弹出的界面中单击"马上注册 >>"链接，如图 3-40 所示。

图 3-39　单击"免费邮箱"链接　　　　　　图 3-40　单击"马上注册"链接

　　③ 在弹出的界面中填写好注册信息，如图 3-41 所示，单击"注册账号"按钮。

　　④ 出现成功注册页面，如图 3-42 所示。

图 3-41　填写注册信息　　　　　　　　图 3-42　注册成功页面

 注意

　　（1）在填写注册信息的过程中，带有红色"*"号的项目必须填写。

　　（2）注册用户名时，如果用户名已经被别人注册过，需要重新指定一个新用户名。

　　（3）密码提示问题要记清楚，以便在密码丢失时进行密码恢复。

 课堂训练3.3

　　到搜狐网站（http://www.sohu.com）上申请一个免费电子邮箱。

3.4.2　收发电子邮件

　　免费电子邮箱申请完之后，就可以使用该邮箱收发电子邮件。

实例 3.6 使用免费电子邮箱收发电子邮件

 情境描述

利用申请的免费电子邮箱向老师或同学的邮箱中发一封邮件，内容是："我的电子邮箱申请成功了"。

任务分析： 这是个典型的收发电子邮件的过程；需要登录邮箱进行相关的操作。

任务操作

（1）发送邮件。

① 在网易主页上输入用户名和密码，单击"登录"按钮，如图 3-43 所示。

② 在弹出的界面中单击"进入我的邮箱"按钮，进入邮箱，如图 3-44 所示。

图 3-43 填写登录用户名和密码

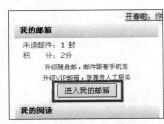

图 3-44 登录邮箱

③ 在邮箱界面中，单击"写信"标签，在"发件人"、"收件人"、"主题"、"信件内容"等处填写相应内容，单击"发送"按钮，如图 3-45 所示。

④ 出现邮件发送成功界面，如图 3-46 所示。

图 3-45 写信界面

图 3-46 邮件发送成功界面

（2）接收邮件。

① 登录邮箱后，单击"收件箱"标签，能够看到老师的回复信件，如图 3-47 所示。

② 单击老师的回复信件，可以看到信件的内容，如图 3-48 所示。

图 3-47 收件箱界面

图 3-48　查看信件内容

1. 电子邮件简介

电子邮件是 Internet 提供的主要服务之一，通过电子邮件，用户可以进行信息传递。电子邮件既可以传递文字信息，也可以传递图像、声音、视频等信息。现在电子邮件已经成为用户之间在网络上传递信息的主要途径。

2. 电子邮件地址

电子邮件地址结构如下：用户名 @ 主机域名。用户名是登录邮件服务器上的登录名，"@"读作 at，主机域名是邮件服务器的域名。例如，dljsj-hanxinzhou@163.com 是一个合法的电子邮件地址，其中 dljsj-hanxinzhou 是用户名，而 163.com 是网易邮件服务器的域名。

3. 添加附件

如果用户在发送邮件的同时，需要将一些其他的文件随电子邮件一起发送给收件人，可以使用"附件"功能来实现。例如，在实例 3.6 中，在向老师发送邮件的同时一起发送一个名称为"作业 .doc"的文件，方法如下。

① 进入到邮箱页面之后，单击"添加附件"链接，如图 3-49 所示。在弹出的"选择文件"对话框中，选择传送的附件内容，单击"打开"按钮，如图 3-50 所示。

② 收件人信息部分的"附件"栏中出现添加的附件内容，如图 3-51 所示。

图 3-49　添加附件

图 3-50　选择附件内容

图 3-51　附件内容添加成功

③ 单击"发送"按钮，发送附件。

课堂训练3.4

用在搜狐网站上申请的免费邮箱收发电子邮件。

3.4.3 常用电子邮件管理工具 *

除了以登录邮件服务器的形式收发电子邮件外，还可以使用专用的电子邮件管理工具来收发电子邮件。Outlook Express 和 Foxmail 是目前常用的两种收发电子邮件的软件，Outlook Express 集成在操作系统内部，应用起来比较方便，已经成为使用最为广泛的电子邮件管理软件。

1. 配置 Outlook Express 邮箱账号

① 在桌面上单击任务栏中的"开始"按钮，选择"程序"/"Outlook Express"命令，启动 Outlook Express，主界面如图 3-52 所示。

② 选择菜单栏中的"工具"/"账号"命令，打开"Internet 账户"对话框，单击"添加"按钮，选择"邮件"命令，如图 3-53 所示。

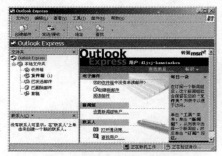

图 3-53 "Internet 账户"对话框

图 3-52 Outlook Express 主界面

③ 在打开的"Internet 连接向导"对话框中输入发送邮件时显示的姓名，单击"下一步"按钮，如图 3-54 所示。在"Internet 电子邮件地址"界面中输入电子邮件地址，单击"下一步"按钮，如图 3-55 所示。

图 3-54 输入显示名称

图 3-55 输入电子邮件地址

④ 在出现的"电子邮件服务器名"界面中，输入邮件接收服务器地址 pop3.163.com 和发送邮件服务器地址 smtp.163.com，单击"下一步"按钮，如图 3-56 所示。之后在"Internet Mail 登录"

界面中，输入账户名，不用输入密码，这样在接收邮件时会提示输入密码，增强安全性，单击"下一步"按钮，如图 3-57 所示。

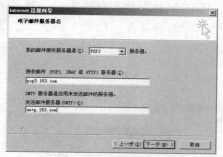 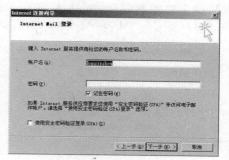

图 3-56　输入收发邮件服务器地址　　　　图 3-57　输入用户名

⑤ 在弹出的对话框中单击"完成"按钮。

邮件系统传送协议

　　SMTP（Simple Mail Transfer Protocol）即简单邮件传输协议，它是基于 TCP/IP 的 Internet 协议。SMTP 是发电子邮件的基础，它保证了电子邮件从一个邮件服务器送到另一个邮件服务器。收发邮件的双方必须遵守 SMTP，否则无法互相交流电子邮件。

　　POP3（Post Office Protocol）即邮局协议，它的主要作用是保证用户将保存在邮件服务器上的电子邮件接收到本地计算机上。这使得电子邮件的接收变得非常简单。

2. 接收邮件和发送邮件

单击工具栏上的"发送/接收"按钮，打开"登录"对话框，输入用户名和密码，就可以在"收件箱"中接收查看邮件，如图 3-58 所示。单击工具栏上的"创建邮件"按钮，打开发送邮件窗口，填写"收件人地址"、"主题"、"信件内容"等信息，单击"发送"按钮即可发送邮件，如图 3-59 所示。

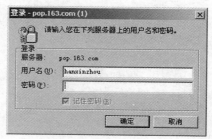

3. 回复和转发邮件

单击邮件阅读窗口工具栏上的"答复"按钮和"转发"按钮即可完成邮件的回复和转发，如图 3-60 所示。

图 3-58　登录收件箱

图 3-59　发送邮件　　　　图 3-60　回复和转发邮件

第3章 因特网（Internet）应用

117

4. 保存和插入附件

当邮件列表中有一个"回形针图标"时，表示邮件带有附件，单击邮件，然后在下方单击"回形针图标"，选择"保存附件"命令可以将附件内容保存，如图 3-61 所示。发送附件时，只需在发送邮件窗口中选择菜单栏中的"插入"/"文件附件"命令，选择附件的内容即可，如图 3-62 所示。

图 3-61　保存附件

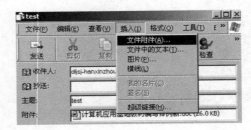

图 3-62　发送附件

Foxmail 的使用方法和 Outlook Express 的使用方法几乎完全一样，在这里就不再具体讲解，请同学们课下自己练习。

3.5　常用网络工具软件的使用

◎ 常用即时通信软件的使用

◎ 使用工具软件上传与下载信息

◎ 远程桌面及其设置方法[*]

3.5.1　常用即时通信软件

比较常用的即时通信软件有 OICQ 和 MSN。下面逐一介绍。

1. OICQ

（1）登录。在 OICQ 登录界面中输入账号和密码，单击"登录"按钮即可登录成功，如图 3-63 所示。

（2）传送信息。在用户图标上双击鼠标，在弹出的界面中输入信息，单击"发送"按钮即可向对方发送即时消息。单击 █、█ 和 █ 3 个图标可分别与对方进行视频会话、语音会话和发送文件的操作，如图 3-64 所示。

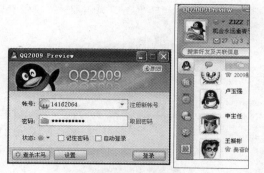

图 3-63　OICQ 登录主界面

图 3-64　发送信息窗口

2．MSN

（1）登录。在 MSN 登录界面中输入电子邮件地址和密码，单击"登录"按钮即可登录成功，如图 3-65 所示。

（2）传送信息。在用户图标上双击鼠标，在弹出的界面中输入信息，单击"发送"按钮即可向对方发送即时消息。单击 █、█ 和 █ 3 个图标可分别与对方进行视频会话、语音会话和发送文件的操作，如图 3-66 所示。

图 3-65　MSN 登录主界面

图 3-66　发送信息窗口

除以上介绍的内容之外，即时通信软件还有许多种，这里不再一一说明。

3.5.2　使用上传与下载工具

在之前曾介绍过 IE 浏览器进行文件的下载，但是在下载比较大的文件时速度比较慢，而且一旦网络断线，必须重新下载，非常浪费时间。本小节将学习如何使用专用软件实现文件的下载。

1．使用迅雷进行文件下载

迅雷（Thunder）是现在比较流行的专用下载工具，支持多点连接、断点续传等功能，可以极大提高文件下载的速度。例如，下载网页上图片的步骤如下。

在图片上右击鼠标，在快捷菜单中选择"使用迅雷下载"命令，如图 3-67 所示。在弹出的"建立新的下载任务"对话框中，可以更改"存储目录"和"名称"，单击"确定"按钮即可下载，如图 3-68 所示。

图 3-67　选择使用迅雷下载

图 3-68　"建立新的下载任务"对话框

2. 使用网际快车进行文件下载

在图片上右击鼠标，在快捷菜单中选择"使用快车（FlashGet）下载"命令，如图 3-69 所示。在弹出的"添加下载任务"对话框中，可以更改"保存路径"和"名称"，单击"确定"按钮即可下载，如图 3-70 所示。

图 3-69　选择使用快车（FlashGet）下载

图 3-70　"添加下载任务"对话框

3. 登录 FTP 服务器实现文件上传与下载

（1）FTP 概述。FTP 是 Internet 提供的重要服务之一，工作在 C/S（客户机 / 服务器）模式下。从客户机向服务器复制文件称为"上传"，从服务器向客户机复制文件称为"下载"。上传时通常需要用户认证，具有权限才可以完成上传操作。

（2）用 IE 浏览器登录 FTP 服务器实现文件的上传与下载。在 IE 浏览器地址栏中输入 FTP 服务器地址，选择菜单栏中的"文件"/"登录"命令，在"登录身份"对话框中输入用户名和密码，单击"登录"按钮，如图 3-71 所示。在 FTP 服务器登录界面中的文件或文件夹上右击鼠标，在快捷菜单中选择"复制"命令，可以实现文件的下载，如图 3-72 所示。

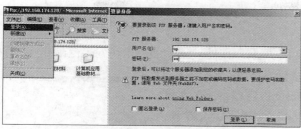

图 3-71　用 IE 浏览器登录 FTP 服务器

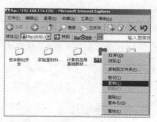

图 3-72　下载文件

在需要上传的文件或文件夹上右击鼠标，在快捷菜单中选择"复制"命令，然后在 FTP 服务器登录界面选择菜单栏中的"编辑" / "粘贴"命令，如果有权限，即可实现文件的上传，如图 3-73 所示。

（3）用 CuteFTP 软件登录 FTP 服务器实现文件的上传与下载。启动 CuteFTP 软件，输入 FTP 服务器地址、用户名和密码，即可登录服务器。如果是匿名登录，只需输入 FTP 服务器地址即可。窗口左侧部分显示本地内容，右侧部分显示服务器上的内容，如图 3-74 所示。

图 3-73　上传文件

图 3-74　用 CuteFTP 登录 FTP 服务器

在右侧窗口中，选中下载的文件或文件夹右击鼠标，在快捷菜单中选择"Download"命令，在左侧窗口中设置好存放路径，可以实现文件的下载，如图 3-75 所示。

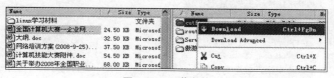

图 3-75　下载文件

在左侧窗口中，选择需要上传的文件或文件夹右击鼠标，在快捷菜单中选择"Upload"命令，在右侧窗口中设置好存放路径，如果有权限，即可实现文件的上传，如图 3-76 所示。

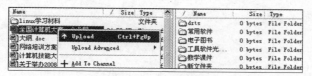

图 3-76　上传文件

课堂训练3.5

利用迅雷下载周杰伦的歌曲"千里之外 .mp3"。

3.5.3 远程桌面 *

使用 Windows XP 操作系统中的远程桌面功能，可以从其他计算机上访问运行在自己计算机上的 Windows 会话。这就意味着用户可以从家里连接到工作计算机，也可以从办公室连接到家里的计算机，并访问应用程序、文件和网络资源，就好像使用被访问的计算机一样，极大提高了办公效率。

下面讲解具体的设置过程。

1. 设置被访问端

① 在"我的电脑"图标上右击鼠标，在快捷菜单中选择"属性"命令，打开"系统属性"对话框，选择"远程"选项卡，如图 3-77 所示。

② 选择"允许用户远程连接到此计算机（C）"复选框，并单击"选择远程用户（S）"按钮，选择用于远程访问计算机的账号。

图 3-77 "系统属性"对话框

2. 设置访问端

单击桌面任务栏上的"开始"按钮，选择"所有程序"/"附件"/"通讯"/"远程桌面连接"命令，打开"远程桌面连接"窗口，如图 3-78 所示。单击"选项"按钮，在弹出的界面中输入计算机名或 IP 地址、用户名、密码，单击"连接"按钮，就实现了远程桌面的登录，如图 3-79 所示。

图 3-78 "远程桌面连接"窗口

图 3-79 登录远程桌面

3.6 常见网络服务与应用

◎ 申请和使用网站提供的网络空间

◎ 常见的网络服务与使用

3.6.1　申请和使用网络空间

随着网络技术的发展，现在可以方便地利用网站上提供的免费空间服务，将一些个人资料上传到网络上，方便信息交流，下面介绍免费网络空间的申请及其应用。

实例 3.7　在"网易"上申请免费网络空间

 情境描述

以自己姓名的汉语拼音（后面也可以加几位数字）为用户名在"网易"上申请免费网络空间。要求：写一篇网络日志，标题为"我会使用博客了"，并且上传一张图片到名称为"XX 影集"的相册里。

 **任务操作**

① 在网易的主页上单击"博客"链接，如图 3-80 所示。在弹出的界面中单击"立即注册"按钮，如图 3-81 所示。

图 3-80　单击"博客"链接

图 3-81　单击"立即注册"按钮

② 在弹出的界面中填好注册信息，单击"下一步"按钮，如图 3-82 所示。在弹出的界面中填好带 * 号的信息，单击"立刻激活"按钮，完成博客申请过程，如图 3-83 所示。

图 3-82　输入注册信息　　　　图 3-83　完成申请

③ 在如图 3-81 所示的界面中输入用户名和密码，单击"登录"按钮进入博客主页，如图 3-84 所示。单击博客主页上"日志"链接，在弹出的界面中单击"写日志"按钮，如图 3-85 所示。

④ 在弹出的界面中就可以书写网络日志了，单击"发表日志"按钮可以将写好的网络日志发表，如图 3-86 所示。

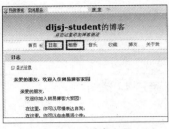
图 3-84　博客主页

图 3-85　单击"写日志"按钮

图 3-86　发表日志

⑤ 在如图 3-84 所示的页面上单击"相册"链接，进入相册界面，单击"创建相册"按钮，创建名为"XX 影集"的相册，然后单击"上传相片"按钮，如图 3-87 所示。在弹出的界面中单击"浏览"按钮选择相片或者单击"使用上传工具批量上传"链接将照片上传到相册中，如图 3-88 所示。

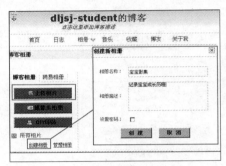
图 3-87　相册界面

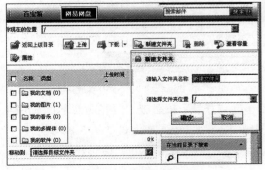
图 3-88　上传相片

⑥ 在 IE 浏览器地址栏中输入 http://dljsj-student.blog.163.com，即可让别人访问自己的网络空间。

如果你是一个"网易"的注册用户，并且有足够的积分，就可以使用"网易"提供的网络硬盘功能。用户可以将自己的资料上传到网络硬盘中，只要能上网，随时随地都可以使用里面的资料。具体操作步骤如下。

① 登录邮箱后，单击"网易网盘"标签，如图 3-89 所示。

② 单击"新建文件夹"按钮可以创建存放文件的文件夹。

③ 单击"上传"按钮可以上传文件，例如上传一张图片到"我的图片"中存放，图片命名为"风景"，只需单击"添加文件"按钮选择图片，并将"上传位置"更改为"/ 我的图片 /"，然后在"重新命名为"文本框将名称改为"风景"，单击"开始上传"按钮即可，如图 3-90 所示。

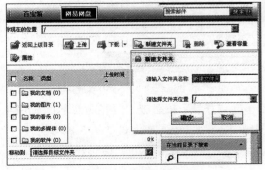

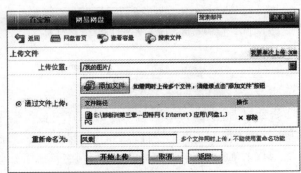

图 3-89　网易网盘界面

图 3-90　利用网盘上传资料

3.6.2 网络服务与应用

1. 网上学习

网上学习区别于传统的课堂教学，它是利用互联网进行教学，学生可在校外教学点集中点播网络课程或在家里上网点播网络课程进行练习、答疑、辅导、讨论、提交和批改作业的学习方式，它是通过计算机网络以方式交互进行的。常用的网上学习网站如下。

中国现代远程与继续教育网：http://www.cdce.cn

21 互联远程教育网：http://www.21hulian.com

网易学院：http://tech.163.com/school

2. 网上银行

网上银行（Electronic Bank，E-Bank）有时也叫做"电子银行"。它是指以 Internet 为媒介，以客户发出的信息为依据的一个虚拟银行柜台。客户只要拥有能够上网的一台 PC 和一根电话线，就可以不受时间、空间的限制享受网上金融服务。

E-Bank 发展到目前基本上有两种形式：一种是传统银行开展的 E-Bank，它实际上是把银行服务业务运用到 Internet 中，目前我国开办的网上银行业务都属于这一种；另一种则是根据 Internet 的发展而发展起来的全新的电子银行，这类银行业务都要依靠 Internet 来进行，而不涉及传统银行的业务。

客户要在网上交易，需要从网上下载一个"电子钱包（客户的加密银行账号）"安装程序，也可以直接到 E-Bank 领取安装光盘，然后安装在自己的计算机中。有些 E-Bank 还用普通信用卡来代替电子钱包的功能。接着要到 CA（Certificate Authority）认证中心办理电子安全证书（确认交易双方的身份）。

目前，国内提供网上银行业务的银行有：中国银行、中国建设银行、招商银行、中国工商银行等。

3. 网上购物

网上购物，就是通过互联网检索商品信息，并通过电子订购单发出购物请求，然后输入私人支票账号或信用卡的号码，厂商通过邮购或是通过快递公司送货上门。

常用的网上购物网站如下。

淘宝网：http://www.taobao.com

当当网：http://www.dangdang.com

4. 网上求职

近年来，随着互联网在中国的迅速发展，"网上求职"这一利用网络信息进行的择业方式得到了迅速发展，人才供求双方可以利用信息网发布需求信息和自荐材料，受到了广大求职者和用人单位的欢迎。常用的网上求职网站如下。

前程无忧：http://www.51job.com

百大英才网：http://www.baidajob.com

练习题

一、填空题

1. 计算机网络最核心的功能是 ＿＿＿＿＿＿＿＿。

2. HTTP 是指 ＿＿＿＿＿＿＿。

3. IP 地址由 ＿＿＿＿＿ 和 ＿＿＿＿＿ 组成，共 ＿＿＿＿＿ 位二进制数。

4. C 类网络默认的子网掩码是 ＿＿＿＿＿＿。

5. E-mail 的地址通用格式是 ＿＿＿＿＿＿＿＿。

6. Internet 中专门用于搜索的软件称为 ＿＿＿＿＿＿＿＿。

7. ADSL 的中文名称是 ＿＿＿＿＿＿＿＿。

8. 常见网络互连设备有 ＿＿＿＿＿、＿＿＿＿＿、＿＿＿＿＿ 和中继器。

二、选择题

1. 最早出现的计算机网络是 ＿＿＿＿＿＿。

（A）Arpanet　　　　　　　　　　（B）Bitnet

（C）Internet　　　　　　　　　　（D）Ethernet

2. www.163.com 是 Internet 上的一个网站的 ＿＿＿＿＿＿。

（A）IP 地址　　　　　　　　　　（B）域名

（C）网站代号　　　　　　　　　　（D）网络协议

3. 以下各项中 ＿＿＿＿＿＿ 不是 Internet 的功能。

（A）全球信息（万维网）　　　　　　（B）电子邮件

（C）网上邻居　　　　　　　　　　（D）电子公告牌

4. Internet 是一个 ＿＿＿＿＿＿。

（A）国际标准　　　　　　　　　　（B）网络协议

（C）网络集合　　　　　　　　　　（D）国际组织

5. 拥有计算机并以拨号方式接入网络的用户需要使用的网络设备是 ＿＿＿＿＿＿。

（A）CD-ROM　　　　　　　　　　（B）鼠标

（B）电话机　　　　　　　　　　（D）Modem

6. 目前 Internet 提供信息查询的最主要的服务方式 ＿＿＿＿＿＿。

（A）Telenet 服务　　　　　　　　（B）FTP 服务

（C）WWW 服务　　　　　　　　　（D）E-mail 服务

三、简答题

1. 什么是计算机网络？计算机网络的主要功能有哪些？

2. 简述接入 Internet 的方式有哪些，分别画出示意图。

3. 常见的搜索引擎有哪些？

四、操作题

1. 用 IE 浏览器把网易（http://www.163.com）设置成主页。

2. 使用 Google 搜索周杰伦的歌曲《双节棍》，要求是非 mp3 格式的。

3. 使用 Foxmail 书写一封电子邮件，发送到 dljsj-student@163.com。

第4章

文字处理软件 Word 2003应用

Word文字处理软件是Microsoft公司的产品，其特点集中体现在一体化的三大功能上，即文字处理、表格计算和简单图形的加工。此外，Word在基础知识和操作技术通用性方面的杰出表现，已经为视窗软件做出了示范性的规定。本章将以Word 2003为基准，介绍文字处理软件的应用技术。

4.1 文档及字符的基本操作

学习要点

◎ Word 2003窗口结构，窗口操作和视图模式切换
◎ Word 2003的文件操作命令，文档的权限管理
◎ 字符的基本概念，编辑字符的基本方法，文档的修订
◎ 查找及替换字符的基本方法，应用替换命令解决实际问题
◎ 页面设置，预览及打印文档

本节主要介绍如何编排 Word 2003 文档，内容包括选定及编辑素材、设置对象的格式和设置版面布局。

4.1.1　Word 2003 窗口操作

窗口操作类命令是完成其他重要操作的基础。Word 2003 窗口是该软件的运行环境，为用户

提供了编排文字、图片及表格的条件。

实例 4.1　Word 2003 窗口的基本操作

 情境描述

　　启动 Word 2003，打开应用程序窗口，在"页面"视图模式下，通过操作窗口的菜单及按钮改变窗口的尺寸，使窗口内部的组成结构发生变化。

 任务操作

　　① 启动 Word 2003，打开应用程序窗口后，先单击窗口右上角的"还原"按钮，再拖曳窗口的边框或角框，把窗口的尺寸缩小到最大化的一半。

　　② 选择"视图"/"页面"选项，切换到"页面"视图模式。

　　③ 选择"选项"对话框中的"视图"选项卡，取消选择"垂直标尺"复选框。

　　④ 选择"文件"/"新建"命令，新建一个空白文档。

　　⑤ 选择"窗口"/"新建窗口"命令，针对当前窗口复制两个新窗口。选择"窗口"/"全部重排"命令，把当前打开的所有文档窗口平铺在工作窗口之中。

 知识与技能

　　在学习一种软件之前，必须了解这个软件窗口的结构特点和各个部件的作用，才能更好地操作窗口。

1. 窗口的结构和作用

　　Word 2003 有两种不同类型的窗口，一种是应用程序窗口，它就是 Word 2003 本身；另一种是文档窗口，字符和图片等素材将要在这里被加工。当文档窗口最大化时，与应用程序窗口融合于一体。窗口的结构及主要部件的特性和作用如图 4-1 所示。

2. 窗口操作

　　（1）新建与排列窗口。新建窗口实质是复制文档窗口，目的是在两个窗口中显示同一文档的不同部位，为编排文档提供便利。如果原窗口的名字是"文档 4"，新建的窗口将被自动命名为"文档 4:2"，并且原窗口名字自动变成"文档 4:1"。"全部重排"命令可以把当前打开的文档窗口都平铺在 Word 2003 的窗口中，以便在多窗口之间交换数据。

　　（2）拆分窗口。选择"窗口"/"拆分"命令，可以把当前窗口分隔为上下两部分。窗口被拆分后，每个子窗口都具有属于自己的滚动条和标尺。另外，利用鼠标拖曳分割条，还可以重新划分窗口拆分的比例。这种窗口结构非常便于编排长文档中相距较远的两部分内容，操作时，可以参照一部分内容编排另一部分内容。

　　（3）多窗口的切换。在 Word 2003 的工作区中，虽然可以同时打开多个文档窗口，但只有一个窗口中的文档内容可以被编排，这个窗口被称做当前窗口，唯独它的标题条是深色的。可以使用 Alt+Tab 组合键或利用"窗口"菜单来切换窗口。

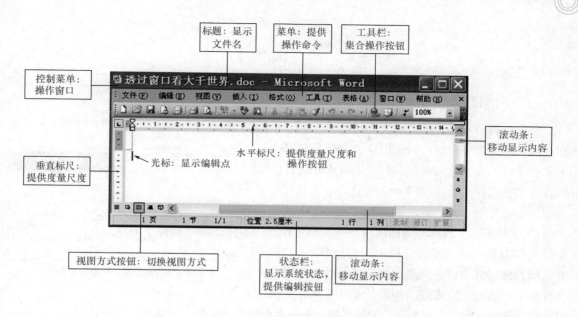

图 4-1　Word 2003 窗口组成结构及功能

3. Word 2003 的视图模式

Word 2003 的文档窗口有多种显示模式，也叫视图模式。应该根据需要随时更换适宜的视图模式，才能为文档编排工作创造一个得心应手的操作环境。常见的视图模式有以下 6 种。

（1）普通视图。在输入大量的文字信息时，经常采用这种视图模式。

（2）Web 版式视图。设置页面背景或编辑主页文档时将自动切换到该模式。

（3）页面视图。该视图真实地显示所有信息，其显示效果与打印效果完全一样。

（4）阅读版式。阅读版式能够增加可读性，可以方便地增大或减小文本字符的尺寸。

（5）大纲视图。该视图能快速改变各级标题的级别及位置，使标题层次分明，适合编排长文档。

（6）全屏模式。该视图隐藏所有的窗口部件，只剩下文档内容，同时提供"关闭全屏显示"按钮。

除了利用"视图"菜单之外，单击各种视图模式的按钮也可以改变窗口的视图模式。这些按钮被安放在窗口的左下角，从左向右分别是：普通视图 📄、Web 版式视图 📄、页面视图 📄、大纲视图 📄 和阅读版式 📄。当鼠标指针在某个按钮上稍加停留，该按钮的名字就会显示出来。

4.1.2　Word 2003 文件操作

Word 2003 文件操作的首要任务是创建新文档，因此，引出一个首要的概念——文档模板。所谓模板，好比冲压汽车外壳的模具，它能够保证用模板"冲压"出来的文档一旦建立，就具备了某些默认的格式。Word 2003 的模板分为两种，一种是系统定义的默认模板，它的英文名字是 Normal.dot；另一种是用户自定义的模板，它的扩展名必须是 .dot，文件名及模板的具体样式由用户决定。

实例 4.2　学习文件基本操作

 情境描述

首先，利用 Office 提供的模板创建一个专门用于传真花卉产品介绍的专业型传真模板，并保存在默认的位置中。然后，利用这个新模板新建一个文档文件，在"电文如下"的下面输入介绍自己产品的文字内容。最后，把文档内容保存在文件"第一季度销售计划 .doc"中，要求文件保存在 D 盘的"传真"文件夹中。模板的版面结构如图 4-2 所示。

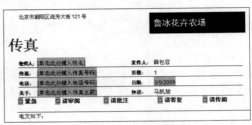

实例分析：由于 Office 提供的模板种类很多，并且模板被划分为许多类型，分别被保存在不同的文件夹中，因此，应该逐句阅读任务的要求，根据

图 4-2　专业型模板的版面结构

目标模板的位置确定自己如下的做题思路：本机上的模板→信函和传真→专业型传真。

 任务操作

① 打开已有模板。选择"文件" / "新建"命令，在"新建文档"窗格中选择"本机上的模板"，在"模板"对话框中选择"信函和传真"选项卡，选择"专业型传真"后，再选择"模板"单选钮，单击"确定"按钮。

② 改写模板内容。在"传真封页"文档中，填写公司的名字"鲁冰花卉农场"，填写公司地址"北京市朝阳区流芳大街 121 号"。然后再填写"发件人"栏目中的有关信息，阅读"批注"的内容后删除这些文字内容，并插入文字"电文如下："。

③ 保存新模板。选择"文件" / "另存为"命令，把文件名修改为"花卉销售"，扩展名不变（.dot），单击"保存"按钮后，新建的模板被保存默认位置中。

④ 用模板建文档。选择"文件" / "新建"命令，在"新建文档"窗格中选择"本机上的模板"，在"模板"对话框中选择"常用"选项卡，再选择新建的"花卉销售"模板。

⑤ 保存文档内容。在新建的文档中填写收件人的基本信息后，单击"常用"工具栏上"保存"按钮，在"另存为"对话框中，利用工具栏上的"新建文件夹"按钮在 D 盘新建一个名字为"传真"的文件夹，并以此作为文件的保存位置，再选择保存类型为".doc"，修改文件名为"第一季度销售计划"。

知识与技能

1. 新建 Word 文档

每当启动 Word 2003，都伴随着一个新文档自动建立。此外，单击"常用"工具栏的"新建空白文档"按钮，不需要用户参与，将自动新建一个以 Normal.dot 为模板的空白文档。如果打开"新建文档"窗格，可以根据需要新建"空白文档"或"网页"等不同类型的文档，还可以选择 Office 提供的模板或选择网上的模板建立一个新文档。

2. 打开与关闭文档

利用"文件"菜单可以打开或关闭文档文件，如果不清楚要打开的文档在磁盘中的位置，可以利用"打开"对话框中的"工具（L）"来查找。另外，当关闭文档时，如果文档内容被修改，系统将自动打开"另存为"对话框，提示用户保存文件。如果被修改的是只读类型的文件，必须更换一个文件名。

 提示 单击"文件"菜单时，在下拉菜单的下部排列着几个文档文件名，它们是最近打开过的文件，只要单击这个文件名就可以快速打开文件。

3. 保存文档

选择"文件"/"保存"命令或是单击"常用"工具栏上的"保存"按钮，都能够保存正在编排的文档文件。如果是第一次存盘，系统将打开"另存为"对话框，这是很典型的人 - 机交互界面。选择"文件"/"另存为"命令，相当于复制了一个名字不同的文件。

4. 设定文档权限 *

为了防止文档内容被无意修改，Word 提供了文件保护措施。在 Word 2003 的"文件"菜单中，增加了"权限"功能，默认是"无限制的访问"。如果设定为"不能分发"，则能够防止敏感文档和电子邮件被未授权人员转发、编辑或复制。用户需要安装"Windows rights management"客户端软件才能具备这种功能。安装了这个软件之后，还可以将文档设定为"限制权限为"某一约束条件。

 课堂训练4.1

利用 Office 提供的"现代型报告"模板建立一个公司的报告模板，然后，利用这个模板新建两个不同内容的报告，并分别用不同的文件名保存在 D 盘的"公司报告"文件夹中。

4.1.3 插入、选定与编辑字符

在 Word 2003 文档中编辑字符有 3 步曲，那就是插入、选定和编辑。如果具体一些，可以用"插、选、删、改、移、拷" 6 个字来概括，其本质是让字符发生数量方面的变化。

实例 4.3 插入字符、选定字符和编辑字符

 情境描述

首先从"普通文本"字符集中插入图形化字符"◣◢■●"；然后参考如图 4-3 所示的 4 个操作步骤，采用不同的选定字符的方法，并综合运用插入、删除、修改、移动、复制等编辑字符的技术进行操作；最后，用字符组合成一幅空中楼阁的图画。

 任务操作

① 插入 4 个图形化符号"◣◢■●"，利用复制和粘贴的快捷键方式复制字符，形成由 4 种

符号构成的矩形区域（见图 4-3（a）），作为训练"编辑字符"技巧的素材。

② 利用剪切和粘贴命令移动一些符号"■"的位置，形成如图 4-3（b）的效果。

③ 把 2 个符号"●"移动到第 5 行，再把 2 个符号"●"移动到第 6 行。把剩余的 6 个符号"●"分成两行，并增加它们的间距，如图 4-3（c）所示。

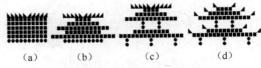

图 4-3　通过编辑字符产生的一幅图画

④ 把符号"◣"和"◢"分别移动到由符号"■"组成的行两端，形成飞檐的效果，如图 4-3（d）所示。

提示

（1）要想增加两个字符之间的间距，最简单的方法是在字符之间插入一些空格。

（2）采用段落居中对齐格式可以提高操作的效率，这部分教学内容将在下一节中学习。需要时，可以单击"格式"工具栏上的"居中"按钮。

（3）移动可以分解为剪切和粘贴两个操作步骤。

 知识与技能

1. 插入字符

在字符的大家族中，既包括中西文文字，也包括符号，还应该包括数字。其中，一类字符可以直接从键盘上输入，另一类必须从符号集中插入。另外，利用"自动图文集"，利用"插入"菜单，或是通过插入"文件"，都能够实现插入字符的目的。

（1）从键盘插入字符。插入字符很容易，但有两项准备工作很重要。首先，应该把光标定位在要插入字符的位置。其次，要确认输入状态是"插入"，以免字符被覆盖。

（2）从符号集插入字符。"符号"对话框包括普通"符号"和"特殊符号"两个选项卡。在"符号"选项卡的"字体"列表框中，有许多符号集，如"宋体"和"symbol"等。在符号集窗口中，双击某个符号，就可以把该符号插入到文档中来。"特殊符号"选项卡中有许多无法从键盘上输入的符号，如商标符号（™）和小节符号（§）等。

（3）自动图文集。可以把自动图文集叫做第二剪贴板，其与剪贴板最根本的区别是，保存到自动图文集中的信息不会随着文件的关闭而丢失。其基本操作有以下 3 项。

① 增添词条。选定文档中的对象，选择"插入"/"自动图文集"/"新建"命令，在打开的对话框中输入新增词条的名字后，单击"确定"按钮。按 Alt+F3 组合键可以快速地把当前选定的对象收集到自动图文集中。

② 删除词条。选择"插入"/"自动图文集"/"自动图文集"命令，在"自动更正"对话框中选择"自动图文集"选项卡，选定被删除词条的名字，再单击"删除"按钮，这个名字以及它所代表的词条就会从自动图文集中消失。

③ 使用词条。首先，在文档中输入词条名字，然后按"F3"键，该词条内容就会被插入到光标之处。如果不是在一段文字的末尾插入词条，必须在词条名字的后面再增加一个空格，作为词条代码的结束符，否则，自动图文集不能正确地识别该词条名字。

（4）插入数字。有时在编排文档时会想要插入一些特殊的数字，如"VIII"、"捌"、"⑧"等。上述字符都是在"数字"对话框中输入一个数字"8"，并且选择了不同的数字类型所产生的结果。

（5）合并 Word 文件。在撰写总结报告时，经常由主编将不同部门的总结串联在一起，经过总体编辑成为一篇文章，这时可以使用"插入"菜单的"文件"命令。允许插入的文件类型都排列在"插入文件"对话框的"文件类型"列表框中。

2. 选定字符

无论要对某个对象实施什么样的操作，首要的任务是选定对象。无论是文字、符号还是图形，被选定后的重要标志将变成反色，背景也变成反色。

（1）利用鼠标选定字符。在选定字符之前，应该先了解鼠标指针的几种变形：当鼠标在字符区域中移动时，其指针始终保持"I"字形，称做插入状态；当鼠标指针移动到页面左侧的空白区（左页边距）时，光标变成向右倾斜的空心的箭头"ⵁ"，称做选定状态；当指针指向窗口部件时，其形状变成向左倾斜的空心箭头"ⵃ"，被称做指向状态。除此之外，鼠标指针还有等待状态、无效状态、复制和移动状态等。用鼠标选定字符的操作如下。

① 单击鼠标。在左页边距区域单击鼠标可以选定一行字符。

② 双击鼠标。在字符区域双击鼠标选定词组；在左页边距区域双击鼠标选定段落。

③ 三击鼠标。在左页边距区域快速单击 3 次鼠标左键，能够选定全文。

④ 拖曳鼠标。指针是插入状态时，拖曳鼠标可以选定任意个字符。

（2）利用键盘选定字符。利用键盘选定字符有两个必要，一是快捷键可以提高选定效率，二是有时必须利用键盘来选定，例如录制宏。下面，介绍几种选择字符的快捷方式。

① 选定任意个字符。在按住 Shift 键的同时按"↑↓←→"键，能够选定任意字符。

② 选定到行首。按 Shift+ Home 组合键，选定从光标处到本行行首的所有字符。

③ 选定到行尾。按 Shift+ End 组合键，选定从光标到本行行尾的所有字符。

（3）鼠标与键盘结合选定字符。如果在单击鼠标的同时，再配合按下某个功能键，还可以扩展选定字符的方法。

① 按住 Ctrl 键的同时单击鼠标，可以选定一个完整的句子。

② 按住 Shift 键的同时单击鼠标，可选定从原光标处到单击处之间所有的字符。

③ 按住 Alt 键拖曳鼠标，可以选定以起始光标和结束光标为对角的矩形区域。

3. 编辑字符

输入和插入大量字符之后，经常通过编辑字符来改变字符的数量和位置。

（1）插入字符。把新字符插在两个字符的中间，使其右侧的字符自动向右侧移动。

（2）删除字符。当键盘上的"NUM"指示灯熄灭时，按 Delete 键删除光标右侧的字符；利用退格键 BackSpace 可以删除光标左侧的字符。

（3）移动字符。剪切和粘贴配合可以移动字符，拖曳鼠标也可以改变字符的位置。

（4）复制字符。移动字符时原来的字符消失，复制字符会增加一个新字符。

4. 字数统计

"字数统计"是"工具"菜单中的一项功能，执行该命令后马上显示一个小对话框。选中对话框中的"脚注和尾注"复选框后，统计的结果将包括文档中的脚注和尾注中的字符数。统计的字数包括页数、字符数、行数等许多信息。其中，"字数"指包括中文、朝鲜文及其他西方文字在内的所有文字的个数；字符数包括所有字符（参考字符的定义）的个数，还特意显示了带空格

和不带空格的字符个数。另外，段落数包括标题数，但不包括空行的数。

5. 修订文档内容*

修订是集中修改文档的过程，利用小巧玲珑的"审阅"工具栏来完成。只要单击工具栏上的"修订"按钮，或选择"工具"/"修订"命令，就意味着对文档的任何一项修改，都会被标记上不同的标记。例如，被删除的字符并不马上从屏幕上消失，而是被染上绿色，并增加删除线。直到单击"接受所选修订"按钮，被删除的字符才真正消失。如果单击"拒绝所选修订"按钮，上面所做的修改完全作废。至于究竟想怎样标记被修改的字符，可以利用"选项"对话框的"修订"选项卡来设置。再次单击"修订"按钮将取消修订功能。

6. 设置超链接*

超链接可以建立 Word 文档与文档内部对象和外部文件的快速而直接的联系，为扩大文档的信息量提供了一种便利的手段。链接源可以是字符、图片或表格的单元格，链接的对象可以是文档内部的任何对象和任何位置，也可以是一切能够打开的文件，包括数据文件和程序文件。除此之外，还可以建立 Word 文档与网页地址和电子邮件地址的链接。

选定链接源后，利用"编辑"菜单或是快捷菜单都可以打开"插入超链接"对话框。通过该对话框，用户可以自由选择被链接的对象，还可以输入一些提示语句，当鼠标指针指向超链接时显示出来，指出被链接对象的名字或位置。

 课堂训练4.2

新建一个文档，参考图 4-4 输入各种字符，包括中文文字、英文字母、数字、图形化符号和常规符号等。最后，把这些字符作为一个词条增添到自动图文集中。完成任务后，把文档内容保存为磁盘文件。

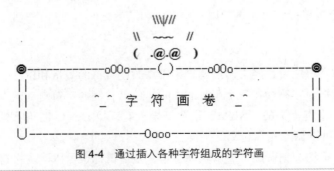

图 4-4 通过插入各种字符组成的字符画

 提示

（1）图画中所有的元素都是字符，包括从键盘输入的字符和从符号集中插入的"◎"和"U"。

（2）键盘输入符号时需要注意全角和半角符号的形状是有区别的。

（3）把字符保存到"自动图文集"时，必须首先选中这些字符，否则"新建"命令无效。

（4）操作中要综合利用编辑技术。

4.1.4 查找、替换及定位字符

"查找和替换"对话框包括"查找"、"替换"和"定位"3个选项卡。下面主要以替换字符为例，说明这类操作的基本方法和解决实际问题的思路。

实例 4.4 通过查找和替换字符实现文档的自动编辑

 情境描述

有一篇从网上下载的文章，文章中有无数个空格和无数个段落（见图 4-5 左图）。要求利用"替换"功能先删除所有的空格，然后再删除大量的段落标记，将文章合并为一个段落（见图 4-5 右图）。

图 4-5 有空格的文章和删除空格后的文章

实例分析：要想一次性地删除文章中成千上万个空格，手工操作显然太笨拙了。"替换"操作的最大优点是一次性完成无数个相同字符的修改工作。要想删除字符，关键是要找到一种相当于数学中"0"的字符，当用这个字符替换某个字符时，就相当于删除了这个字符。在字符大家族中，哪个字符具有"0"的作用呢？

要想让文章合并为一个独立的段落，必须删除维持段落存在的"段落标记"（回车符 ↵）。通过上面的学习，我们知道在"替换为"下拉列表框中放入"空字符"，就可以删除被查找到的任何字符。但是，到哪里去找到可以被放到"查找内容"下拉列表框中的"段落标记"呢？

 任务操作

（1）删除文章中的空格。

① 选择"编辑"/"替换"命令，打开"查找和替换"对话框，切换到"替换"选项卡。

② 在"查找内容"下拉列表框中输入一个空格。

③ 单击"全部替换"按钮，删除所有的空格。

 提示 不要在"替换为"下拉列表框中输入任何字符，因为此时就存在一个非常小的字符，它就是空字符（""）。无论用空字符替换什么字符，这个字符都可以被删除。

（2）参考图 4-6 合并段落。

① 把光标置入"查找内容"下拉列表框中。

② 单击"高级"按钮，展开"替换"选项卡。

③ 单击"特殊字符"按钮，插入"段落标记（P）"。

④ 单击"全部替换"按钮，完成所有"段落标记"的删除，各段落合并为一段。

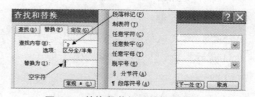

图 4-6 替换段落标记的操作示意图

 知识与技能

1. 字符的概念

字符由文字、字母、符号、数字和特殊字符组成。特殊字符是字符家族的"活跃分子"。许多特殊字符都有实用价值，例如，制表位能够把字符定位在一行的任意位置上；分页符能够把光标右侧的字符都划分到新的一页中。

2. 查找、替换和定位字符

单击"查找"或"替换"选项卡中的"高级"按钮，选项卡就会向下展开，露出许多查找选项，下面重点介绍几个查找条件。

（1）全字匹配。选定"全字匹配"为查找条件之后，如果要查找的是"search"，那么，文档中的"research"将不会被查找出来。

（2）使用通配符。通配符的作用与 DOS 中的概念完全相同。

（3）同音。这是针对英文音标读音设计的查找条件，其目的是查找发音相同的所有字符。例如，如果要查找的字符的音标是"s"，那么，不但所有的字母"s"都能够被找到，而且，"ci"也能够被找到，因为"c"在"i"前面发"s"的音。

（4）区分全、半角。该查找条件主要是针对在中文下输入的字符设计的。例如选中该条件后，如果查找内容是半角字母"Q"，那么，文档中的全角字母"Ｑ"就不会被找到。

（5）"特殊字符"。单击该按钮可以展开一个特殊字符的列表，从中选择一个就可以作为被查找的对象，如查找"段落标记"、"制表位"、"分栏符"等。

（6）"格式"。利用这个按钮，可以把字符的格式特征也作为查找的条件。例如，可以查找到蓝色、楷体、三号的字符等。单击"不限定格式"按钮将取消所有的格式条件。

借助于"替换"功能，如果配套使用"特殊字符"按钮和"格式"按钮，经过巧妙的替换，还可以实现文档自动格式化操作。

利用"定位"选项卡，在"定位目标"列表框中限定要定位的目标类型，如页、节、行或批注等，并输入指定的页号、行号等，就能够快速地把光标定位在文档中任意一页的某一行，还可以定位在某个脚注或尾注之处。

课堂训练4.3

从网上下载了一篇文章，只有一个段落，而且字符显得很密集，不利于阅读。要求先以句号为依据重新划分段落，然后，在每个字符的后面都增加一个空格。

操作要点：在训练题中要求"以句号为依据划分段落"，其实就是用"段落标记"替换句号。但是，如果只是一对一地替换，段落中所有的句号将不复存在。怎样才能既增加段落，又保留了句号呢？请大家认真思考和大胆实验。

另外，在"特殊字符"列表框中，有一个选项能够代表"每个字符"，那就是"任何字符"，可以把它放在"查找内容"下拉列表框中，作为被查找的对象。但是，用什么来替换呢？这个选项也在"特殊字符"列表框中。找到后，不要忘记用"空格"与它搭配使用。

4.1.5　打印文档

打印文档是文字处理工作的最后环节。在初装打印机后，首先要为打印机设置正确的工作参数。在正式打印之前，一般需要预览版面的整体布局，并进行必要的修改。然后再启动打印命令，同时进一步设置打印选项。

1. 页面设置

页面设置工作是在文档编排基本结束之后，在打印工作开始之前进行的一项必要的版面格式化工作，总的目标是让文档的外观美观大方，并且为读者阅读提供必要的方便。

实例 4.5 设置文档的页面尺寸和布局

 情境描述

新建一个文档，参考如图 4-7 所示的题样，在新建的文档中按照下面的要求，通过设置纸张的规格和改变页边距来改变版心的尺寸和位置，同时按要求设置字符数和行数。完成任务后，把文档内容保存到磁盘文件。

实例分析：为了便于纵观页面及版心的整体，有意为题样指定了较小的版心尺寸，一切有关页面设置的概念和操作技术都包含在这个小小的页面之中。在操作时，可以通过观察题样的标尺刻度和版面效果，从抽象的图示中提取出具体的量化要求。在下面的"任务操作"中，要求的各种数据都是笔者通过实验得到的，可以作为参考，也可以通过实验得到。

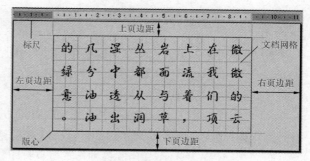

图 4-7 设置版心的操作实例

提示　在调整纸张尺寸和页边距参数的过程中，如果页边距太窄，或是页眉和页脚的高度与它们距离纸张边界的尺寸发生矛盾，系统将提出警告。如果选择警告框中的"调整"，系统将按照最低限度重新配置页边距的尺寸，如果选择"忽略"，将维持用户设定的参数。

 任务操作

① 选择"文件"/"页面设置"命令，打开"页面设置"对话框，选择"纸张"选项卡，调整纸张的宽度为 13 厘米，高度为 6 厘米。

② 切换到"页边距"选项卡中，按照要求调整各个页边距的参数。

③ 参考题样，在空文档中输入文字，设置"华文新魏"字体，小二号字。

④ 切换到"文档网格"选项卡中，选定文字排列方向为"垂直"。

⑤ 在"文档网格"选项卡中，设置每行中的字符数是 7，每页中的行数是 15，字符跨度是 18.2 磅，行跨度是 16 磅，其目标是使文字尽量落在网格"+"字的中心处。

 知识与技能

在排版时，通常把一页纸划分成两部分，正文区域叫版心，正文的四周和纸张边界之间的距离叫页边距。设置版心包括设置纸张大小、页边距尺寸和确定版心在页面中的位置。

（1）版心。页面由版心和页边距组成。版心宽度等于纸张宽度减去左、右页边距，版心高度等于纸张高度减去上、下页边距。可见，版心只能由纸张和页边距的尺寸决定。

（2）页边距。系统规定，上下页边距的尺寸范围都是 -55.87cm ～ +55.87cm。左右页边距的尺寸范围都是 0cm ～ +55.87cm。

（3）版面格式。在"页面设置"对话框中有 4 个选项卡，其中，在"版式"选项卡中可以设置页面垂直对齐方式，各种对齐方式的效果可通过联想段落的对齐格式来理解。

（4）调整文档网格和文字方向。利用"页面设置"对话框中的"文档网格"选项卡可以调节页面网格线的格距，这些网格线的作用与作文方格纸相似，但只能看而不能被打印出来。另外，利用该选项卡还可以设置版面文字横向排列或竖向排列。

2. 设置打印机参数

因为打印机硬件设置因机型而异，所以这里只是概括地介绍通过软件操作设置打印机参数的共性问题。

（1）添加打印机。首先将打印机连接到计算机上，然后，在"控制面板"窗口中打开"打印机和传真"窗口，单击"添加打印机"选项，开始安装过程。最后，还可以单击"设为默认打印机"按钮，把刚连接的打印机设定为默认打印机。

（2）设置打印选项。打印选项用来设定打印的方式和效果，在"打印"对话框中单击"选项"按钮，或选择"工具"/"选项"命令，都可以切换到"打印"选项卡。下面介绍常用的选项及其效果。

① 草稿输出：不打印文档的各种格式，只打印基本文字内容。

② 逆页序打印：按页码从大到小的顺序打印，这样可以避免纸张页号颠倒。

③ 更新域：打印文档时更新页码、题注、标题编号等域的内容。

④ 后台打印：在打印稿件的同时，计算机还可以在前台做其他工作。

⑤ 图形对象：如果取消该选项，文档中的图形对象将不能被打印出来。

⑥ 隐藏文字：打印文档中的隐藏内容，如段落标记符、书签、分页等。

⑦ 文档属性：打印的附属信息，如摘要信息、统计信息等。

3. 打印预览

打印预览视图模式的特点是模拟逼真，纵观全局，范围可调，尺寸可变。但是，在"打印预览"窗口中显示的文档内容只供查看，不能编辑。下面，按顺序介绍"打印预览"工具栏上各个按钮的功能，如图 4-8 所示。

① 打印：单击该按钮，可以直接进入打印过程。

② 放大镜：如果选定该功能，鼠标指针将变成放大

图 4-8 打印预览窗口工具栏的结构

镜形状。用这种光标单击某一页，该页就会被放大到正常的尺寸，再单击一次，又恢复缩小的预览页面。

③ 单页显示：单击该按钮，只显示光标所在页的内容。

④ 多页显示：可以随意选择显示的页数及页面排列方式。

⑤ 显示比例：单击该列表框，可以选择各种显示比例。如果选中"页宽"，系统将自动调整比例，以便保证页面在横向的完整性。如果选中"整页"，系统将自动计算显示比例，保证最大限度地显示当前页的全部内容。

⑥ 查看标尺：单击该按钮，可以安放水平标尺和垂直标尺，利用标尺修改版心。

⑦ 缩小字体填充：在略微超过一页的前提下，可以把文档的全部内容缩在一页中。

⑧ 全屏显示：除了"打印预览"工具栏之外，窗口中只显示文档内容。

⑨ 关闭预览：单击"关闭"按钮，可以脱离打印预览模式，返回到文档编排状态。

4. 打印文档

经过一系列的准备工作之后，就可以进入打印文档的实际操作了。这项工作包括如下几个具体的操作步骤。

（1）启动打印作业。常用的方法是选择"文件"/"打印"命令，打开"打印"对话框，利用该对话框，可以对打印过程提出一些具体的要求。

（2）操作"打印"对话框。"打印"对话框提供如下参数供用户选择。

① 打印机。如果在一台计算机上曾经安装过两台以上的打印机，并且它们的驱动程序仍然保留着，那么在"名称"列表框中将显示多台打印机的名称，供用户选择。

② 页面范围。可选的文档打印范围包括全部、当前页、选定内容和页码范围。例如要打印第 2 页、第 5 页及第 8 页到第 12 页，应该在"页码范围"框中输入"2，5，8-12"。

③ 打印内容。利用"打印内容"列表框可以选择文档、文档属性以及样式等进行打印。

④ 打印（页面）。可以只打印奇数页或偶数页，默认情况下，奇偶页都打印。

⑤ （打印）份数。一次性完成打印的稿件份数，例如，可以同时打印出 3 份稿件。

⑥ 逐份打印。在打印多份的情况下，选中该选项，将按照先打印第一份文件，再打印第二份的顺序打印；否则，先把第一页都打印完，再把第二页都打印完，依次类推。

⑦ 缩放。在"每页的版数"列表框中，可以选择 1，2，4，6，8，16 中的一个数作为在一页纸中打印的版面数。利用"按纸张大小缩放"列表框可以将当前版面中的文档内容排满在一页纸张中，这种纸张的类型可以从列表框中选择。

⑧ "属性"按钮。单击该按钮打开对话框，其中以"页面"选项卡最常用，在该选项卡中可以设置纸张大小和文字输出的方向，例如纵向和横向。

（3）管理打印作业。如果同时执行了多个打印任务，打印作业就会在窗口中按照先后顺序排队等待打印。在打印管理窗口中，利用"文档"菜单可以暂停打印或取消某一个打印作业。利用"打印机"菜单还可以清除所有的打印文档，或设置打印机的共享特性。

4.2 设置文档格式

◎ 设置字符格式，包括字体格式、特殊格式、字符间距和字符效果等

◎ 设置段落格式，如段落基本格式、项目符号、制表位、边框和底纹等

◎ 设置页面格式，如分栏、页眉和页脚、背景、边框和底纹、样式等

Word 2003 作为文字处理软件中的精品，除了囊括应有尽有的专业功能之外，还为人们提供了丰富的文化和艺术资源。设置文档的格式就是将艺术与文字完美结合的过程。

4.2.1　设置字符格式

字符有许多种格式，如字体格式、缩放和间距格式，以及特殊效果等。这些格式的显示效果和实现方法不尽相同。

1.　字符的字体格式

字符的字体格式有许多基本概念，其中有关对话框的结构组成与操作要点是操作各种软件的基础。

实例 4.6　设置字符的字体格式

 情境描述

有一个字符串，其内容为"TI ♦♣ ♦☪ ☏☎☐"，利用"字体"对话框设置它们的字体、字形、字号、颜色和下画线格式，使其达到如图 4-9 所示的效果。完成任务后把文档内容保存到文件。

实例分析：针对由字符组成的图画，首先应该知道没有经过格式化的"裸"字符是什么，然后应该知道各自需要被设置为什么样的格式。从图中可以看出，除了头两个字符是英文字母"T"和"I"之外，其他都需要到符号集中获取图形化字符。

（彩云和黑体）　　（黑色和蓝色）　　（斜体和常规）　　（60 号和 30 号）　　（波浪线）

图 4-9　设置字体格式对字符产生的效果

 任务操作

首先，输入被加工的各种符号，包括"T"、"I"和从"符号"选项卡的"Webdings"字体集中插入的图形化符号。然后，利用"字体"选项卡设置字符格式。

① 设置字体。首先选定"T"，单击"格式"工具栏的"字体"列表框，在列表中选择"华文彩云"字体。按照同样的方法，设置"I"字为"黑体"。

 提示　　在"字体"选项卡中，英文字符并没有彩云体，"中文字体"列表框中虽然有彩云体，但对于英文字符不产生作用。如果首先在"英文字体"列表框中选择"使用中文字体"，再选择"中文字体"列表框中的"彩云体"，就可以间接地把英文字符设置成"彩云体"了。

② 设置颜色。首先选定"♣"，再单击 "颜色"列表框，从列表中选择"蓝色"。

③ 设置字形。选定第 5 个字符"♦"，单击"字形"列表框中的"倾斜"，将字符设置成斜体。另外，也可以单击"格式"工具栏上的"倾斜"按钮来设置字符的斜体格式。

④ 设置字号。为了实现题样中字符的尺寸要求，可以先把所有的字符都设置为 80 号，再单独把符号"🚗"（小汽车）设置为 40 号。

字符的尺寸有两种表示法，一种是用"一、二、三……"等数字表示字号的大小，如一号字、小五号字等。另一种用阿拉伯数字表示，如字号 20, 48, 1 200 等，后一种表示法的数字越大，字符的尺寸也越大，而前者则恰恰相反，最大可以把字符设置成 1 638 号字。在文档中输入几个文字，分别用两种方法设置字符的字号，通过实验总结出"一号"字与多少磅相对应，"五号"字呢？

⑤ 设置下画线。打开"字体"对话框的"字体"选项卡，为"轮船"符号设置"波浪线"下画线。

知识与技能

（1）"字体"对话框。复合型对话框把许多单一型对话框"夹"在一起，形成选项卡。单击某个选项卡，该选项卡的标题条就会变成蓝色，成为当前选项卡。在"字体"对话框中，包括"字体"、"字符间距"和"动态效果" 3 个选项卡。其中，"字体"选项卡最有代表性。

（2）"格式刷"的概念。"格式"工具栏上的"格式刷"按钮 是一种快速复制格式的好工具。当非常欣赏某些字符的某种格式，但又弄不清具体是什么格式时，格式刷的作用就显得非常必要。当一次性使用时，先选定有格式的字符，再单击"格式刷"按钮采集格式，最后用格式刷去"刷"目标字符。如果双击"格式刷"按钮，可以多次使用"小刷子"复制格式，直到再次单击鼠标卸掉格式刷为止。

2. 字符的特殊格式

设置字符的特殊格式是编排特殊标题、特殊段落和特殊版面的需要，可以使字符效果更新颖、主题更突出、风格更活泼。设置字符特殊格式的途径有两个，一个是利用"格式"菜单的"中文版式"命令集，另一个是利用"其他格式"工具栏。

实例 4.7　设置字符的几种特殊格式

情境描述

新建一个文档，参考如图 4-10 所示的题样，分别为指定字符设置合并字符、带圈字符、着重符、边框和底纹等特殊格式。完成操作后，把文档内容保存到磁盘文件中。

图 4-10　设置字符的多种特殊格式的题样

任务操作

① 合并字符。选定"书画"二字，单击"其他格式"工具栏上的"组合字符"按钮，接受对话框的默认设置，单击"确定"按钮。

② 设置着重符。选定"展览"二字，单击"其他格式"工具栏上的"着重符"按钮，字符被添加着重符，如果再单击该按钮，着重符将被取消。

最多只能组合6个字符，多的自动舍弃。组合两个字符时会产生错位；组合4个或6个字符时上下对齐；组合3个字符时，上面2个，下面1个；组合5个字符时，上面2个，下面3个。可以因势利导，选择使用。

③ 字符加圈。选定"敬"字，单击"其他格式"工具栏上的"带圈字符"按钮，在对话框中，选中"增大圈号"样式，再选中"菱形"圈号，如图4-11所示。按照同样方法，分别为其他3个汉字增加菱形的圈号。

④ 字符加边框。选定"地址"，单击"格式"工具栏上的"字符边框"按钮，就会在选定字符的外面增加矩形边框，如果再次单击该按钮，就会取消边框。按照相同方法，为"时间"二字增加边框。

图4-11 设置带圈字符的示意图

⑤ 字符加底纹。选定"长城展览馆……"，单击"格式"工具栏上的"字符底纹"按钮，就会为选定的字符增加灰色底纹，如果再次单击该按钮，就会取消底纹。

 知识与技能

（1）合并字符。合并字符的含义是在一行范围内排列两排字符，并基本保持原字符的格式，这个合并字符在整个文档中还是充当一个字符的角色。换句话说，可以像处理常规的字符一样，对合并字符进行各种编辑和格式化操作。

（2）纵横混排。纵横混排可以使一列中的文字，有的横向排列，有的纵向排列。这种文字混合排列的形式适合在牌匾和会标中使用。但是，必须在一个页面中才能实现这种效果，用文本框也可以实现。

（3）拼音指南。拼音指南原意是在汉字上面标注拼音，后来扩展为让两行文字排列在一行中，并具备行的特征。这种格式比"合并字符"优越，因为它可以对任意个数的字符进行操作，并且还可以灵活地调整上行字符的位置和对齐方式。

（4）双行合一。选定两个以上字符后，选择"格式"/"中文版式"/"双行合一"命令。在打开的对话框中，单击"确定"按钮，就可以将选定的字符分为上、下两行。如果选择"带括号"复选框，"括号类型"列表框将被激活，从中可以选择圆形、方形、尖形及花括号，将重新组合后的两行字符包括起来。双行合一后的字符将保留原字符的基本格式。

将一行中的字符变成两排并形成一个字符的方法很多，包括"拼音指南"、"双行合一"和"组合字符"等，但各有特色，也各有约束条件，在具体使用时，应该灵活运用，区别对待。

（5）带圈字符。在"带圈字符"对话框的"样式"选择框中有3个选项，"无"的作用就是取消字符的圈；"缩小文字"是为了让字符缩小，以便钻进圆圈之中；"增大圆圈"是为了让圆圈扩大，以便将文字全部圈在里面。

（6）字符边框。使用"格式"工具栏上的"字符边框"按钮可以给几个字符设置边框线。在稍后的章节中，我们将要学习为整个段落设置边框和底纹格式。

（7）字符底纹。利用"格式"工具栏和利用"其他格式"工具栏设置字符底纹的差别是，前者只能设置灰色的底纹，而"突出显示"按钮可以为字符设置15种颜色的底纹，颜色的选择需要借助于该按钮右侧的下拉按钮"▾"来实现。

3. 设置字符的间距

字符间距是容易被忽视的字符格式，实际上，它对字符的修饰作用很强。字符的间距格式包括水平间距、垂直位置和字符缩放，是字符许多基本格式和特殊格式的基础。

实例4.8 通过设置字符的缩放和间距格式创作字符画

 情境描述

在文档中插入"▲ ⚐ ⚐ ⚐ ⚐"5个字符后，通过设置字符的字号和颜色，并改变插入的普通字符的缩放比例和相对间距（水平和垂直间距），产生如图4-12所示的效果。

 任务操作

① 缩放字符。在"Wingdings 3"符号集中找到一个直角三角形"▲"并双击，插入该符号。接着插入4个滑雪人符号"⚐"。然后，在"字符间距"选项卡中，把三角形缩放600%并放大字号到72磅，形成一个约9.5cm长的滑雪场，设置4个滑雪人的字号为初号。

② 加宽间距。选定4个滑雪人，在"字体"对话框的"字符间距"选项卡中，设置这些字符的间距加宽20磅，这样，就可以使4个滑雪人的间距加大。

③ 紧缩间距。选定三角形，在"字符间距"选项卡中设置该字符的间距紧缩250磅，这样，就可以使4个滑雪人都向三角形的左侧靠拢，如图4-13所示。

 在操作中应该注意，一旦字符之间的间距被紧缩之后，有时利用拖曳鼠标来选定字符比较困难，这时，可以按住Shift键，再按左、右光标移动键来选定字符，用心中的计数来判断光标的当前位置。

图4-12 滑雪图

图4-13 紧缩字符间距示意图

④ 提升位置。选定左侧第一人，设置该字符的垂直位置提升35磅，使他的雪橇与雪面相吻合。利用同样的方法，针对第二、第三人，分别使他们的位置提升23磅和12磅。

 知识与技能

图4-14所示为通过设置缩放、字符间距、提升和降低格式后，字符在形状和位置方面所发生的各种变化。在图中，"胖"字缩放300%，"瘦"字缩放50%，"沉"字降低10磅，"浮"字提升10磅，"沉"字与"浮"字的间距是15磅。

（1）缩放字符。所谓缩放，并不是字符整体都得到缩小或放大，只有宽度按照被设置的比例发生变化，而高度丝毫不变。一般情况下，150%的缩放比例被采用的比较多，如果缩放比例太小，字迹不清；比例太大，则不够严肃。

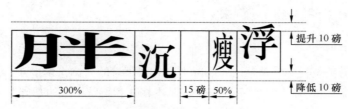

图 4-14　字符设置缩放和间距格式的效果

（2）字符水平间距。两个字符之间的水平间距是指从左字符的左边界到右字符的左边界之间的距离。改变两个字符的间距时只需要选定左侧的字符。

　打开"字体"对话框的"字符间距"选项卡，使用"间距"下拉列表框紧缩字母"O"和符号"|"之间的水平间距为 5 磅，并将符号"|"的位置提升 1 磅，看一看组成了什么符号？

（3）字符的垂直位置。以字符所在行的基线为准，字符的底边界线与基线重合时，字符的垂直位置为 0；底边界线在基线之上时，该字符被提升了；底边界线在基线的下面时，该字符被降低了。

课堂训练4.4

教师给学生准备了 4 个字符"人、👤、👤、十"，请参考如图 4-15 所示的题样，通过设置字符的字体格式和间距格式（包括字符缩放、水平间距和垂直位置），用这些字符组合成 3 幅图。其中，第一幅图是"个"字，中间的是残疾人，最后一幅图是"伞"字。整个创意过程体现了人与人之间的互助互爱精神。两字符紧缩时的操作要点如图 4-16 所示。

图 4-15　公益宣传画

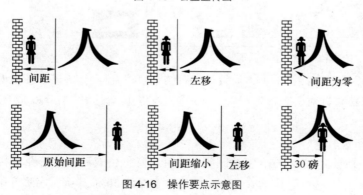

图 4-16　操作要点示意图

　从图 4-16 中可以发现一个规律，组合"个"字时，如果"👤"在左，"人"在右，则两字符不能充分地紧缩（见图 4-16 上排图），故应将"人"置左再紧缩。

4. 字符的显示效果

在"字体"对话框中有一个区域是专门用来设置字符显示效果的，这些字符格式在编写数学公式、文件批复、标题修饰及填写特殊表格时经常出现。

（1）阴影。当10点多钟的太阳照射在大树上时，在大树的侧面和下面将产生阴影，这种现象与字符的阴影效果十分相似。

（2）阳文。当一个地球仪放在灯光下时，会看见其朝向灯光的左、上侧是亮光，背向灯光的右、下侧是暗光，这就是阳文的概念。

（3）阴文。如果位于右侧的蜡烛比左侧的笔筒低，就会看见笔筒的右、下侧是亮光，左、上侧是暗光，这就是阴文的概念。阳文和阴文的效果在石刻作品中经常见到。

注意 如果字符被设置了空心字，就不能同时再被设置阴影、阳文和阴文格式。

（4）空心。当字符的内部被挖空，只保留了字符笔画最外层的边线，并且笔画的内部以字符背景的颜色来填充时，给人以空心字的感觉。

5. 文字的动态效果

Word 2003 的文字动态效果主要体现在字符边框线的流动和背景的闪烁上，或是在字符的表面上出现了一些运动的小点。这些动态效果不会被打印出来。

设置字符动态效果的方法比较简单，首先应该选定字符，例如选定了"红河流水载时光"几个文字，然后打开"字体"对话框的"文字效果"选项卡，选择"赤水情深"效果后，对话框自动关闭，同时在被选定字符的四周出现了流动的红色边框线。

4.2.2　设置段落格式

字符是文章的基本元素，字符组成行，行组成段，段组成页，页组成文。设置段落的目的在于使文章更加层次分明，版面清晰，对文章起到美化外表、突出内涵的作用。

1. 段落的基本格式

每当按一次回车键，文章就会另起一行，同时，在其前一行的末尾会自动增加一个段落标记，一个段落也就产生了。段落的缩进、间距和对齐格式是段落的基本格式。

实例4.9　通过设置段落的基本格式创作字符画

情境描述

新建一个文档，通过设置段落缩进、段落间距、行间距及段落对齐格式，由图4-17（a）所示的9行符号组合成如图4-17（e）所示的图画。完成任务后，把文档内容保存到磁盘文件。

实例分析：在分析题样时，首先应该把如图4-17（a）所示的整个画面当做一个文档的页面来对待，然后通过观察和图4-17（d）对比确定各段的缩进格式、对齐格式、行间距、段前和段后间距。

任务操作

首先在空白文档中插入9行字符"■"，如图4-17（a）所示，然后按照下面的步骤操作，通过设置不同的段落格式，用基本字符素材组合成如图 4-17（e）所示的字符图画。

① 选定所有的段落后，单击"格式"工具栏上的"居中"按钮，各个段落都产生如图 4-17（b）所示的居中对齐效果。

② 同时选定前 4 段，打开"段落"对话框的"缩进和间距"选项卡，在"行距"列表框中选择"固定值"方式，并在"设置值"框中输入 8 磅，减小这 4 个段落之间的距离，如图 4-17（c）所示。

③ 同时选定第 5，6，7 段，首先使段落的左、右都缩进 6 厘米，然后，再单击"格式"工具栏上的"分散对齐"按钮，使段落中的字符在行宽范围内均匀分散，如图 4-17（d）所示。

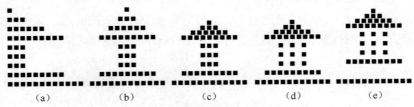

(a)　　　　　(b)　　　　　(c)　　　　　(d)　　　　　(e)

图 4-17　设置段落格式的题样

 注意　　　在设置"固定值"的行间距时，如果过度减小行之间的距离，可能使字符被削下"脚"或被砍掉"头"。字号越大时，越应该注意。

④ 选定最后一段，在"段前"框中输入 12 磅，只有第 8 段和第 9 段之间的距离增加了。

知识与技能

（1）段落缩进格式。根据缩进的方式不同，段落有 4 种常用的缩进格式：左缩进、右缩进、首行缩进和悬挂缩进。也可以为一个段落综合设置两种以上的段落格式。

（2）行间距和段间距。行间距有 3 种定义标准，一种是以单倍行间距为基数，根据倍数决定间距；另一种是最小值标准，其行间距等于本行中最大的文字或图形的尺寸，再加上人为设置的磅值；还有一种是固定值，在这种格式中，Word 2003 不进行自动调整。

（3）段落对齐格式。当一行中的字符还没有排满该行时，这些字符可以左对齐、右对齐、居中对齐、分散对齐或两端对齐。"两端对齐"是指，如果一行中的非中文字符串超出右边界，该单词将被移到下一行，上一行剩下的字符将在本行内以均匀的间距排列，产生"两端对齐"的效果。

2．项目符号和编号

项目符号与编号格式也属于段落格式，适合制作包括多层次内容的文档。通过设置项目符号或编号可以使文档内容清晰，层次分明。

实例 4.10　为文档中的段落设置项目符号

情境描述

新建一个文档，参考如图 4-18 所示的题样，设置具有 3 个等级的项目符号文档，各级项目缩进的尺度可以根据需要来决定。完成任务后，把文档内容保存到磁盘文件。

任务操作

① 设置一级项目符号。首先，利用"格式"菜单打开"项目符号和编号"对话框，任意选择一种样式，再单击"自定义"按钮，在"自定义项目符号列表"对话框中，单击"字符"按钮，在"Wingdings"符号集中选择符号"☎"作为一级项目符号，如图4-19所示。单击"字体"按钮，设置该项目符号的字号为二号，蓝色。确认后，光标所在的段落就会被设置了这种项目符号格式，接着就可以输入"国际互联网 Internet……"等文字了。

图4-18 具有3个层次的项目符号文档

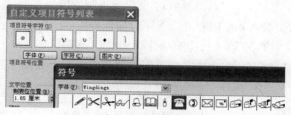
图4-19 设置项目符号示意图

② 设置第二级项目符号。仿照设置一级项目符号的方法，首先选择 "▯"作为二级项目的符号，并设置它的字号为小三号，颜色为蓝色。然后，输入相应的段落文字内容。

③ 设置第三级项目符号。依据相同的方法，设置第三级项目的符号为"▯"，字号为五号，颜色为蓝色。然后输入段落文字"远程教育网校……"，按回车键后产生一个新的段落，该段落继承了前一段落的项目符号格式，接着再输入"职业教育网为培养……"。

知识与技能

（1）项目符号是一种特殊的段落缩进格式，实质是段落的缩进格式与符号、制表位的恰当结合。项目符号有继承性，按回车键后，下一段落将继承上一段落的项目符号格式，如果要中止上段的项目符号格式，可以在"项目符号和编号"选项卡中单击"无"选项。

（2）设置段落编号时，只要单击"格式"工具栏上的"编号"按钮，并配合使用"减少缩进量"和"增加缩进量"两个按钮，就可以方便地完成任务。

3. 制表位及使用

表格是由表元素和表格线组成的。应用制表位，可以使表的内容不用格线来分割，而是依靠相互之间的固定的间距和规则的纵横定位来形成表的特征。例如，被表彰的人员名单、货物清单和出席会议的人员名单等都经常利用制表位来制作。

实例 4.11 运用制表位制作"调查表"

情境描述

参考如图4-20所示的题样，通过设置制表位的不同格式制作一个用户调查表，了解学生对《计算机应用基础》的评价、要求，对教材价格的承担能力，以及学生使用计算机做什么。各个数据究竟应用了制表位的哪些要素，可以通过观察标尺上的制表位符号来判断。

实例分析：从横向来看，调查表的主体内容由3部分组成，包括左半部的两项调查主题"教材的作用"和"修改方案";中间的竖线由各行在相同位置（6cm）的竖线对齐制表位组成;右半部也有两项调查内容,分别是"教材价格"和"使用计算机做什么"。从纵向来看,调查表有 8 行,除去第 1 行标题是段落居中格式之外,其他 7 行都应用了制表位的不同格式。

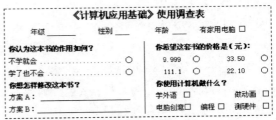

图 4-20　调查表

任务操作

① 第 1 行是标题行,不必设置制表位格式,只要输入标题内容并设置字符格式即可。

② 在第 2 行中有 3 个下画线,分别位于 3cm、5.5cm 和 8cm 处,只要设置这 3 个制表位的前导符为"实线型"就可以出现下画线了,如图 4-21 所示。

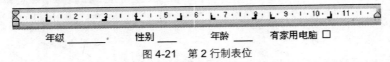

图 4-21　第 2 行制表位

③ 按回车键产生第 3 行,必须删除所有无用的制表位,以免干扰正常地建立新制表位。第 3 行有两个制表位,一个是位于中线处的竖线对齐方式制表位,另一个是左对齐制表位,用来定位"你希望这套书的价格是（元）"。

④ 第 4 行有 5 个制表位,左半部只需要一个有虚线型前导符的右对齐制表位来定位符号"○";在 6cm 处建立竖线对齐制表位;右半部是两段价格信息,数字部分采用小数点对齐,两个圆圈都采用右对齐,如图 4-22 所示。

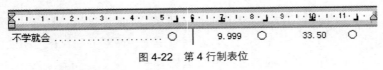

图 4-22　第 4 行制表位

⑤ 第 5 行的制表位与第 4 行完全相同。

⑥ 第 6 行的制表位与第 3 行完全相同。

⑦ 第 7 行的左半部只有一个右对齐制表位,改变它的位置可以控制"实线型"前导符的长度;右半部有两个复选框,一个是用计算机来"学外语",另一个是"做动画",各自都需要一对制表位来定位,如图 4-23 所示。

⑧ 第 8 行的左半部与第 7 行完全相同,只是在右半部中增加了一个"编程"调查项。

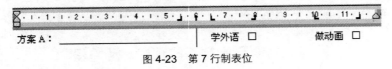

图 4-23　第 7 行制表位

知识与技能

（1）制表位的三要素。制表位有三要素,包括制表位位置、制表位对齐方式和制表位的前导字符。在设置一个新的制表位格式的时候,主要是针对这 3 个要素进行操作。

① 制表位位置。制表位位置用来确定表内容的起始位置,例如,确定制表位的位置为 10.5cm 时,在该制表位处输入的第一个字符是从标尺上的 10.5cm 处开始,然后,按照指定的对

齐方式向右依次排列。

② 对齐方式。如果选择制表位的小数点对齐方式，可以保证输入的数值是以小数点为基准对齐；如果选择竖线对齐方式，在制表位处将显示一条竖线，在此处不能输入任何数据。

③ 前导字符。前导字符是制表位的辅助符号，用来填充制表位前的空白区间。在书籍的目录中，就经常利用前导字符来索引具体的标题位置。

（2）设置制表位的方法。可以通过两种不同的途径来设置制表位，一种是选择"格式"/"制表位"命令，在打开的"制表位"对话框中完成对三要素的设置。在编辑制表位之后，必须单击"设置"按钮才能生效。"全部清除"按钮的功能是清除当前行中所有的制表位。

另一种是利用标尺来设置制表位的位置和对齐方式。在标尺的左侧，有一个不引人注目的小工具，它就是设置制表位对齐方式的制表符。默认状态下的制表符保持左对齐方式██，单击该制表符可以依次改变其形状，包括居中式制表符██、右对齐式制表符██、小数点对齐式制表符██和竖线对齐式制表符██。单击标尺的某刻度值，可以在被击点产生制表符。横向拖曳标尺上的制表位，能够使其位置发生变化；纵向拖曳制表位可以删除制表位。另外，如果在拖曳的同时按住Alt 键，能够用数字显示制表位的精确位置，使移动更精确。

> **说明** 通过观察标尺，不但能够了解在"调查表"的某一行中使用了多少个制表位，而且还了解了它们分别起到不同的作用。

（3）在段落中应用制表位。Word 2003 规定，按一下 Tab 键就可以快速地把光标移动到下一个制表位处，在制表位处输入各种数据的方法与常规段落完全相同。

4. 段落的边框和底纹

"边框和底纹"对话框是设置段落边框和底纹的重要工具。在这个对话框中有 3 个选项卡，其中"页面边框"选项卡的主要功能是设置整个页面的边框线，有关这方面的内容放在后面讨论。下面介绍"边框"和"底纹"选项卡的作用。

（1）边框"预览"按钮。在"边框"选项卡的右侧，有一个预览边框效果的区域，使我们特别感兴趣的是预览区中的 4 个设置边框的按钮，熟悉它们的作用之后，可以为段落设置一种边框线或由它们任意组合而成的边框线。如果针对表格设置边框线，在智能的预览区中还会再增加 4 个边框按钮。这些按钮的形状及功能如表 4-1 所示。

表4-1   预览区中设置边框线的按钮及功能

按钮	设置段落边框功能	按钮	设置表格线的功能
▣	设置上边框线	▭	设置横网格线
▣	设置下边框线	▯	设置竖网格线
▣	设置左边框线	◪	设置表格正斜线
▣	设置右边框线	◩	设置表格反斜线

（2）边框"设置"按钮。在"边框"选项卡中的左侧，有 5 个竖向排列的设置边框线样式的按钮，用来选择预设置的边框线的类型，这 5 种类型是：无、方框、阴影、三维和自定义，如表 4-2 所示。方框可以突出被选定段落的特殊作用；阴影用来美化段落；三维边框使段落具有立体感，但是必

须选择粗细不一的或灰度不同的双线线型；在自定义方式下，可以在选定段落的一侧、两侧、三侧或四周设置不同线型的边框线。

表4-2　　　　　　　　　　　　　边框样式设置按钮及功能

无(图)	方框(图)	阴影(A)	三维(图)	自定义(图)
取消边框	简单方框	带阴影方框	立体方框	不一致的边框

（3）填充颜色调色板。在"底纹"选项卡中，有一个供选择填充颜色用的调色板。在调色板的右侧有一个小型显示框，用来在单击一种颜色时显示颜色的名称。

（4）图案样式列表框。从"底纹"选项卡的"样式"列表框中可以选择各种底纹图案，从"颜色"列表框中可以为图案的线条指定一种颜色。填充色和图案颜色的作用不同，如果把填充色比作一块绿色梯田的底色，那么，梯田中田埂的颜色就代表图案的颜色。如果填充色是蓝色的，横条图案的颜色是白色的，其底纹的整体效果就是"蓝底白条"。

（5）图形边框线。在"边框"和"底纹"选项卡中，都有一个"横线（H）…"按钮，它能够把一些横线形的图形作为边框线引入到段落中，实质就是在一个段落下面，插入一幅简单的长条图片。

课堂训练4.5

参考如图 4-24 所示的题样，先用文字描述自己心中的一个幻想，形成一首诗歌或散文，要求文章的词句充满感情，画面简单而富有含义。然后再充分地发挥想象力，通过设置文字段落的边框和底纹格式，形成一幅图文并茂的作品。

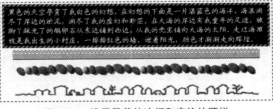

图 4-24　设置段落的边框和底纹的题样

操作要点：在题样中，下半部是由波浪线、鹅卵石图形和小房子组成的图画，衬托出大海及沙滩的景色，上半部是一段对大海和沙滩的抒情散文。怎样为文字段落增加图形化的边框呢？在"边框和底纹"对话框中，有一个"横线"按钮，利用这个按钮能够找到许多可以作为段落边框线的长条图形。

5．改变文字排列的方向

在设置页面格式时，有时需要让常规下横向排列的字符竖立起来，有几种途径能够实现这种要求。单纯的竖向排列可以利用"文档网格"选项卡实现。但是，要想有所选择只能利用"文字方向"对话框。

（1）利用"格式"菜单打开"文字方向"对话框，既能够改变整个页面文字的方向，还能够单独改变选定文字的方向。对话框提供了 5 种排列方式，如图 4-25 所示。需要说明的是，向左横向和向右横向排列的两种方式只适合于改变表格的文字方向。

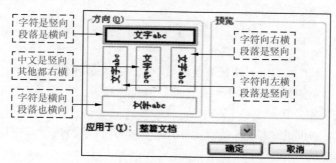

图 4-25　"文字方向"对话框的功能示意图

（2）利用"文档网格"选项卡实现文字竖排。在"页面设置"对话框中，有一个"文档网格"选项卡，在这里可以改变文字的方向为"水平"或"垂直"。需要注意的是，这种途径只能针对整个页面的所有文字来设置，没有其他选择的余地。

6. 首字下沉

首字下沉本来是 Word 2003 的段落格式，选择"格式"/"首字下沉"命令，就会使光标所在段落的首字被放大，并且下沉 1 ～ 20 行。但是，文字下沉与文本框密切相关。段落的首字符被套上了一个文本框，利用文本框的"独立性"和"文字环绕特性"，可以改变首字符的格式及位置。如果还要设置首字的边框和底纹格式，完全可以像对待普通文本框一样来处理。有关文本框的内容可以参考后续章节的内容。

4.2.3　设置页面格式

设置字符和段落的格式之后，往往还要对整个版面的格式进行设置。例如，选择合适的纸张尺寸并恰当地设置版心；插入页眉和页脚；把整个版面划分为几个独立的栏。为整个页面添加边框线也属于页面设置范畴。

1. 版面分栏

无论是书写公文还是编排小报，把版面划分成多栏的格式早已司空见惯。版面采用分栏后，能够让整体布局错落有致，多种多样。

实例 4.12　通过分栏制作复杂的会标

 情境描述

在新建文档中，利用分栏的基本性质，并综合运用字符格式和段落格式制作一幅节日晚会的会标，中间一栏中有 3 个节日名称并排显现，效果如图 4-26 所示。

实例分析：根据题目要求和观察题样可以产生做题思路，只有分栏才能把整个文档

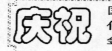

图 4-26　利用分栏制作的会标题样

分为不等宽的 3 栏，才能使每一栏都相当于一个独立的页面。因此，可以针对不同的文字内容，设置不同的字体和段落格式。

 任务操作

① 在一行中输入"庆祝国庆节仲秋节金秋节草原之夜文艺晚会"。

② 在"庆"字的左侧插入一个"连续"型分节符，在"会"字的右侧也插入一个"连续"型分节符，把该行文字划分在一个"节"中。

③ 在"分栏"对话框的"栏数"调整框中输入 3，并且取消选择"栏宽相等"复选框，把一段文字划分成不等宽的 3 栏。

 拖动标尺上的"栏间距"滑块，可以改变栏宽，如果先按住 Alt 键，再拖动标尺上的栏间距滑块，可以在标尺上显示尺寸变化数值，以便更加精确地调整栏宽。

④ 参考题样中的栏宽，在第 1、2、3 栏的"栏宽"调整框中分别输入不同的栏宽值。

⑤ 为了均衡排列各栏，必须恰当地设置各栏文字的尺寸。根据实验可以确定"庆祝"的字号是 50 磅，3 个节日的字号是三号，晚会的字号也是 50 磅，并设置 33% 的缩放比例。

⑥ 把第 2 栏的行间距设置为"最小值"0 磅，以便在一行中容纳 3 个节日的名称。

 在分栏中删除字符一定要小心谨慎，当分节符在段落结尾处且很短时（如"¶⋯"），容易被误删除，要格外小心，以免破坏整个页面的布局。如果要删除看不见的分节符，可以单击"常用"工具栏上的"显示/隐藏编辑标记"按钮，以便能够看见分节符。

 知识与技能

（1）分栏与标尺。分栏后，标尺的状态也发生相应的变化，原来的一个标尺被划分成与分栏相对应的几部分，每两部分之间的深灰色方块就是对应两栏的分界标志。

（2）分节符的概念。分栏先分节是划分复杂栏的原则。两个分节符之间的文本内容就叫做一个独立的"节"，"节"是文档内容的又一个新的区域单位。在不同的"节"中可以任意设置不同的格式，编排出复杂的版面。下面，介绍 4 种常用的分节符。

① "下一页"分节符：设置该分节符后，可以使插入的新节从下一页开始生效。

② "连续"分节符：插入的新节紧接着上一节，不重新开始一个新页。

③ "奇数页"分节符：插入的新节从下一个奇数页开始，不是奇数页则补充一个空页，凑成一个奇数页。

④ "偶数页"分节符：插入的新节从下一个偶数页开始，不是偶数页则补充一个空页，凑成一个偶数页。

（3）栏的参数。分栏时涉及栏数、栏宽和栏间距 3 个参数，它们之间有以下关系。

① 如果各栏等宽并且等间距，版心宽度 = 栏宽 × 栏数 + 间距 ×（栏数 −1）。

② 如果各栏不等宽但间距相等，版心宽度 = 各栏宽之和 + 间距 ×（栏数 −1）。

Word 2003 对分栏参数的上下限做了严格的规定，无论分成多少栏，栏宽的最小值都是 1.27cm。最大值由栏间距决定，当栏间距等于"0"时，此时的栏宽度最大。

（4）不等宽分栏。如果划分的栏宽不相等，应该根据具体的栏数采取不同的措施。

动手做

打开一篇文章，分以下 3 种情况练习分栏。

（1）在"分栏"对话框中预设"偏左"或"偏右"的分栏格式，把页面分成两栏。

（2）单击"分栏"对话框中的"三栏"预选按钮，再取消对话框左下角的"栏宽相等"复选框，分别改变"栏宽"调整框中的数值，把页面分为不等宽的 3 栏。

（3）先在"栏数"调整框中输入 5，然后仿照划分不等宽的 3 栏的操作方法把页面划分成 5 栏。

2. 页眉和页脚

为了版面的美观、大方和协调，通常在上页边距和下页边距中分别插入一些内容，这两个特殊的区域就是"页眉和页脚"。

实例 4.13　通过设置文档的页眉和页脚制作卡片

 情境描述

新建一个文档，参考如图 4-27 所示的题样，在页眉和页脚区域中插入多种信息，在正文中输入文字，制作参加观雪节的入场卷。

 任务操作

① 设置版心。新建一个文档，选择"文件"/"页面设置"命令，将打开的对话框切换到"纸张"选项卡，设置纸张的宽度是 12.5cm，高度是 5cm。切换到"页边距"选项卡，设置上页边距为 1cm，下页边距为 1.5cm，左、右页边距都是 1cm，并设置页眉距离边界 0.8cm，页脚距离边界 0.5cm，计算出版心的尺寸。

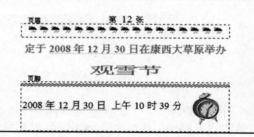

图 4-27　在页眉和页脚中插入字符题样

② 插入分页符。选择"插入"/"分割符"命令，在对话框中选择"分页符"单选钮，并单击"确定"按钮后增添一空页。依照这种方法，使该文档具有 12 页空页。

③ 切换到页眉和页脚视图模式。选择"视图"/"页眉和页脚"命令，进入到页眉和页脚编排状态。双击正文区可以快速切换到常规的正文编排状态。

④ 编排页眉。把光标置入到页眉区，选择"插入"/"符号"命令，在"wingdings"字符集中选择"🐾"符号并双击，插入该符号，连续双击多次或采用复制方法，可以在页眉区插入多个符号。然后再插入居中对齐方式的页码。

⑤ 编排页脚。单击"页眉和页脚"工具栏上的"在页眉和页脚间切换"按钮"⚏"，切换到页脚编辑状态。选择"插入"/"日期和时间"命令，在列表框中选择指定的日期格式并确定。然后，选定页脚中日期所在的段落，在段落的上边增添双波浪线的蓝色边框。最后，插入"alarm clocks"剪贴画，改变其尺寸并拖曳到指定的位置。

⑥ 输入正文文字。利用滚动条或翻页键切换到第 12 页中，输入"定于 2008 年 12 月 30 日在康西大草原举办观雪节"，并适当设置字号。

注意　默认情况下，如果在本页中输入了新的页眉内容，前一页，乃至所有页中的页眉内容都会发生变化。如果恢复了其他页的页眉的内容，本页的内容也会跟着变化。要取消这种情况，一是必须在每页中都插入分节符，以便插入不同的页眉或页脚内容，二是必须恰当地使用"与上一节相同"按钮，切断两页之间藕断丝连的关系。

知识与技能

（1）页眉和页脚的特点。页眉和页脚是一个特殊的 Word 工作区域，在这里可以插入及编辑一切能够在 Word 正文区插入的信息，包括文字、符号、图形与图像，乃至表格。

（2）页眉和页脚的视图模式。进入页眉和页脚视图模式之后，正文部分变成灰色的非编辑状态，而页眉和页脚的内容却呈现深色的可编辑状态。另外，双击页眉和页脚区域，或双击 Word 工作区域，可以快速在二者之间进行切换。

（3）页眉和页脚中的信息。除了采用常规方法插入文字、符号和图片之外，还可以利用"页眉和页脚"工具栏方便地插入自动图文集、页码、页数、时间和日期等信息，并设置必要的格式。

3．设置页面的背景、边框和底纹

设置整个页面边框和底纹的依据及所采用的方法与段落基本相同，明显的差异是对页面的美化将波及整个文档。

实例 4.14　通过设置文档的背景，设置页面的边框格式制作宣传画

情境描述

新建一个文档，参考如图 4-28 所示的题样，通过设置背景，在文档正文区中插入图片。然后，设置页眉和页脚，并设置文字的格式。最后，为页面设置艺术型的边框线，使整个作品突出世界人民和谐进步的思想境界。完成任务后，把文档内容保存到磁盘文件。

实例分析：虽然题样的尺寸很小，但是，它代表一个文档的页面，因此，题样四周的图案可以通过设置页面的艺术型边框来插入。页面中的图片可以通过设置文档的图片型背景来插入。另外，还需要输入页眉和页脚的内容，并设置字体的格式。

图 4-28　具有艺术型边框的页面格式

任务操作

① 设置版心。打开"页面设置"对话框，选择纸张的类型为宽 13cm，高 9cm。设置上、下页边距为 2.5cm，左、右页边距为 1.5cm。

② 插入页眉和页脚。在页眉区输入文字"和谐一家人"，在页脚区输入"同住地球村"，并设置为"楷体"和"黑体"、小二号字，缩放 150%。

③ 设置页面的背景。选择"填充效果"中的"图片"，使"长颈鹿"图片布满页面。

④ 设置页面的边框线。分 3 个环节为页面增加艺术型的边框。首先，打开"页面边框"选项卡，在"艺术型"列表框中选择"地球"作为页面的边框元素，然后，设置艺术型边框线的宽度为 31 磅，最后，单击"选项"按钮，在"页面边框选项"对话框中，选择"文字"作为度量依据，并同时

选中"环绕页眉"和"环绕页脚"两个复选框，如图 4-29 所示。

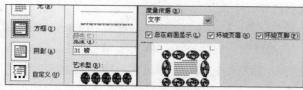

图 4-29　设置页面边框示意图

 知识与技能

（1）设置页面背景。选择"格式"/"背景"命令，在拉出的子菜单中有 5 种可以作为背景的选项，其中，"填充效果"最为复杂，有很大的探索空间。

（2）页面边框。"页面边框"选项卡与"边框"选项卡极其相似，唯一的差别是在"页面边框"选项卡中增加了一个"艺术型"列表框。这里面的边框线样式不是普通的线条，而是色彩缤纷、样式各异的小图形。页面的边框线可以围绕在纸张的最外边，也可以向版心内部缩小。如果取消"总在前面显示"复选框，页眉和页脚的内容就会显示在页眉边框线的前面；否则，将被页面边框线遮挡住。

4．样式及其简单用法*

在学习了字符格式、段落格式和页面格式的基础上，本节将探讨如何把所有的格式集成于一体，以便对 Word 文档实施自动格式化，减少重复性操作。

实例 4.15　在文档中设置与应用样式

 情境描述

新建一个文档，参考如图 4-30 所示的标尺数据新建一个样式，再对样式进行修改，然后把该样式应用到新段落中，并按要求录入文本内容。

实例分析：新建样式的要素包括 4 项，即名称、样式类型、基准样式和后续段落样式。新建样式的格式应该包括 6 项，即段落行间距、制表位、对齐方式、前导字符，剩下的两种格式可以通过修改样式来实现，包括设置中英文字体和字号。

 任务操作

① 确定样式的 4 个要素。选择"格式"/"样式和格式"命令，在打开的对话框中单击"新样式"按钮，在"新建样式"对话框中，输入样式名称为"报价单"，样式类型为"段落"，样式基于"正文"，后续段落样式也是"报价单"，如图 4-31 所示。

图 4-30　设置和应用样式　　　　图 4-31　"新建样式"对话框

② 设置样式的格式。在"新建样式"对话框中，设置样式的各种格式。

- 设置段落格式。单击"格式"按钮，弹出菜单，选择"段落"命令，在"段落"对话框中，

设置行间距为最小值 24 磅。

　　• 设置制表位格式。选择"格式"/"制表位"命令，在"制表位"对话框中，设置第 1 个制表位的位置为 5.6cm，小数点对齐；第 2 个制表位的位置为 10.4cm，右对齐，采用虚线型前导字符。

　　③ 修改样式。在"修改样式"对话框的"格式"列表框中，选择"字体"选项，设置中文字体为楷体、四号字。选择"边框"选项，设置段落的底纹为 25% 的灰色底纹。

　　④ 应用样式：将光标定位到一空行，单击"格式"工具栏中的"样式"列表框，选择列表框中的"报价单"样式，然后按下面要求输入正文内容。

　　第 1 段："联想电脑（按 Tab 键）9 800.50 元（按 Tab 键）代号 AG102"（回车）。

　　第 2 段："四通电脑（按 Tab 键）8 400.6 元（按 Tab 键）代号 AH210"（回车）。

　　第 3 段："DELL 电脑（按 Tab 键）11 300.45 元（按 Tab 键）代号 WD230"（回车）。

　　第 4 段："COMPAQ 电脑（按 Tab 键）12 500.7 元（按 Tab 键）代号 WE102"（回车）。

　　由于"报价单"样式发挥了作用，使各个段落被自动设置了组合式的格式。

知识与技能

　　（1）样式的基本概念。样式是格式的集合，它包括字体、段落、制表位、边框和底纹、图文框、语言和编号等格式。常见的段落样式有章节标题、正文、正文缩进、大纲缩进、项目符号、目录、题注、页眉 / 页脚、脚注和尾注等。

　　（2）创建和修改样式。在"新建样式"对话框中可以设定一些格式，并赋予一种样式。修改样式的步骤与新建样式基本相同，需要注意的是，设定段落的后续段落样式时，一般要先建立这种后续段落的样式，然后再修改。

　　（3）保存和删除样式。样式建立后，如果关闭文档，系统将提示"是否也保存对文档模板的修改？"，选择"是"，就会把创建的样式保存到文档原来的模板中。在"请选择要应用的样式"列表框中选择要删除的样式，右击鼠标后，在出现的快捷菜单中选择"删除"命令即可删除样式。内置样式可以修改，但不能删除。

　　（4）应用样式。有两条途径可以将样式应用到文本当中，一是利用"格式"工具栏上的"样式"列表框，二是利用"格式"菜单中的"样式和格式"命令。

4.3　表格的创建与修饰

◎ 创建表格，包括利用菜单命令插入表格和利用工具栏画表格

◎ 编辑表格与调整表格的结构

◎ 格式化表格，主要包括设置表格的边框和底纹格式

◎ 表格与文本之间的转换

Word 2003 具有强大的表格处理功能。利用 Word 2003 窗口中的"表格"菜单及"表格和边框"工具栏可以方便地在文档中创建表格、调整表格、格式化表格，以及对表格进行简单的数据处理。本单元内容既是作为文档编排的延伸，又是为将来学习 Excel 2003 做准备。

4.3.1　创建表格

在 Word 2003 文档中可以插入简单的表格，用来记录数据，这可能涉及对表格的编辑和美化，至于更复杂的数据计算功能，可以利用 Excel 来实现。

实例 4.16　在文档中创建表格，并在指定的单元格中输入数据

 情境描述

新建文档，插入一个如图 4-32 所示的 7×21 的表格并输入数据，然后，利用"表格自动套用格式"功能设置表格的格式为"网格 1"。最后，在表格中插入指定的字符。保存插入表格的文档，指定文件名为"insert_table.doc"。

实例分析：由于在要求建立表格的同时，还要求自动为表格套用格式，因此可利用"插入表格"对话框来一步到位。

 任务操作

① 插入表格。选择"表格"/"插入表格"命令，打开"插入表格"对话框，在"列数"框中填写 21，在"行数"框填写 7，在"列宽"框中填写 0.6，单击"确定"按钮。

② 自动套用格式。在"插入表格"对话框中，单击"表格自动套用格式"按钮，打开对话框，在"表格样式"列表框中选择"网格 1"。

图 4-32　要求插入的表格结构及输入的数据

③ 输入数据。把光标置入 A1 单元格，输入"A1"。按 Tab 键将光标移动到 B1 单元格后，输入"B"。按照同样的方法，在第一行中陆续输入 C～U。然后，利用组合键快速把光标移动到 A2 单元格中，输入"2"。光标置入 B2 单元格，从"Webdings"符号集中插入符号"⦿"，并且利用复制和粘贴键，快速在其余单元格中插入该符号。

 知识与技能

1．表格的组成结构

下面结合图 4-33，介绍 Word 2003 表格的基本元素和组成结构。

（1）表格。由横竖对齐的数据和数据周围的边框线组成的特殊文档叫做表格。对于较长的表格，可以设置跨页显示方式。

（2）行和列。表格中横向的所有单元格组成一行，竖向的单元格组成一列。

（3）单元格。表格行和列交叉产生的小方格叫做单元格，单元格是容纳数据的基本单元，可

以形象地把它比做表格的细胞。

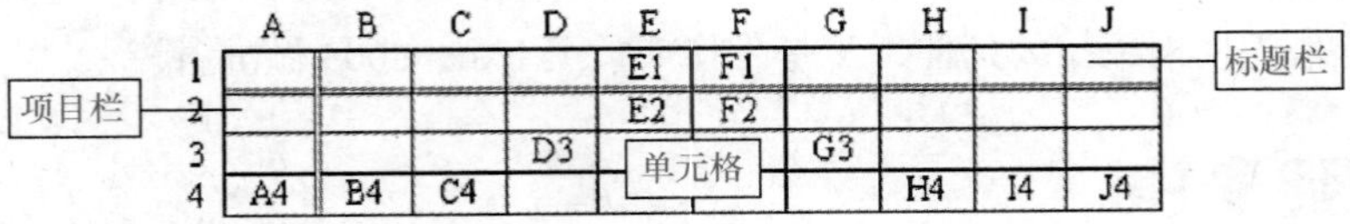

图 4-33   Word 2003 表格结构示意图

（4）单元格名字。行号以 1，2，3，…命名，列号以 A，B，C，…命名。行列交叉点处单元格的列号和行号组成了该单元格的名字。

（5）标题栏和项目栏。位于表格上部，用来输入表格各栏名称的一行文字叫做表格的标题栏；表格左侧的一列文字是表格的项目栏。

> **动手做**   在"插入表格"对话框的"列数"和"行数"框中输入特别大的数字，能够探测出插入表格的最大列数和最大行数，请动手实验一下。这种试探法可以扩展到其他场合，光标将自动移动到该单元格中，用来了解一些对象的极限数值。

2．利用"插入表格"按钮插入表格

利用这个工具插入表格是一种最简单而方便的方法，单击"常用"工具栏上的"插入表格"按钮，在按钮处产生一个下拉模拟表格，光标所到之处与左上角自动形成一个表格区域。感觉表格的尺寸符合要求之后，可以单击鼠标，一个真正的表格就会插入到文档之中。

3．利用"插入表格"对话框插入表格

利用这个工具插入表格有两点改进，一是可以设定表格的列宽，二是在插入表格的同时，可以为表格套用一种固定的格式。在"插入表格"对话框中，有一个"列宽"调整框，其默认数值是"自动"，即表格的列宽取决于文档页面的版心宽度。例如版心宽度是 14.6cm，表格包含 10 列，则插入的表格自动采用 1.46cm 的列宽。

4．利用"表格和边框"工具栏绘制表格

在如图 4-34 所示的工具栏上，有许多按钮的功能与菜单命令相同，但其中也有一部分是工具栏独有的功能，例如"绘制表格"、"擦除"、"线型"、"粗细"、"边框颜色"、"外侧框线"、"底纹颜色"和"自动求和"等。

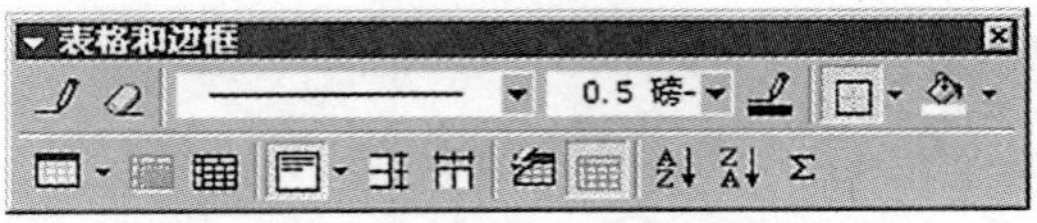

图 4-34   "表格和边框"工具栏的结构

5．在表格中移动光标

下面介绍几种快速在表格中移动光标的方法。按 Tab 键，光标可以移动到下一个单元格；按一下 PgUp 键，光标将移动到当前列最上面的单元格中；按一下 PgDn 键，光标将移动到当前列最下面的单元格中；按 Shift+Tab 组合键，光标可以向左移动一个单元格；按 Alt+Home 组合键，可以使光标直接移动到当前行最左侧的单元格中；按 Alt+End 组合键，光标将移动到当前行最右侧的单元格中。

4.3.2 编辑与调整表格

编辑表格的前提是首先选定要编辑的对象。单击表格左上角的标志符"⊞",可以快速选定整个表格;把光标移动到某行的左页边距区,单击鼠标,可以只选定这一行;如果把光标移动到某列的顶端,当鼠标指针呈现"↓"形状时,单击鼠标就可以只选定这一列。另外,在单元格中三击鼠标可以选定该单元格。

实例 4.17 编辑与调整表格

 情境描述

打开在前面的实例中建立的表格文件"insert_table.doc",参考图 4-35,按照下面的要求编辑及调整文档中的表格。完成任务后,把文档内容保存在"edit_table.doc"中。

实例分析:题目设计的目的是全面实现对表格的编辑操作,但是,如果单凭题样进行操作可能有一定困难,所以,把一些具体的要求融合到"完成任务"操作环节中。完成本题应该严格地按照操作要求进行,能够训练编辑表格的各种基本功和技巧。

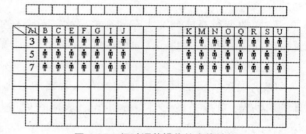

图 4-35 经过调整操作的表格结构

 任务操作

① 删除偶数行。将光标移到左页边距区,对准第 2 行单击鼠标,选定该行。将光标对准被选定的切块,右击鼠标,在快捷菜单中选择"删除行"命令。依据同样方法,删除第 4 行和第 6 行。

② 删除能被 4 整除的列。将光标移到表格的上面,对准第 4 列(D),当鼠标指针呈实心向下箭头"↓"时,右击鼠标选定该列,在快捷菜单中选择"删除列"命令。依据同样的方法,删除第 8 列(H)、第 12 列(L)、第 16 列(P)和第 20 列(T)。

③ 在奇数行上插入空行。选定第 3 行,右击鼠标,在快捷菜单中选择"插入行"命令,在第 3 行的上面插入了一空行,采用同样方法,在第 5 行和第 7 行上面也插入一空行。

④ 在列号为元音字母列的右侧插入一列。选定 E 列,右击鼠标,在快捷菜单中选择"插入列"命令,依照同样方法,在 I 列、O 列和 U 列的右侧分别插入一列。

⑤ 使空行排列在表格下部。因为把行移动到表格的最后一行比较麻烦,所以,可以变换一种思路,把非空行移动到表格的上部。选定第 3 行,当鼠标对准切块,指针呈现左倾空心箭头时,向上拖曳鼠标,当携带被拖曳对象的光标落在第 2 行(空行)的左侧时,松开左键,完成行的移动工作。依照同样方法把第 5 行和第 7 行也都向上移动。

⑥ 把空列移动到表格的中部。选定一空列,对准切块拖曳鼠标到 K 列的首单元格,松手时,该空列被移动到 K 列的左侧。依照同样方法把所有空列都集中到表格的中部。

⑦ 在表格的四周各插入一行或一列。选定表格的第 1 行,选择"表格"/"插入行"命令,在表格的上面增添一空行;移动光标到表格最后一行的右侧(表格之外)按回车键,在表格的下

面追加一空行；选定表格右侧之外的一列回车符，选择"表格"/"插入列"命令，在表格右侧之外增加一空列；选定表格左侧的 1 列，选择"表格"/"插入列"命令，在表格左侧之外增加一空列。

⑧ 删除表格 4 个角上的单元格。把光标置入首行第 1 个单元格中，右击鼠标，选择快捷菜单中的"删除单元格"命令，并选择"右侧单元格左移"。按照同样方法，删除该行最后一个单元格，再删除末行中的两个单元格。

⑨ 设置表格居中对齐。把光标置入表格的任意单元格中，选择"表格"/"单元格高度和宽度"命令，在对话框的"行"选项卡中设置表格的"对齐方式"为"居中"。

⑩ 把第 1 行拆分成一个独立的表格。把光标置入第 2 行中，选择"表格"/"拆分表格（T）"命令可以拆分表格，使第一行成为一个独立的表格。

 知识与技能

（1）移动行和列。选定被移动的行，对准选定的切块拖曳鼠标，当被拖曳对象的光标落在指定行第一个单元格的左侧时，松开鼠标，原行将被移动到目标行的上面。采取相似的方法可以移动列。

（2）改变行高或列宽。在"表格属性"对话框中，切换到"行"或"列"选项卡可以重新设置行的高度或列的宽度。在表格的同一行中，各个单元格的高度都相同；但在同一列中，各个单元格的宽度可以不同。

（3）设置表格的属性。把光标置入表格中，选择"表格"/"表格属性"命令，可以利用打开的对话框中的各个选项卡，分别设置表格的对齐方式、行高、列宽，还可以设置单元格中字符与边框的间距。

4.3.3 格式化表格

表格格式化主要包括合并或拆分单元格，设置表格字体格式，设置边框和底纹格式，设置数据对齐方式等。

实例 4.18 修饰表格和数据

情境描述

打开在前面实例中编辑的表格文档"edit_table.doc"，参考如图 4-36 所示的题样，经过对表格设置多种格式，使格式化后的表格变成一栋漂亮的教学大楼。完成任务后，把文档内容保存到磁盘文件，文件名为"decorate_table.doc"。

实例分析：仔细观察利用表格制作的这幅图画，明确表格中各个部分的作用：第 1 行是独立的表格经过设置底纹格式后作为蓝天；最后一行是大地，设置它的底纹样式及

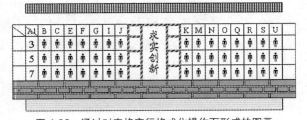

图 4-36　通过对表格实行格式化操作而形成的图画

颜色，让春色充满校园；绿地上方的 3 行经过编辑和修饰，形成一面深黄色的砖墙；合并中部的

单元格后，在其中输入图画的主题"求实创新"；将表格中部单元格的边框线设置为斜线形，作为教学楼大门。

任务操作

① 合并单元格。选定第 1 行（独立表格），选择"表格"/"合并单元格"命令，把第 1 行中所有的单元格合并成一个单元格。采用相同做法，合并最后一行的单元格。

② 设置底纹。通过"格式"菜单打开"边框和底纹"对话框，为合并后的单元格设置由蓝、白两色组成的浅色竖线底纹，同样，为最后一行设置由绿、白两色组成的横线底纹。

③ 设置边框。选定表格中间的单元格区域，设置蓝色的斜线边框。

④ 设置文字方向。将表格中间的 4 个单元格合并成一个单元格，并输入"求实创新"。选择"格式"/"方字方向"命令，在打开的对话框中选择竖向标志，使文字竖向排列，如图 4-37 所示。

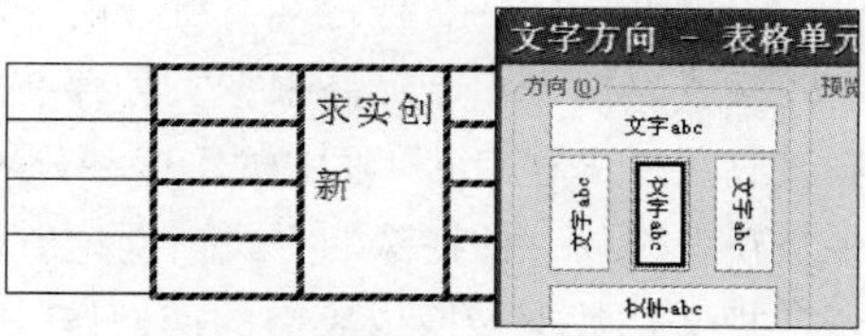

⑤ 设置文字对齐方式。选定单元格区域后，单击"表格与边框"工具栏上的"中部居中"按钮，使表格数据在单元格中实现水平和垂直方向的同时对齐。

图 4-37 设置文字方向示意图

⑥ 拆分及删除单元格。首先合并第 6 行中的 22 个单元格，再重新拆分为 11 个单元格。按照同样方法处理第 8 行中的单元格，然后使第 7 行中的单元格形成如图 4-36 所示的砖墙效果，要采取的操作有拆分单元格、删除单元格和插入单元格。

⑦ 改变行高。选定第 6，7，8 行，利用"表格"菜单打开"表格属性"对话框。在"行"选项卡中，选择"指定高度"复选框，并在数值框中输入"8 磅"。

⑧ 设置边框和底纹。为 3 行砖墙设置深黄色的底纹和双线边框。

知识与技能

1. 合并与拆分单元格

不但可以合并一行或一列，还可以合并一个单元格区域，各个单元格中的数据将集聚在合并后的单元格中。在"拆分单元格"对话框中可以指定拆分成几行和几列，确认后，就会把选定的单元格或单元格区域拆分成指定个数的单元格。

2. 设置表格的边框和底纹

从本质上来看，文字与表格如出一辙，这就意味着，可以借鉴设置普通段落边框和底纹的思路来设置表格的边框和底纹格式。

3. 设置表格的数据格式

（1）设置文字的方向。首先必须选定表格中的文字，再选择"格式"/"文字方向"命令，在打开的对话框中，可以改变被选定文字的方向为竖向、横向、左向或右向。

（2）设置文字对齐方式。利用快捷菜单可以设置表格文字的对齐方式，也可以利用"表格和边框"工具栏上的"表格对齐"按钮来设置。例如，单击"靠上两端对齐"按钮"□"，就可以使表格中的数据靠单元格的上部两端对齐。

4. 自动套用表格格式

如果在创建表格时，想按照某种固定的格式插入一个表格，那么，把光标置入表格后，选择"表格"/"表格自动套用格式"命令，在打开对话框的"格式"列表框中直接选择一种即可。常见的格式有"典雅型"、"Web 页型 2"、"网格型 1"和"古典型"等。

4.3.4 表格与文字之间的转换

只要文档中的数据之间有统一的分隔符，例如逗号、空格或叹号乃至加号等，选择"表格"/"文字转换成表格"命令，并根据实际存在的分隔符，在"分隔文字的位置"选择框中选定给定的分隔符或在"其他字符"框中输入这种分隔符，确定之后，被选定的文字序列就会被排列在表格之中，一个新表格以一种特殊的方式被创建出来。

把文档数据转换成表格的逆操作是把表格中的数据转换为普通文字，操作过程比较简单。只要选定表格中的数据，选择"表格"/"表格转换成文字"命令，并选定转换后文字之间的分隔符，被选定的表格区域中的数据就会脱掉原来的表格线，只剩下被选定分隔符分开的单纯的文字序列。有关表格与文字之间转换的操作将在"综合训练"中进行。

4.4 图形处理及图文混排

◎ 在文档中绘制和插入图形对象，包括插入剪贴画
◎ 编辑及装饰图形，包括拆分与组合图形、旋转图形及图形格式化等
◎ 插入与处理图片，主要使用"图片"工具栏来编辑和改变图片的效果
◎ 创作艺术字
◎ 使用文本框实现图文混排
◎ 文档高级功能，包括在文档中插入脚注和尾注、题注、目录等；邮件合并功能；插入数学公式、艺术字、组织结构图等对象*

Word 的图形和图片处理功能虽然简单，但基本概念操作方法很精辟，完全可以作为复杂图像处理软件的基础。另外，举一反三，也可以处理从图形演变出来的许多对象。

4.4.1 绘制与插入图形

围绕本节所要完成的主要任务，即插入图形和绘制图形，我们将通过实例来重点学习和掌握

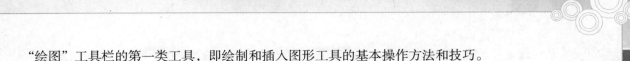

"绘图"工具栏的第一类工具,即绘制和插入图形工具的基本操作方法和技巧。

实例 4.19 绘制与插入简单图形

 情境描述

新建一个 Word 文档,参考如图 4-38 所示的题样,分别采取各种手段,插入多种类型的图形,包括直线、曲线、矩形和椭圆,还包括自选图形和插入的剪贴画。

 任务操作

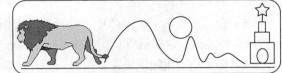

图 4-38　用插入和绘制的图形创作一幅风景画

① 插入剪贴画。单击"绘图"工具栏上的"插入剪贴画"按钮,打开"剪贴画"对话框,插入"狮子"(或其他动物)。拖曳剪贴画四周的尺寸控制块,适当改变它的尺寸。

② 画一条直线。单击"直线"按钮后,再单击直线的起点,将鼠标拖曳到目标点后,松开鼠标时,一条象征地平线的直线就画成了。选定图形后拖曳鼠标可以移动图形。

 打开"绘图"工具栏上的"绘图网格"对话框,把水平和垂直间距改变为 1 磅或更小,减小移动图形的步距,以便使图形拼接操作更精确。如果加大这两个参数值,可以加快移动的速度。

③ 画曲线。在自选图形的"线条"工具库中,选择画曲线的工具后单击鼠标,可以固定线头。把鼠标移动到下一个拐点再单击鼠标,两点之间连起了一条直线。之后,每当移动鼠标后再单击,系统都会自动把邻近 3 个点之间的连线修理成具有圆滑拐点的曲线。双击鼠标,鼠标恢复原状态。

④ 画矩形。题样中的铁塔由 3 个矩形组成,下面的一个是正方形。单击"绘图"工具栏上的"矩形"按钮,用画矩形的画笔,从左上角拖曳鼠标到右下角,松开鼠标,就会以始末两点为对角线,画一个矩形。

⑤ 采用与画矩形或正方形相同的方法,在山顶上画一个充当太阳的正圆,在正方形内部画一个充当大门的椭圆。

⑥ 插入自选图形。单击"自选图形"按钮,选择"星与旗帜"中的"五角星",先按住 Shift 键再拖曳鼠标,就可以绘制出一个正五角星。把五角星拖曳到铁塔的顶尖之后,即完成铁塔。

 知识与技能

1. 直线、矩形和椭圆

在"绘图"工具栏上,有 4 个绘制简单图形的按钮,分别是直线、箭头、矩形和椭圆。可以把这些简单图形组合在一起,形成一个比较复杂的图形。

2. 自选图形的种类及作用

在"绘图"工具栏的"自选图形"列表框中,有绘制 7 种类型图形的工具。

（1）"线条"子菜单中有6个子命令，其中，"任意多边形"的作用比较特殊。非封闭多边形的始末两点虽然没有重合，但始末两点的连线仍然可以作为一条无形的边界线。

（2）连接符的主要功能是在绘制组织结构图等组合图时起到连接各个子图形的作用，其显著的特点是"藕断丝连"。

（3）在"基本形状"子菜单中，可以把图形分为两大类，一类可以绘制常用的平行四边形和圆柱形等；另一类是笑脸、月亮、太阳等象形图形。

（4）在"箭头总汇"子菜单中，储存着各式各样的箭头图形，包括单向箭头、双向箭头、三向箭头、十字箭头和多向箭头、弯曲型箭头、标注类箭头。

（5）在"流程图"子菜单中，储存着许多图框，利用这些基本流程框可以绘制各种决策框、过程框、连接框、说明框等，用以构成计算机程序、化工工艺过程控制等流程图。

（6）在"星与旗帜"子菜单中，储存着星类、爆炸图形、旗帜类、带型、卷帘型和波浪型的图形，这些类型的图形可以作为会标或警告图。

（7）在"标注"子菜单中，可以把图形分为两大类：一类是区域型，可以输入一些说明文字，对正文内容起到注释作用；另一类是指向型标注，有一条活动的直线直接指向被说明的对象。

3．剪贴画

剪贴画是一种形象的称谓，其实质是由一些基本图形，如直线、曲线、矩形或椭圆组合而成的简单图形。这一点决定了编辑和加工剪贴画的手段和方法与前面两类图形基本相同。在"剪贴画"对话框中，所有剪贴画被分配到各类图形库中，查找起来非常方便。例如，要插入一栋楼房，应该在"建筑"中查找。

4.4.2　编辑与装饰图形

编辑图形包括选定图形、图形的组合与拆分、旋转或翻转图形、改变图形的叠放层次、对齐或分布图形等。除了"绘图"工具栏之外，"设置自选图形格式"对话框也是一个功能强大、使用灵巧的图形装饰工具。

实例 4.20　通过编辑及修饰图形绘制简单的图画

 情境描述

新建一个文档，参考如图4-39所示的题样和具体要求，绘制一幅宣传画。要求画中有蓝天和月亮、树木和河流、房屋和小桥。这些景物都是通过插入和编辑一些图形，并设置图形的各种格式得到的。

图 4-39　通过处理图形制作的图画

实例分析：除了绘制、插入和编辑图形之外，本题重点突出设置线条格式和填充色效果。下面，通过观察题样确定做题思路。

① 画出一条小河，通过设置填充色表现清澈的河水。

② 河两岸有两排整齐的小树，树叶的颜色也是设置的填充色。

③ 在小河的下游有一座小桥，桥墩和桥面由插入的自选图形组成，并设置相应的填充色。

④ 在小河的上游有一间小砖房，山墙的中心是白色，周边体现出用砖堆叠的纹理效果。

⑤ 画一个有缺口的月亮，里面是一幅"小白兔"图片。

⑥ 为风景画添加一个虚线边框，并且让背景具有"天亮"效果的渐变色。

 任务操作

① 插入一条小河。单击"绘图"工具栏上的"自选图形"菜单，利用"星与旗帜"中的"波形"工具画一条细长的波浪形图形。打开"设置自选图形格式"对话框中的"颜色和线条"选项卡，单击填充颜色列表框，在调色板中单击"填充效果"按钮，打开"填充效果"对话框。在对话框中切换到"纹理"选项卡，选中"水滴"型纹理。

② 绘制一棵小树。选择"自选图形"/"线条"/"曲线"命令。先画小树的左半部"⚡"，再复制一个图形，然后，选择"绘图"/"选中或翻转"/"水平翻转"命令，得到小树的右半部图形"⚡"，最后将左、右两部分对齐并利用"绘图"菜单中的"组合"命令将二者合并成一个图形"⚡⚡"。这样做的目的是为了保证树冠的对称性。

③ 设置小树的填充色。双击组合后的小树，在"填充效果"对话框中切换到"纹理"选项卡，选中"绿色大理石"型纹理。

④ 复制两排小树。利用一个小树复制 9 棵小树，拖曳小树，大致将小树排列成一排。然后，利用"绘图"工具栏上的"选择对象"工具选定所有小树，选择"绘图"/"对齐或分布"/"顶端对齐"命令，再选择"横向分布"命令，小树就会整齐而均匀地排成一行。复制一行小树并稍微移动，形成另一行小树。

⑤ 建造一座石桥。首先，绘制石头小桥的桥墩和桥面。从"自选图形"的"基本形状"中选择"圆柱形"工具，画两个圆柱作为桥墩；再选择"新月形"工具，画一个月牙形的图形，作为桥面。下面对这两种图形实行一系列的处理，组合成一座石桥。

• 设置填充色。选定圆柱，打开"过渡"选项卡，选中"单色"和"纵向"样式，使圆柱具有立体感。采取类似的做法，设置月牙图形的填充色是"花岗岩"型，如图 4-40 所示。

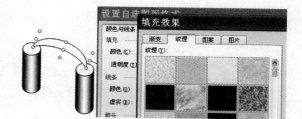

• 改变图形的层次。选择"绘图"/"叠放层次"命令，使圆柱或小树改变相互之间的叠放层次，达到如图 4-39 所示的效果。

图 4-40　设置图形填充色的对话框

• 调整桥板的倾斜角度。选定月牙图形上的旋转控点，使桥板旋转一定的角度，与两个桥墩严密接触。

⑥ 绘制砖房。选择"自选图形"/"箭头总汇"/"上箭头标注"命令画一个箭头。拖曳自选图形的调整控点，将其调整成与房子相似的形状。双击砖房，在"颜色与线条"选项卡中，首先确定线条的宽度为 10 磅，然后单击线条颜色列表框，在调色板中单击"带图案线条"按钮，再选择"横向砖形"线条。

⑦ 用图片制作月亮。单击"绘图"工具栏上的"椭圆"按钮，按住 Shift 键画一个正圆。在"填充效果"对话框的"图片"选项卡中，单击"选择图片"按钮，从磁盘或光盘中选择"小白兔"图片填充到圆中。再画一个小圆，叠放在大圆的上面，并设置与天空相同的颜色。

应用 Shift 键的对称功能，可以固定图形的长宽比例，这样，可以画出正方形和正五角星等全对称图形。

⑧ 为图画添加背景。利用"矩形"工具在图画周围画一个矩形边框，并设置为"虚线"型。然后，将矩形区域设置为由蓝色向白色渐变的填充色，形成蓝天效果。

 知识与技能

1. 选定对象的工具

单击"绘图"工具栏左侧的""按钮，鼠标指针变成向左倾斜的空心箭头。用这个箭头画出一个矩形区域，将选中该区域中的所有图形。另一种选定多个图形的方法是，按住 Shift 键的同时，顺序单击各个图形。

2. 移动图形

选定图形后有 3 种移动的方法：拖曳鼠标可以快速移动图形；按光标键可以准确地移动图形；如果需要更加精确地移动图形，可以按住 Ctrl 键，再按光标键。

3. 组合与取消组合

组合图形的目的是便于统一处理多个图形。取消组合的目的是为了修改组合图形中局部的内容，有些经过处理的剪贴画也可以利用"取消组合"分解成若干个基本图形。

4. 旋转及翻转图形

被插入的自选图形都随身佩带一个"旋转控点"，向不同方向拖曳该控制点，可以使图形旋转任意角度。在"绘图"工具栏左端有一个"绘图"菜单，在"旋转或翻转"子菜单中有 4 个命令可以使图形一步旋转到位。除了"左转"和"右转"之外，"水平翻转"工具可以使图形沿着纵轴翻转180°；"垂直翻转"工具可以使图形沿着横轴翻转180°。图形旋转或翻转的过程可以用图 4-41 来说明。

一般情况下，插入的剪贴画不能被旋转，采取如下措施可以使剪贴画具有旋转特性：选定剪贴画后先改变"嵌入型"为其他类型，然后，取消图形组合再恢复图形组合，图形就能够被旋转了。

5. 对齐与分布图形

对齐与分布工具的主要作用是使多个图形在水平或垂直方向上对齐排列。例如，把绘制的 10 个相同大小的圆排列在一竖列中，或排列在一横行中，或是在横、竖两个方面都对齐（所有圆将重合）。在诸多工具中，横（竖）向分布可以使所有图形的水平（垂直）间距相等，但是，只有选定了 3 个以上（包括 3 个）的图形时，才能产生横向及纵向分布效果。

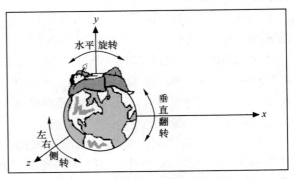

图 4-41　物体旋转方向的三维坐标

6. 改变多图形的叠放次序

叠放次序工具的作用主要体现在，在多个图形相互遮挡的情况下，可以人为地改变某个图形的层次，尤其是在图文混排时，必须使插入的图片放在文字的下方，作为文字的背景出现。

7. "设置自选图形格式"对话框

打开"设置自选图形格式"对话框的方法有多种，双击图形和利用"格式"菜单都能够打开该对话框。该对话框的标题经常改变，如果针对自选图形，对话框的标题是"设置自选图形格式"；针对组合图形，对话框的标题是"设置对象格式"；针对文本框，对话框的标题是"设置文本框格式"；针对艺术字，对话框的标题是"设置艺术字格式"。

8. 设置图形的线条和填充色

在"设置自选图形格式"对话框的"颜色和线条"选项卡中，可以利用"线条颜色"列表框来设置图形边框线的格式。当线条足够宽时，能够达到如图 4-42 所示的效果。

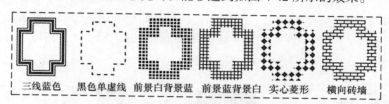

图 4-42　设置各种线条格式的实例

在"颜色和线条"选项卡中，有一个"填充颜色"列表框，利用它打开的"填充效果"对话框有 4 个选项卡，分别是"渐变"、"纹理"、"图案"和"图片"。

（1）渐变效果。在"渐变"选项卡中，如果选定某种单色，其效果是从这种颜色逐渐向白色过渡；如果选定双色，将从一种颜色向另一种颜色过渡；"预设"是指事先设计好的填充效果，并赋予它们一些美丽的名字，如"雨后初晴"等。底纹样式决定两种颜色的过渡方向，如横向、竖向、角部辐射等。在该选项卡中，还可以设置透明度。

（2）纹理效果。在"纹理"选项卡的列表框中排列着许多纹理样式，如果单击某种纹理，在列表框的下面就会显示这种纹理的名称，如"绿色大理石"等。如果不选中"随图形旋转填充效果"复选框，当图形旋转时，纹理将不随图形一起旋转，保持原方向。

（3）图案效果。"图案"选项卡的结构和作用与"带图案线条"选项卡一模一样，这里不再重复说明。

（4）填充图片。在"图片"选项卡中，工作区一片空白，只有利用"选择图片"按钮，在磁盘中找到一幅理想的填充图片之后，才可设置该选项卡。

9. 设置图形的环绕方式

当把图形插入到文字区域中，它们都会面临着选择：是融于文字，还是排挤它们；是衬托文字，还是遮盖它们。这些就是所谓的文字环绕方式。在"设置自选图形格式"对话框的"版式"选项卡中，"嵌入型"有"见缝插针"的本事，光标所在之处就是图形插入的裂缝；"四周型"强行挤开一些文字，使它们环绕在图形的周围；"紧密型"使图形与文字关系融洽，针对四角星、三角形等，其紧密关系更加明显；"浮于文字上方"环绕类型不排挤文字，图形与文字重叠在一起，如果图形无填充色，就可以同时看到图形的轮廓和文字内容，如果设置了填充色，图形将遮挡住下方的文字。

4.4.3　插入与处理图片

图形是手绘或由基本图形组合而成的，而图片是利用扫描仪、数码相机等设备或利用专用软件绘制而成的。因此，图片与图形有着明显的差别。图形可以拆分，图片不可以拆分；图形的颜色可以改变，而图片的颜色却轻易不会改变。然而，两者都有一定的联系，例如选定、移动及改变尺寸等操作，两者相同。

实例 4.21　插入与简单处理图片

 情境描述

新建一个文档，并插入一幅图片，要求图片具有大面积的底色（以便设置透明色）。利用原图片再复制 5 幅图片，然后，参考如图 4-43 所示的题样，采用不同的工具，对这 5 幅图片进行不同效果的处理。

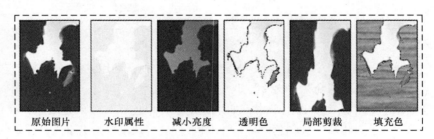

| 原始图片 | 水印属性 | 减小亮度 | 透明色 | 局部剪裁 | 填充色 |

图 4-43　几种图片处理效果的实例

实例分析： 之所以用相同的图片实现不同的操作，主要目的是体会"图片"处理的不同效果，了解"图片"工具栏的基本功能。另外，也为学习其他复杂的图片处理软件奠定基础。

 任务操作

① 设置冲蚀属性。插入图片并复制图片后，选定第 2 幅图片，单击"图片"工具栏中的"颜色"按钮，从下拉菜单中选择"冲蚀"命令，图片色调变得很浅，形成水印效果。

 注意　虽然图片的背景可以被设置为透明色，但是，由于有些图像的内容不同，致使底色不容易被取消，所以，这种图片不能被重新设置填充色。

② 减小亮度。选定图片，连续单击"降低亮度"按钮，使图片的昏暗程度与题样相近。

③ 设置透明色。选定图片并单击"设置透明色"按钮，鼠标指针变成"✎"，使用该工具单击图片的黑色区域，底色将大面积地脱落。多次处理，将变成透明。

④ 裁剪图片。选定图片并单击"裁剪"按钮，鼠标指针就会变成一把剪刀"⌗"。将指针对准图片下边的尺寸控制块向上拖曳鼠标，到达图片的中线时松开鼠标，图片的下半部就会被裁剪

下来。然后，放下"剪刀"，光标恢复正常后，再向下拖曳图片的尺寸控制块，虽然图片被恢复到原来的尺寸，但"身体"却被裁剪下去了。

⑤ 设置图片的填充色。首先利用"设置透明色"工具使最后一幅图片的底色变成透明，再选定图片，打开"填充效果"选项卡，选择"深色木质"纹理型填充色。

 知识与技能

在插入图片的同时，会自动提供一个"图片"工具栏，当光标离开图片时，工具栏也会自动消失。除此之外，也可以利用快捷菜单显示或隐藏"图片"工具栏。

（1）图像控制。工具栏左侧第 2 个按钮就是"颜色"按钮，单击该按钮后，列出了自动、灰度、黑白和冲蚀 4 种图像属性，其中，冲蚀的效果与水印完全相同。

（2）对比度调节。对比度调节按钮的形象与显示器相似。对比度最大时，图片的细节完全消失，只剩下大面积底色；对比度最小时，图片内容完全消失，变成一片深灰色。

（3）亮度调节。当图片的亮度增加到极限值时，图片中的内容完全消失，变成一张白纸；将图片亮度降到最低值时，图片中的内容完全被淹没，变成一张黑纸。

（4）裁剪图片。利用工具栏上的"裁剪"按钮，可以实现互为逆操作的裁剪图片与修补图片。从外向里拖曳图片是剪裁，从里向外拖曳是修补被裁剪掉的那部分图像。

（5）设置透明色。利用"设置透明色"按钮可以把图片的前景或背景设为透明，这样处理后，就可以看到图片后面的内容了。

（6）设置图片格式。单击"图片"工具栏上的"设置图片格式"按钮，或是选择"格式"/"图片"命令，都会打开"设置图片格式"对话框，为图片设置必要的格式。

4.4.4 创作艺术字

在编排报头、广告、请柬等文档时，经常需要插入一些奇特、新颖、活泼的字体，常规字体格式不能满足这种需要，Word 2003 为我们提供了一支书写艺术字的神笔。

实例 4.22 插入及编辑艺术字

 情境描述

新建一个文档，参考如图 4-44 所示的题样，把"春风杨柳"和"大地生辉"制作成艺术字体，并形成整体效果。完成任务后，把文档内容保存到磁盘文件。

实例分析："艺术字库"好像一台自动加工艺术字的机器，固然可以提高工作效率，但要想随心所欲地改变艺术字的式样及特殊效果，还需要手工操作。开始，应该通过"编辑艺术字文字"

图 4-44　创作艺术字题样

对话框插入基本的艺术字，然后才能巧妙地利用"艺术字"工具栏和"绘图"工具栏添加工艺术字，创作出比机器加工更具有艺术性和个性的作品。

任务操作

① 插入"春风杨柳"艺术字。单击"艺术字"工具栏上的"插入艺术字"按钮,打开"艺术字库"对话框,选择右侧竖向排列的绿色的"W"式样,单击"确定"按钮。在"编辑艺术字文字"对话框中输入"春风杨柳"4 个字,设置字号为 36 磅、宋体、加粗。

② 插入"大地生辉"艺术字。打开"艺术字库"对话框,随意选择一种式样后,打开"编辑'艺术字'文字"对话框,输入"大地生辉"4 个字,在"大地"和"生辉"之间插入 10 个空格,设置字号为 44 磅、特粗体、加粗,如图 4-45 所示。

图 4-45 编辑艺术字示意图

③ 修改"大地生辉"的式样。将"艺术字"工具和"绘图"工具相结合,重新设置艺术字的式样。首先,选定艺术字,单击"艺术字"工具栏上的"艺术字形状"按钮,选择其中的"一"字形(普通文字)。然后,利用"绘图"工具栏取消艺术字的三维效果,并为它设置阴影样式 3。最后,打开"设置艺术字格式"对话框,为艺术字设置蓝色的线条和淡蓝色的填充色。

④ 组合艺术字。适当地移动"大地生辉"的位置后,同时选定这两组艺术字,选择"绘图" / "组合"命令,这两组艺术字就会被组合成为一体。

知识与技能

艺术字本身并不是特殊的对象,其实是文字和图形结合的产物,在它的身上集中体现了图形的各种特性和操作方法。

1. 插入和编辑艺术字

要插入艺术字,可以选择"插入" / "图片" / "艺术字"命令;或者单击"绘图"工具栏中的"插入艺术字"按钮,也可以插入艺术字。插入艺术字之后,文档中自动出现如图 4-46 所示的"艺术字"工具栏,提供许多插入、编辑和修饰艺术字的工具按钮。

图 4-46 "艺术字"工具栏的组成结构

在"编辑'艺术字'文字"对话框中,可以书写艺术字内容,或对已经插入的艺术字进行再编辑,包括重新修改文字内容,改变字体、字形和字号等。

2. 改变艺术字的外形

(1)利用"艺术字形状"按钮可以使艺术字规规矩矩,也能使其变得婀娜多姿。另外,当艺术字的版式不是"嵌入型"时,如果艺术字被选定,除了在它的四周出现 8 个尺寸控制块之外,还多了一个黄色的"调整控点"。

用艺术字的形式插入符号"|",并且放大成 48 磅的字号。然后,向不同的方向拖曳艺术字上的黄色菱形块,艺术字的形状就会产生多种多样的变化,例如产生波浪形等。

(2)艺术字竖排。选定插入的艺术字后,单击"艺术字竖排文字"按钮,艺术字可以由横向排列变成竖向排列或相反。

（3）改变艺术字间距。使用"艺术字字符间距"按钮可以像设置常规字符的间距一样，采用多种标准加宽或缩紧艺术字之间的间距，由紧密到稀松，可以划分成许多规格。在下拉列表框的底部，有一个"自定义"框，在这里可以输入 0% ～ 500% 的间距比例。

3. 美化艺术字

（1）单击"艺术字库"按钮""打开"艺术字库"对话框，库中列出了 30 种艺术字式样，选择一种新式样并确定，就会同时改变艺术字的颜色、风格和姿态。

（2）在"设置艺术字格式"对话框中，可以像设置普通图形一样，设置艺术字的填充色和边框的格式。另外也可以改变艺术字的版式，以便与普通文字和谐混排。

（3）利用"绘图"工具栏右侧的两个按钮，还可以为艺术字设置阴影样式和三维效果样式，使本来就很艺术的文字锦上添花。"阴影样式"的最后一行是"阴影设置"按钮，可以改变阴影的位置和颜色。同样，利用"三维设置"按钮可以为图形对象设置更加丰富的立体效果。

4.4.5 文本框及应用

文本框是一个非常有用的矩形框，可以束缚被圈起来的文字内容，通过设置环绕方式等格式，文字可以与多个文本框共处于一个版面之中，为制作版面格式新颖的小报、封面及讲演稿等图文混排作品提供便利。

实例 4.23 利用文本框实现文档的复杂排版

 情境描述

新建一个文档，参考如图 4-47 所示的题样，充分利用文本框的基本性质制作图文混排的版面格式。完成任务后，把文档内容保存到磁盘文件。

实例分析：本题集中地体现了文本框的基本概念和各种性质，还将涉及前面所学过的字体和段落格式等内容。作品由两大部分组成，一部分由 3 个文本框和其中的文字组成，另一部分是环绕在文本框周围的普通文字。"海浪"和"沙滩"文字显得细长一些，文本框的内部都具有填充色，应该起到衬托文字的作用。文本框之外的所有文字都紧密地环绕在文本框的周围。

图 4-47 利用文本框实现图文混排的题样

 任务操作

① 输入文字。新建一个文档，参考图样的内容，输入一段文字内容。然后将字体设置成"楷体"，并减少行间距。

② 插入文本框。单击"绘图"工具栏上的"竖排文本框"按钮，在段落的左、右两侧分别插入一个文本框。再单击"横排文本框"按钮，在段落的中间插入一个文本框。

提示 默认情况下，文本框内部的文字与框之间将保持一定的距离。解决的措施是在"设置文本框格式"对话框的"文本框"选项卡中，把4个内部边距参数都调整为0磅。

③ 在文本框中输入文字。参考题样，分别在 3 个文本框中输入不同的文字，并设置相应的字体。左、右两个文本框中的文字都缩放了 50%，使字型变得细长。

④ 设置文本框的格式。双击左边的文本框，在"设置文本框格式"对话框中，取消边框线，并设置纹理型的"水滴"填充色。采用相似方法，设置右文本框的填充色为"鱼类化石"，设置中间的文本框的填充色为渐变色。最后，利用"版式"选项卡设置"紧密型"。

 知识与技能

（1）文本框的性质。文本框属于图形对象，所有编辑和处理图形的方法对文本框都适用。文本框具有独立性，一个文本框的内部区域，可以与一个页面相提并论。因此，可以在文本框的内部设置各种字符格式或段落格式，与外面的格式互不干扰；借助多种文字环绕方式，文本框具有亲和性，能与周围的文字和睦相处，为图文混排提供基础。文本框具有可移动性，文本框可以被拖曳到页面的任何地方，包括页边距区域。

动手做 在文档中插入一个文本框。

（1）单击文本框的边框线时，边框线的四周出现一圈雾状的小点"＂"，这是文本框的选定标志。

（2）在文本框中输入文字，文本框的四周将显示斜线"＂"，表明当前处于编辑文字状态。

（2）应用文本框。在文本框中编辑文字时，可以先插入文本框，再输入文字；也可以先选定文字，再套上文本框。对于包含在文本框内部的字符，完全可以像对待普通文档中的字符一样，实行各种各样的编辑操作。

4.4.6 文档编排的高级应用 *

1. 编辑数学公式

在 Word 2003 文档中，有一类可以插入的素材，统称为对象。图形是对象，数学公式和艺术字也是对象，具有与图形类似的存在方式和编辑、修饰的方法。

实例 4.24 插几和编辑数学公式

 情境描述

在文档中编辑一个数学公式，公式中需要包含下标符号、乘法、除法、减法、积分算式等基本符号和运算单元。要求的公式基本结构和样式如图 4-48 所示。

由于公式模板的名称比较繁多，不便语言描述。最好的办法是把鼠标指针对准某公式模板时，略为停顿，系统将自动显示该模板的名称。

$$P_k = \frac{w}{v} \int_a^{2b} \frac{2\,dx+5}{1-x}$$

图 4-48 数学公式的结构

任务操作

① 选择"插入"/"对象"命令，在插入"对象"对话框中，选择"Microsoft 公式 3.0"选项，显示"公式"工具栏。然后开始编辑数学公式。

② 制作下标变量。单击"公式模板"工具条的"上标和下标"按钮，选择图 4-49A 图所示的公式模板，在字符框中输入"P"，在下标框中输入"k"。

③ 制作分式。输入"="号之后，单击"公式"工具栏中的"分式和根式"按钮，选择图 4-49B 图所示的公式模板，在分子框中输入"w"，在分母框中输入"v"。

④ 制作积分表达式。单击"公式模板"工具条中的"积分"模板，选择图 4-49C 图所示的模板，在上限框中输入"2b"，在下限框中输入"a"。

⑤ 单击"公式模板"工具条中的"分式和根式"按钮，选择图 4-49D 图所示的模板，在分子框中输入"2dx+5"，在分母框中输入"1-x"。

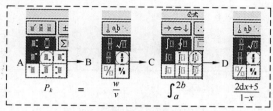

图 4-49 编排公式的 4 个步骤

提示 删除公式的错误内容时，关键是如何选定错误。双击可以选择一个独立的字符；拖曳鼠标能够选定多个字符或组合字符。无论采用哪种方式选定对象之后，按 Delete 键都可以删除它们。

单击"公式"工具栏以外的任何部位，结束公式编辑，并返回到 Word 2003 文档的正常编辑状态。

知识与技能

1. 制作数学公式

制作数学公式的环境是一个从 Word 2003 窗口演变出来的应用程序窗口。新出现的"样式"菜单可以改变公式元素的字体；"尺寸"菜单可以改变公式元素的尺寸。另外，在文档中出现了一个虚线矩形框，这就是公式的编辑区。

"公式"工具栏是 Microsoft 公式 3.0 的核心，该工具栏包括"公式模板"工具条和"符号"工具条两部分。"公式模板"工具条是制作数学公式的工具箱，上面保存着许多常用的运算符号及结构框架，如开平方、求和、积分运算符、各种包括符号、上标和下标等框架。"符号"工具条集合了常用的各种符号，这些符号都不太容易从键盘上直接输入，如"Ω"、"‰"、"Ψ"、"±"、"÷"等。"公式"工具栏的按钮分布情况如图 4-50 所示。

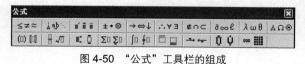

图 4-50 "公式"工具栏的组成

（1）"公式模板"工具条。"公式模板"工具条提供了百余种基本的数学表达式的结构，为书写数学公式提供了极大的方便。模板工具条包含 9 个模板子集，每个子集中都包含了一批同类数学表达式的结构，单击某子集按钮时，各种表达式结构就会显示出来。它们的名称和作用如表 4-3 所示。

动手做 输入公式时，光标经常在一个很小的虚线方框中闪烁，这个小方框叫做"空插格"。选定"空插格"中的分式内容需要技巧。如果单击点落在分式的右侧，光标将包括分子和分母（$\frac{\cos}{m}$），按 Delete 键，二者将都被删除；如果靠近分子中的"s"单击鼠标，只能选定分子（$\frac{\cos}{m}$）。

表4-3　　　　　　　　　　　　"公式模板"工具条各按钮的名称和作用

按钮的名称	按钮的作用
围栏按钮（左一）	提供可以包围数学表达式的各种括号
分式和根式按钮（左二）	创建分式、根式的数学表达式
上标和下标按钮（左三）	创建各种具有上下脚标的数学表达式
求和按钮（左四）	创建求和表达式的各种求和结构
积分按钮（左五）	创建各种积分表达式的积分结构
下画线按钮（左六）	在各种表达式的上下方增加各种横线
标签箭头按钮（左七）	在各种表达式的上下方增加标签
连乘和集合按钮（左八）	创建各种连乘和集合表达式
矩阵按钮（左九）	创建多种矩阵形式

（2）"符号"工具条。在位于"公式"工具栏的上方的"符号"工具条上，包含了10个功能按钮，每一个按钮都可以提供一组同类的符号。各按钮的名称和作用如表4-4所示。

表4-4　　　　　　　　　　　　"符号"工具条各按钮的名称和作用

按钮的名称	符号的作用	按钮的名称	符号的作用
左一：关系符号按钮	表达两个数量之间的关系	左六：逻辑符号按钮	与、或、非等逻辑符号
左二：空格和省略符	对齐符号、不同宽度空格	左七：集合符号按钮	集合所需的12种符号
左三：修饰符号按钮	与数学变量相关的符号	左八：杂项符号按钮	除上述符号之外的符号
左四：运算符号按钮	数学运算符号，如加号等	左九：小写希腊字母	26个小写希腊字符
左五：箭头符号按钮	各种样式的箭头符号	左十：大写希腊字母	26个大写希腊字符

2．建立组织结构图

"组织结构图"可以由 Office 应用程序调用，它的优点是结构清晰、层次分明地表达出具有层次特征的事物，使用此软件可以快速、高效地绘制专用框图。

（1）建立框架。单击"绘图"工具栏上的"组织结构图或其他图示"按钮，在对话框中选择"组织结构图"，就可以在光标处插入一个默认的组织结构图。

（2）输入数据。组织结构图由许多个圆角矩形组成，这些矩形就是图形，所以，输入数据的方法与文本框完全相同。

（3）改变结构。改变组织结构图的结构需要一个专门的工具，它就是"组织结构图"工具栏。随着组织结构图被插入或被选中，这个工具栏将自动出现，其组成如图 4-51 所示。

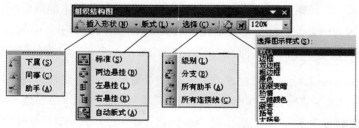

图 4-51 "组织结构图"工具栏的功能

选定结构图中的项目需要用从"选择"菜单中选择项目或连线。改变结构涉及增加或减少项目和改变结构的版式，需要使用"插入形状"菜单来增加不同级别的项目。利用"版式"菜单可以改变上下级项目排放的方式，可以是横排，也可以是竖排。

（4）设置格式。利用"选择图示样式"按钮可以从列表中选择一种图形的样式，应用到项目上。另外，如果需要个性化修饰，完全可以运用修饰图形的方法来处理。

3. 邮件合并

在日常工作中，由于单位经常向外发送大量的信件或公函，这时，工作人员就需要不断地、重复地抄写信封上的发信人地址和邮政编码等信息，工作量很大，而且版面的格式也不容易很规范。中文 Word 2003 提供的"邮件合并"功能可以解决上述问题，使工作效率明显得到提高。利用邮件合并功能，可以将标准文件与单一信息的列表链接产生文档，包括套用信函、邮件标签和信封等，可以快速合成大量内容相同或相似的信函。

可使用"邮件合并"任务窗格创建套用信函、邮件标签、信封、目录和大量电子邮件和传真。需要执行下列操作。

（1）打开或创建主文档，主文档包含收件人信息占位符的合并域。

（2）打开或创建包含收件人信息（例如姓名和地址）的数据源。

（3）在主文档中添加或自定义合并域。

（4）将数据源中的数据合并到主文档中，创建新的文档。

无论使用任务窗格还是使用"邮件合并"工具栏，最终结果都是将数据源中的每一行（或每一条记录）生成一个单独的套用信函、邮件标签、信封或目录项。

4. 在文档中插入域

在 Word 中插入的脚注、尾注、题注和目录，都具有域的性质，既有链接关系，有时还能根据一定的条件变化自己的数值。

（1）插入及使用脚注和尾注。脚注和尾注是对文本的补充说明。脚注一般位于页面的底部，作为文档某处内容的注释；尾注一般位于文档的末尾，用于列出引文的出处等。脚注和尾注由分离而关联的两部分组成：一部分是位于文档中间的注释引用标记，另一部分是位于文档末尾的注释文本。

① 插入脚注和尾注。将插入点移到要插入脚注或尾注引用标记的位置，选择"插入"/"脚注和尾注"命令，打开"脚注和尾注"对话框。选中"自动编号"选项，Word 将给所有脚注或尾注连续编号。当添加、删除、移动脚注或尾注文本时，Word 都会对脚注或尾注引用标记重新编号。确定后，就可以开始输入脚注或尾注文本了。

② 阅读脚注和尾注。将鼠标指针指向文档中的注释引用标记，注释文本将出现在标记之上。如果没有获得屏幕提示，可以选择"工具"/"选项"命令，在弹出对话框的"视图"选项卡中选中"屏幕提示"复选框。在页面视图中双击注释引用标记时，插入点会自动移至对应的注释区，在注释区中可以编辑或查看注释文本。

（2）插入题注。在文档中可能经常要插入图片、表格或图表等项目，为了便于查阅，通常要在图片、表格或图表的上方或下方加入"图 1-1"或"表 1-1"等文字。使用"题注"功能可以保证在长文档中图片、表格或图表等项目能够按顺序自动编号，尤其是移动、添加或删除带题注的某一项目，Word 将自动更新题注的编号。

① 添加题注。选定要添加题注的图片右击鼠标，在快捷菜单中选择"题注"命令，打开"题注"对话框。在"题注"文本框中显示系统默认所选项的题注标签和编号，如果要改变，可以在"新建标签"对话框的"标签"列表框中输入自己设计的标签名称，例如"图"。关闭"题注"对话框，该图片就被添加了统一编号的题注。

② 更新题注的序号。当文档中的图片被移动之后，所添加的题注标签的顺序就会发生错误。例如，"图 7-20"移到了"图 7-15"的前面，传统的方法，要一个个地进行修改。Word 有快捷的方法，首先，按 Ctrl+A 组合键，选择全文档。然后，右击鼠标，在快捷菜单中选择"更新域"命令，则所有的题注编号将重新排序为正确的编号。

（3）插入目录。目录的作用是列出文档各级标题以及每个标题所在的页码。Word 具有自动创建目录的功能。创建了目录之后，只要单击目录中的某个页码，就可以跳转到该页码所对应的标题。

① 创建目录。在创建目录之前，应确保对文档的标题应用了样式。然后，把插入点置于要放置目录的位置，在"索引和目录"对话框中切换到"目录"选项卡。选中"显示页码"复选框，则在目录中每个标题后面将显示页码。在"制表符前导符"列表框中可以指定标题与页码之间的分隔符。在"显示级别"列表框中指定目录中显示的标题层次"4"。单击"确定"按钮，目录就生成了。在目录中单击某章节的标题，可以直接跳转到文档中的相关内容，非常快捷方便。

② 更新目录。更新目录的方法很简单，只要把鼠标指针移到目录中，然后右击鼠标，从弹出的快捷菜单中选择"更新域"命令，打开"更新目录"对话框。如果选择"只更新页码"选项，则仅更新现有目录项的页码，不会影响目录项的增加或修改；如果选择"更新整个目录"选项，将重新创建目录。

综合实例

Word 是 Mirosoft Office 的拳头产品，它的贡献不仅在于它的高级工具性，而且它还能够将作品的创作与我们自身的进步结合起来。在下面的实例中，比较全面地应用了 Word 2003 在文档编排方面的知识和技能，同时，还为开展智力训练创造了条件。

【综合实例 4.1】 以"替换"操作为核心的文字处理实际应用。暑假将开办"Word 创意"学习班，报名的学生将近 200 人。请用制表位制作一个"学员名单"（见图 4-52），并设置字符和段落格式。重点应用"替换"功能，并综合文档编排的知识和技能，实现"学员名单"向"签到表"的自动转换。完成转换后，在表格上方和左侧输入栏目名和记录序号，并设置字符和表格的格式（见图 4-53）。

•**Word** 创意•学习班📖学 员 名 单

赵今天	东雪（女）	黑黎明	王山树	李水（女）
周墨（女）	初元	孔有心	白杨林	董蓝（女）
邵年志	刘星（女）	年复年	初元（女）	宋战友
张弓（女）	邹新路	吴名（女）	林少志	孟焕梦

图 4-52　学员名单及格式效果

学习班签到表（签到画"✓"，缺课由老师画"×"）

序号	姓名	第一课	第二课	第三课	第四课	第五课	备注
1	赵今天						
2	东雪						
3	黑黎明						
4	王山树						
5	李水						
6	周墨						

图 4-53　签到表及格式效果

实例分析： 如果只是把文字转换成表格，通过"表格"菜单即可实现。然而，怎样让一个名单方阵（见图 4-54 左图）变成一列纵队（见图 4-54 右图）呢？这要经过一系列的编辑工作，例如改变字符在文档中的位置等。

图 4-54 学员名单和签到表的简化样子

学习过"查找和替换"操作以后，如果恰当地在"特殊字符"之间展开"替换"，充分发挥"段落标记"和"制表位"的作用，就能够实现"方阵字符"向"一列纵队"的转换。对照"学员名单"到"签到表"，应该考虑这样几个问题：首先，怎样一次性删除"学员名单"中的若干个"（女）"字？其次，怎样把许多行的"姓名"排成一列？然后，还要考虑怎样在每个"姓名"的右侧添加 6 个"字符分割符"，作为确定表格结构的依据。这些问题解决以后，将文字转换成表格就是顺理成章的事情。上述分析过程的思路如图 4-55 所示。

 任务操作

① 用"空字符"替换"（女）"，相当于删除该字符。打开"查找和替换"对话框的"替换"选项卡，在"查找内容"下拉列表框中输入"（女）"后，单击"全部替换"按钮，所有的"（女）"全部被删除了（见图 4-55（b））。

 说明 虽然在"替换为"下拉列表框中没有输入任何字符，但是，在这里有一个默认的字符，它就是具有"删除"作用的"空字符"。

② 用"段落标记"替换"制表位"，使多列变一列。打开"查找和替换"对话框的"替换"选项卡，把光标放在"查找内容"下拉列表框中，然后单击"高级"按钮展开对话框。单击"特殊字符"按钮，在列表框中选择"制表位"（^t）。采用类似的做法，在"替换为"框中插入"段落标记"（^p）。完成预备工作后，单击"全部替换"按钮，以方阵排列的"姓名"马上变成一列纵队（见图 4-55（c））。

③ 在每个"姓名"后面增加 6 个制表位。在"查找内容"下拉列表框中插入"^p"，在"替换为"下拉列表框中插入"^t^t^t^t^t^t^p"。单击"全部替换"按钮，替换结果如图 4-55（d）所示。

④ 实现文字向表格的转换。首先，选定所有的姓名和制表位，然后，在"表格"菜单中单击"转换"，并选择"将文字转换为表格"。确定后完成转换，结果如图 4-55（e）所示。

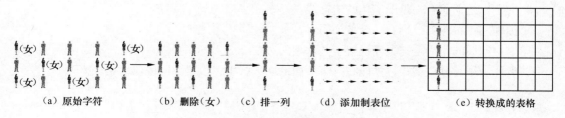

（a）原始字符　　　（b）删除（女）　　（c）排一列　　（d）添加制表位　　　（e）转换成的表格

图 4-55 转换步骤分解图

转换后生成的表格只具有基本表格元素，要想达到如图 4-53 所示的样子，还需要对字符和表格进行格式化操作。

⑤ 扩展表格的范围。首先选定表格的第 1 行，右击鼠标在快捷菜单中选择"插入行"命令；选定表格的第 1 列，同样在表格的左侧插入一列。

⑥ 输入文字和插入符号。参考题样在新行中输入文字，在新列中输入序号。最后，把光标插入在 A1 单元格的左侧，按回车键后，光标跳出表格。在插入的空行内输入"学习班签到表（签到画"✓"，缺课由老师画"✗"）"，并设置大小不同的字号。

"✓"和"✗"是在"Winding"符号集中插入的图形化符号。利用"插入"菜单打开"符号"对话框，在列表框中能够找到"Winding"符号集。

⑦ 修饰表格。选定整个表格，利用"格式"菜单打开"边框和底纹"对话框的"底纹"选项卡。先选择"粗线"线型，再单击"方框"按钮，在表格四周添加边框。选定所有的空白单元格，采取相似的方法，为这个区域设置"双线"型方框。切换到"底纹"选项卡，选择"浅绿"色底纹。

知识与技能

打开一篇文章并单击"显示/隐藏编辑标记"，会发现许多平时看不见的特殊符号。当特殊字符互相替换时，它们的特殊作用更加突出地显现出来。例如，添加一个"段落标记"就会增加一个段落；删除一个"段落标记"就会合并两个段落。

许多从"特殊字符"列表框中插入的字符都具有自己的代码，例如，"段落标记"的代码是"^p"，"制表位"的代码是"^t"，"分节符"的代码是"^%"等。如果在文档的段落中插入一个"^p"，希望能够产生一个新段落，那是不可能的。但是，系统为用户提供了一个机会，允许在"查找内容"或"替换为"下拉列表框中直接输入这些特殊字符的代码，然后间接地实现这些字符的价值。

【综合实例 4.2】 综合运用图、文、表处理技术制作一个如图 4-56 所示的贺年卡。要求贺卡有一定的背景效果；卡片的标题是"新年快乐"，通过设置字体格式使文字变得细长，下面有一条花边作为下画线；卡片的左上方有一幅剪贴画，右上方有一个圆形的图章；在卡片的四周有艺术型的边框；贺年卡的文字内容分左右两部分，并设置不同的段落格式。

图 4-56　贺年卡的内容

实例分析：首先应该确认，贺年卡就是一个小小的页面，所以，一切工作都将围绕着页面的编辑和格式化进行，还要有图形、图片处理技术相协助。通过观察和实验，可以确定作品包括以下基本要素。

- 设置纹理型的背景。
- 文字标题下面有一条图形化的边框线。
- 标题左、右两侧分别有一个装饰图形。
- 卡片四周的花边是把页面设置了艺术型的边框。
- 卡片采用了分栏格式，才能在一个页面的同一行中，设置不同的段落格式。

任务操作

① 设置背景。选择"格式"/"背景"命令打开"填充效果"对话框，在"纹理"选项卡中选择"画布"型作为页面的背景。

② 输入"新年快乐"，并设置为"彩云"体，改变字号为"初号"；单击"格式"工具栏上的"字

符缩放"按钮,选择"66%"。

③ 把光标插入在"新年快乐"的右侧,利用"格式"菜单打开"边框和底纹"对话框的"边框"选项卡,单击"横线"按钮,选择一种图形化横线。

④ 打开"编辑艺术字文字"对话框,输入"Happy new year"。选中艺术字单击"艺术字"工具栏上的"艺术字形状"按钮,选中"粗环形"。调整艺术字成正圆形,并缩小尺寸。还需要让它旋转一定的角度,才能达到题样中的效果。最后,画一个与艺术字外边同样大的圆。同时选定圆和艺术字,利用"对齐和分布"命令使二者中心重合,如图 4-57 所示。

图 4-57 改变艺术字形状示意图

⑤ 在"剪贴画"对话框中查找到"三叶草",插入到文档中后,缩小尺寸,并改变其版式为"浮于文字上面";选中剪贴画,在"设置图片格式"对话框中设置绿色边框线;向左旋转剪贴画的"旋转控点"45°后,移动到页面的左上方。

⑥ 打开"边框和底纹"对话框的"页面边框"选项卡,在"艺术型"下拉列表框中选择一种边框,并利用"选项"按钮改变边框距离上、下、左、右页边界的边距都是"6 磅"。

⑦ 输入文字。参考题样中的文字内容输入一段诗歌,输入一句按一次回车键。

⑧ 在第一句的前面插入一个"连续"型的分节符,在最后一句的后面再插入一个"连续"型的分节符。然后,将光标放在两个分节符之间,利用"格式"菜单打开"分栏"对话框,预设"左偏"型栏式,并选中"分割线"复选框,单击"确定"按钮。

知识与技能

编写一个直观的艺术字虽然很简单,但是,如果巧妙地选择"艺术字形状"中的"圆形",并配合使用"艺术字"工具栏上的其他命令按钮,可以创作出许多实用的图形,如物理实验装置图、刻度表、圆形图章等。因为艺术字归属于图形系列,所以,还可以运用平时积累的编辑和修饰图形的技巧来处理艺术字,完全可以随心所欲地在 Word 文档中创作自己的艺术作品。

分栏技术看似简单,但经常遇到一些麻烦,如顶端不能对齐;取消分栏后不能再顺利地分栏等。其实,问题的根源往往产生在"分节符"上。分栏时,一定要在被划分区域的头和尾分别插入一个分节符,而且必须是"连续"型的;否则,分栏将波及其他不需要分栏的段落中。另外,取消分栏后,分节符并没有自动退出文档,必须手工删除,才能避免后患。必要时可以利用"显示 / 隐藏编辑标记"按钮让这个隐蔽的符号显示出来。如果两栏的"左右肩膀"不一样高,在高"肩膀"处放上一个"分栏符",它就会低下来。

一、填空题

1. 打开一个 Word 文档文件后,文档窗口标题栏上显示的内容是_____的名字。

2. 在 Word "窗口"菜单底部显示的文件名是_____。

3. 在文档窗口中复制一个内容相同,但名字不同的文件,应该使用_____命令。

4. 在插入状态下输入文字时,插入点_____侧内容将向_____侧移动。

5. 当"编辑"菜单中的"粘贴"命令呈浅灰色时，表示 ＿＿＿＿＿＿＿。

6. 基本字体格式包括 ＿＿＿、＿＿＿、＿＿＿、＿＿＿ 和 ＿＿＿。

7. 字符间距格式包括字符缩放、水平 ＿＿＿ 和垂直 ＿＿＿。

8. Word 2003 段落的"缩进和间距"格式包括 ＿＿＿、＿＿＿ 和 ＿＿＿。

9. 在"制表位"对话框中可以设定制表位的三要素，包括 ＿＿＿、＿＿＿ 和 ＿＿＿。

10. 在一个页面里分栏，应该插入 ＿＿＿ 个分节符，分节符的类型应该是 ＿＿＿ 型的。

11. 可以采用与正文相同的方法，在页眉中插入字符、＿＿＿ 和 ＿＿＿。

12. 样式是格式的集成，应用样式包括新建、修改、删除、＿＿＿ 样式和 ＿＿＿ 样式。

13. 利用"表格"菜单中的"插入"命令可以插入表格、行、列和 ＿＿＿＿＿＿。

14. 按 Shift+Tab 组合键能够把光标移动到 ＿＿＿＿ 单元格。

15. 在表格的单元格中，可以插入字符、音频和 ＿＿＿＿。

16. 可以针对整个表格设置边框，也可以为行、列或 ＿＿＿＿＿ 设置边框。

17. 在文档中插入自选图形后，该图形具有调整控点（黄色菱形块）和旋转控点（绿色圆点），拖曳调整控点可以改变 ＿＿＿＿＿；拖曳旋转控点可以改变 ＿＿＿＿。

18. 编辑图形的主要任务是：改变尺寸、改变数量、改变角度和改变 ＿＿＿＿。

19. 当鼠标对准图形，指针变成十字箭头形状时，拖曳鼠标能够 ＿＿＿＿＿ 图形。

20. 剪裁图片和改变图片尺寸的不同点是 ＿＿＿＿＿＿。图片的黑白属性和水印属性的不同点是 ＿＿＿＿＿。

21. 在文档中插入的艺术字实质上也是 ＿＿＿＿，所以，对普通图形实行的编辑方法一般对艺术字也适用。

二、选择题

1. Word 2003 有多种视图方式，其中默认方式是 ＿＿＿。

 （A）页面视图　　　　　　　　　　（B）普通视图

 （C）大纲视图　　　　　　　　　　（D）Web 版式视图

2. 是否在文档窗口中显示标尺，可以通过 ＿＿＿ 菜单来设置。

 （A）文件　　　　（B）工具　　　　（C）格式　　　　　　（D）视图

3. 要设置文件的使用权限，命令在 ＿＿＿ 中。

 （A）"文件"菜单　　　　　　　　（B）"工具"菜单

 （C）"选项"对话框　　　　　　　（D）"帮助"菜单

4. 要修改被修订内容的颜色，应该利用 ＿＿＿ 对话框打开"修订"选项卡。

 （A）字体　　　　（B）选项　　　　（C）段落　　　　　　（D）主题

5. 左页边距加右页边距再加行宽等于 ＿＿＿。

 （A）纸张大小　　　（B）纸张宽度　　（C）窗口大小　　　　（D）屏幕尺寸

6. 在 Word 2003 窗口中执行打印任务后，下列描述中不正确的是 ＿＿＿。

 （A）可切换窗口　　　　　　　　（B）退出 Windows 操作系统

 （C）能执行新打印任务　　　　　（D）能关闭文档窗口

7. 设置段落为首行缩进时，可以利用的工具是 ＿＿＿。

 （A）只有菜单命令　　　　　　　（B）标尺工具栏和菜单命令

（C）只有工具栏　　　　　　　　　　（D）只有标尺

8. 在段落中，行间距的单位不可以是 ＿＿＿。

（A）点　　　　　　（B）厘米　　　（C）英寸　　　（D）像素

9. 使一个 3 行半的段落居中对齐后，产生明显居中效果的是 ＿＿＿。

（A）首行　　　　　　（B）末行　　　（C）非末行　　　（D）全段

10. 执行 ＿＿＿ 操作时，在制表位上设置的前导符才能出现。

（A）单击制表位　　　　　　　　　　（B）单击标尺

（C）双击制表位　　　　　　　　　　（D）按 Tab 键

11. 利用菜单命令和使用工具栏创建表格的区别是 ＿＿＿。

（A）表格大小不同　　　　　　　　　（B）能否确定列宽

（C）表格格式不同　　　　　　　　　（D）行数不同

12. 下面哪种方法不能改变行高 ＿＿＿。

（A）改变行间距　　　　　　　　　　（B）改变字号

（C）拖曳表格线　　　　　　　　　　（D）设置表格底纹

13. 在 Word 2003 表格的单元格中，可以插入 ＿＿＿。

（A）表格　　　　　　（B）声音　　　（C）图片　　　（D）页码

14. 下面哪种方法不能改变列宽 ＿＿＿。

（A）改变行高　　　　　　　　　　　（B）改变字号

（C）利用标尺　　　　　　　　　　　（D）拖曳表格竖线

15. 只为表格的左外边框设置"红色"边框，选中方法 ＿＿＿ 是错误的。

（A）选中第一列　　　　　　　　　　（B）光标在 B3 单元格中

（C）选中整个表格　　　　　　　　　（D）选中第一行

16. 下面哪些方法能改变图形的尺寸 ＿＿＿。

（A）双击图片后拖曳尺寸控制块　　　（B）按住 Ctrl 键再拖曳图片

（C）单击图片尺寸控制块　　　　　　（D）单击图片再拖曳尺寸控制块

17. 当鼠标对准插入的图形时，如果指针变成 ＿＿＿ 形状时，拖曳鼠标能够移动图形。

（A）"I" 字　　　　（B）空心箭头　　（C）"+" 字　　　（D）十字箭头

三、简答题

1. 剪贴板与自动图文集有哪些相同的功能？有哪些不同的特点？

2. 如何进行文档的"字数统计"工作？显示的"段落数"包括标题数吗？

3. "查找"选项卡中的"全字匹配"的含义是什么？使用通配符有什么作用？

4. 版心与哪些页面参数有关？让版心向右下方移动，应该怎样调整页边距的数值？

5. 在不考虑打印质量的前提下，怎样设置打印选项能够明显提高打印速度？

6. 如何利用"控制面板"增添和删除某种字体？

7. 简述利用"格式"菜单和利用"格式"工具栏设置字体格式的差异。

8. 如果字号增大，原来字符被设置的双删除线是否有变化？为什么？

9. 增加标题与正文之间的间距，可以采取哪几种做法？

10. 把文字转换为表格时，要求文字具备什么基本条件？

11. 把表格数据转换为文字时，可以选择哪几种分割符？转换的效果有什么不同？

12. 简单说明在 Word 2003 绘制的图形和插入的图片有什么根本的区别。

13. "设置自选图形格式"对话框和"绘图"工具栏有哪些相同的功能和不同的功能？

14. 文本框与文字有几种版式？其中哪种版式不容易移动文本框？

15. 在文档中插入脚注和尾注、题注、目录对象后，它们的共同特点是什么？

16. 邮件合并功能主要适合做什么？如果只是制作 2 个信封，还有必要用"邮件合并"吗？

四、操作题

1. 要求在启动 Word 2003 的同时，打开 C : \ data \ file1.doc 文件，然后，把该文档的内容复制到另一个文件，命名新文件为 C : \file2.doc。

2. 新建 3 个文档，并把这些文档内容存盘，文件名分别为 file_A.doc、file_B.doc 和 file_C.doc。重新排列这些文档窗口，并把 file_A.doc 的窗口拆分为两部分。

3. 综合利用编辑字符的技术，在文档中输入"Computer"，并快速复制 10 000 个。

4. 输入一段天气预报，包括标题、副标题及正文内容。按照下面的要求设置文档的字符格式：设置标题为小三号字、宋体、加粗、蓝色；设置副标题的字符间距为加宽 3 磅；通过设置字符的上标格式得到温度符号"℃"；设置正文为小四号字、楷体；设置日期为五号字、斜体、宋体；设置文后注释的文字为灰色、六号字、双下画线。

5. 新建一个文档，输入 7 段文字。按照下面的要求设置文档的段落格式：设置标题居中对齐，正文两端对齐，日期右对齐，正文各段首行缩进 0.80 厘米；设置奇数段左缩进 1.4 厘米，右缩进 1.4 厘米；设置标题后间距为 12 磅，第 7 段的段前间距为 18 磅；设置正文各段的行间距为最小值 0 磅。

6. 在一页中输入 3 段文字，分别把它们分成二栏、三栏和四栏，并设置分隔线。

7. 利用"设置自选图形格式"对话框和"绘图"工具栏，通过绘制简单图形或插入自选图形，并采用图形处理的种种手段，手工制作一个艺术字作品。

8. 利用"绘图"工具栏绘制题为"校园的春天"的图画，并使用文本框题诗一首。

9. 新建一个文档，参考下面的题样，插入一个数学公式，注意公式整体布局的匀称性，并适当设置各元素的字体和尺寸。

$$k = \sqrt{l^2 + m^2 + n^2}$$

第5章

电子表格处理软件 Excel 2003应用

　　Excel是应用最广泛的电子表格处理软件，是Microsoft Office套件的一部分。Excel的魅力在于其通用性强，优势是进行数字计算，非数字应用也很强，可以用于数值处理、创建图表、组织列表等。

5.1 电子表格的基本操作

　　◎ 工作簿、工作表、单元格等基本概念
　　◎ 创建、编辑和保存电子表格文件
　　◎ 输入、编辑和修改工作表中的数据
　　◎ 模板的作用和使用方法*

　　电子表格处理软件是一种常用的办公软件，广泛应用于金融、财务、统计、审计以及行政等领域，它是当今时代进行数据计算、统计的重要工具。

5.1.1　电子表格处理软件的基本概念

　　Excel 中最重要的 3 个基本概念是工作簿、工作表和单元格。

1. 工作簿

Excel 中用来存储并处理数据的文件叫做工作簿，一个工作簿对应一个磁盘文件。用户完成 Excel 操作，退出 Excel 或保存 Excel 文件时，一般需要命名工作簿文件。

在 Excel 中所做的工作都是在一个工作簿文件中执行。打开工作簿文件后，有其自己的窗口。默认情况下，Excel 2003 工作簿文件的扩展名是 .XLS。在 Excel 中可以打开任意多个工作簿。

 首次启动 Excel 后，系统默认的工作簿名是 Book1.xls。

2. 工作表

工作簿文件由工作表组成。在一个工作簿文件中，可以建立多个工作表。工作簿文件默认建立 3 个工作表，用户可以根据需要增加或减少工作表的个数。

 选择"工具"/"选项"命令，在"选项"对话框的"常规"选项卡中可设置新建工作簿包含的工作表数目。

工作表默认命名为 Sheet1、Sheet2、…、Sheet255，工作表名称显示在 Excel 窗口的工作表标签中。工作表标签位于 Excel 窗口的左下角。用户正在操作的工作表是"当前工作表"，也叫活动工作表。

 单击工作表标签可实现活动工作表的切换。

工作表的工作区域主要由单元格组成。在单元格中可以进行数据的输入、编辑和计算。工作表的左端是行号，顶端为列标。Excel 工作表中的行号通常从上向下按数字的大小编号，依次为：1、2、…、65535、65536。列标通常从左向右按英文字母的顺序编号，其列号分别为：A、B、…、Y、Z、AA、AB、…、IU、IV，即一个工作表最多只有 256 列。

3. 单元格

工作表中行列交叉处的长方形格，叫单元格。单元格是 Excel 中数据填充的基本单位，用来存放字符、数值、日期、时间以及公式等数据。每个单元格均有一个固定的地址，常用的地址编号由列标和行号组成，如 A1、B2、B1756、IV65536 等。单元格的地址唯一代表一个单元格。

活动单元格也叫当前单元格，即正在使用的单元格。用鼠标单击某一单元格后，此单元格四周即呈现粗黑色线。粗黑色线边框所包围的单元格，就是当前单元格。

实例 5.1　进入 Excel 2003

 情境描述

计算机中已经安装了 Office 2003 套件，准备使用 Excel 对计算机的报价情况进行处理，首先要进入 Excel 2003，对 Excel 的界面进行简单的操作。进入 Excel 进行操作，需要掌握 Windows 操作系统的基本操作。对 Excel 界面的认识和操作，也最好有 Word 的基础。

 任务操作

① 选择"开始"/"所有程序"/"Microsoft Office"/"Microsoft Office Excel 2003"命令，打开 Excel 2003。

② Excel 界面如图 5-1 所示。

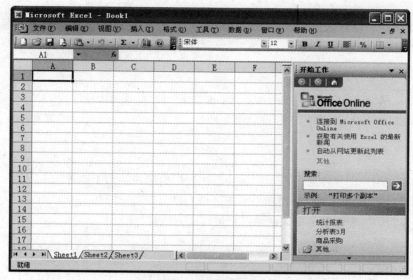

图 5-1 Excel 起始界面

③ 与 Windows 操作系统中的其他软件一样，Excel 包含菜单、工具栏等窗口元素。

④ 关闭 Excel 的任务窗格，如图 5-2 所示。

 知识与技能

Excel 应用程序窗口中的主要部件有：标题栏、菜单栏、工具栏、编辑栏、列标、行号、工作表区、工作表标签、状态栏、滚动条等。其中标题栏、菜单栏、工具栏、状态栏、滚动条等的使用方法与 Word 相似。

1. 编辑栏

编辑栏的主要功能是显示和编辑活动单元格中的数据或公式。

2. 名称框

名称框位于编辑栏的左侧，框中一般情况下显示活动单元格地址。图 5-2 中当前单元格的地址是"A1"。

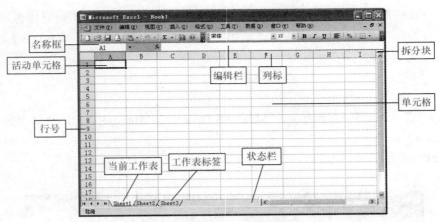

图 5-2　Excel 中的主要部件

 提示　在名称框中输入新的单元格地址，按回车键后可以快速定位单元格。

3．工作簿窗口

工作簿窗口是用户的工作区，以工作表的形式提供给用户一个工作界面。

在工作簿窗口的垂直滚动框上端和水平滚动框右端分别有一个拆分块，可对工作簿窗口进行垂直或水平拆分，常用于锁定工作表的标题行或标题列的操作。

4．状态栏

状态栏位于 Excel 应用程序窗口的最底部，其左端显示的是当前工作状态及操作提示，中间位置显示自动计算的结果，右端显示功能键的状态。

5.1.2　电子表格文件操作

与 Windows 操作系统中的其他应用程序相似，文件操作主要是新建、保存、打开等。

1．创建新的工作簿文件

在 Excel 中，创建新工作簿文件的最常用方式是建立一个空白工作簿。此外，还可以利用模板来建立具有固定格式的工作簿。

创建一个空白工作簿常用操作方法是在 Excel 应用程序窗口中单击"常用"工具栏上的"新建"按钮 。

2．保存工作簿文件

保存工作簿文件是 Excel 中非常重要的操作。在使用 Excel 的过程中，应养成及时保存文件的习惯；否则，一旦出现断电或死机的故障，没有保存的信息会全部丢失。

保存分为"保存"和"另存为"两个菜单命令。"另存为"命令可以为已保存过的工作簿建立一个副本。

保存工作簿的常用操作方法是在 Excel 应用程序窗口中单击"常用"工具栏上的"保存"按钮🖫。

3. 打开与关闭工作簿文件

打开工作簿文件是将磁盘中的工作簿文件调入内存，并显示在 Excel 应用程序窗口中。打开工作簿的常用操作方法是在 Excel 应用程序窗口中单击"常用"工具栏上的"打开"按钮🖼，在"打开"对话框中选择所需的工作簿文件，然后单击"确定"按钮。

实例 5.2 文 件 操 作

 情境描述

在 Excel 中，熟练地进行新建、保存、打开等操作，对 Excel 文档进行操作。

 任务操作

① 运行 Excel 应用程序，选择"文件"/"新建"命令，如图 5-3 所示。

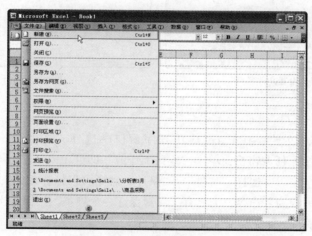

图 5-3 "新建"命令

② 在"新建工作簿"任务窗格内，单击"空白工作簿"，如图 5-4 所示。

③ 选择"文件"/"保存"命令，由于是第 1 次保存工作簿文件，因此显示"另存为"对话框，修改文件名，然后单击"保存"按钮，如图 5-5 所示。

④ 关闭 Excel 应用程序。

⑤ 再次运行 Excel 应用程序，然后选择"文件"/"打开"命令，显示"打开"对话框。在对话框中选择文档，单击"打开"按钮，如图 5-6 所示。

 提示　打开、保存操作默认的位置都是"我的文档"。注意保存文件所处的文件夹。

⑥ 装载打开的文档。

图 5-4　选择空白模板

图 5-5　设置文件名

图 5-6　打开文件

 知识与技能

（1）使用菜单新建文档。在 Excel 应用程序窗口中选择"文件"/"新建"命令，Excel 2003 显示"新建工作簿"任务窗格，单击"空白工作簿"即可完成新建。

（2）使用菜单保存文档。选择"文件"/"保存"命令可以保存新的、未命名和已有的工作簿。选择"文件"/"另存为"命令，为已有工作簿保存一个副本。当第 1 次保存文档时，"保存"命令调用的就是"另存为"命令。

（3）使用菜单打开文档。选择"文件"/"打开"命令，在"打开"对话框中选择所需的工作簿文件，然后单击"确定"按钮就可以打开文档。

 提示　在"文件"菜单中，会显示最近打开的 4 个文档，可以使用它快速打开以前编辑过的文档。

5.1.3　编辑数据

1. 选定

在工作表中进行输入、编辑等操作时，首先要选定操作的单元格或单元格区域。

选定单个单元格的常用方法是单击需要选择的单元格，该单元格就变成了活动单元格。

行号、列标都可以单击，进行整行、整列的选择。单击行号、列标的交叉点可以选择整个工作表。

　　单元格区域是多个单元格，可以是整行、整列的单元格，也可以是矩形单元格区域，不连续的多个单元格区域，甚至是整个工作表。

　　选定单元格区域的常用方法是使用鼠标拖曳的方法选择。在要选择区域的一角按下鼠标左键，拖曳鼠标光标到所选区域另外一角，放开鼠标左键，可选定所需的矩形区域。

　　按住 Ctrl 键，进行鼠标单击和拖曳，可以选择不连续的区域。

2. 数据输入

　　在单元格中可以存储文字、数字、日期、时间、公式等数据。一个单元格中只能填充一个数据，即在一个单元格中不管输入了多少内容，也只是一个数据。

　　输入数据时要先选定单元格，然后在单元格中输入，也可以在编辑栏输入，最后按回车键结束输入。

　　文本数据是指不能参与算术运算的任何字符。例如英文字母、汉字，不作为数值使用的数字（以单引号开头），其他可输入的字符，或以上字符的组合。文本数据默认为"左对齐"。

　　当数字作为字符串输入时，需以单引号开头。例如 '100234（邮政编码），再如输入电话号码也应在前面加 '。

　　数值数据一般指数值常量等，是可进行数值运算的数据。在单元格内输入的数字，系统默认为数值常量。数值数据默认为右对齐。当数值的整数位数超过 11 位时，系统按科学计数法显示数字。

　　输入分数数据，必须在分数前加 0 和空格。例如要输入分数 1/4 时，应输入 0（空格）1/4；否则，系统会自动作为日期处理。

　　在 Excel 中，日期和时间是一种特殊的数值。本身它们作为数值存储，但显示格式按照"日期"或"时间"格式显示。日期可以按照"年 / 月 / 日"、"年 - 月 - 日"等格式输入。时间可以按照"时：分：秒"格式输入。

　　使用 Ctrl + "；"（分号）组合键，可在当前单元格中输入系统日期。使用 Ctrl + Shift + "；"组合键可以输入系统时间。

3. 编辑单元格中的数据

　　当需要重新输入单元格中的内容时，首先选定需编辑的单元格为当前单元格，直接输入新数据，最后按回车键确认，新输入的数据将替换原有的数据。

　　当需要在单元格原有数据的基础上编辑修改时，可以双击需编辑的单元格，移动文本光标，确定修改位置后进行插入、删除等操作。也可以选定需编辑的单元格为当前单元格，在编辑栏中对数据进行插入、删除等操作。

实例 5.3 数据输入与编辑

情境描述

为了今后数据的计算、分析和统计，某小超市利用 Excel 进行数据管理。表 5-1 所示为该小超市的一些数据，需要在 Excel 中输入。

表5-1 基础数据表

产品名称	标准成本（元）	列出价格（元）	单位数量	类别
菠萝	1	5	500 克	水果和蔬菜罐头
茶	15	100	每箱 100 包	饮料
蛋糕	2	35	4 箱	焙烤食品
蕃茄酱	4	20	每箱 12 瓶	调味品
果仁巧克力	10	30	3 箱	焙烤食品
胡椒粉	15	35	每箱 30 盒	调味品
花生	15	35	每箱 30 包	焙烤食品
金枪鱼	0.5	3	100 克	肉罐头
辣椒粉	3	18	每袋 3 公斤	调味品
梨	1	5	500 克	水果和蔬菜罐头
绿茶	4	20	每箱 20 包	饮料
苹果汁	5	30	10 箱 x 20 包	饮料
糖果	10	45	每箱 30 盒	焙烤食品
桃	1	5	500 克	水果和蔬菜罐头
豌豆	0.5	4	500 克	水果和蔬菜罐头
虾米	8	35	每袋 3 公斤	肉罐头
熏鲑鱼	1.5	6	100 克	肉罐头
盐	8	25	每箱 12 瓶	调味品
玉米	0.5	4	500 克	水果和蔬菜罐头
猪肉	2	9	每袋 500 克	肉罐头

建立后的 Excel 表格效果如图 5-7 所示。

任务操作

① 打开“产品统计”表。

② 在 Sheet1 中输入表中的数据。

> **提示** 注意文本和数值的区别。A 列、D 列、E 列都有部分单元格的数据溢出，例如在输入 B6 单元格数据时，会自动覆盖 A6 溢出的数据。

③ 修改 Sheet1 工作表的名称为“小超市”。

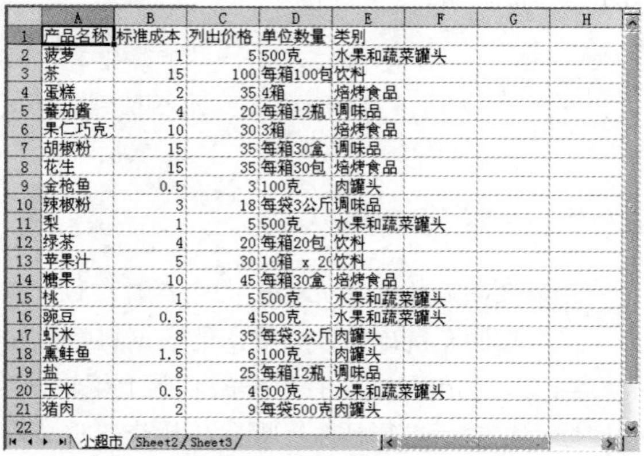

	A	B	C	D	E	F	G	H
1	产品名称	标准成本	列出价格	单位数量	类别			
2	菠萝	1	5	500克	水果和蔬菜罐头			
3	茶	15	100	每箱100包	饮料			
4	蛋糕	2	35	4箱	焙烤食品			
5	蕃茄酱	4	20	每箱12瓶	调味品			
6	果仁巧克	10	30	3箱	焙烤食品			
7	胡椒粉	15	35	每箱30盒	调味品			
8	花生	15	35	每箱30包	焙烤食品			
9	金枪鱼	0.5	3	100克	肉罐头			
10	辣椒粉	3	18	每袋3公斤	调味品			
11	梨	1	5	500克	水果和蔬菜罐头			
12	绿茶	4	20	每箱20包	饮料			
13	苹果汁	5	30	10箱 x 2(	饮料			
14	糖果	10	45	每箱30盒	焙烤食品			
15	桃	1	5	500克	水果和蔬菜罐头			
16	豌豆	0.5	4	500克	水果和蔬菜罐头			
17	虾米	8	35	每袋3公斤	肉罐头			
18	熏鲑鱼	1.5	6	100克	肉罐头			
19	盐	8	25	每箱12瓶	调味品			
20	玉米	0.5	4	500克	水果和蔬菜罐头			
21	猪肉	2	9	每袋500克	肉罐头			
22								

图 5-7 Excel 中建立的数据

知识与技能

Excel 提供了智能化输入功能，主要包括填充柄输入、填充命令输入、下拉列表输入、记忆式输入、区域输入等。

（1）使用填充柄。进行填充只能在同一张工作表上相临的单元格上进行。填充柄的主要功能是实现数据的自动填充。用户选定所需的单元格或单元格区域后，在当前单元格或选定区域的右下角出现一个黑色方块，这就是填充柄，如图 5-8 所示。

用鼠标拖曳填充柄，可自动填充数据。填充的数据可以是复制的数据，也可以是序列数据。

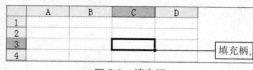

图 5-8　填充柄

当数据类型为常规型或数值型时，直接拖曳为复制数据，按住 Ctrl 键拖曳填充序列数据。当数据类型为文本、日期和时间型时，直接拖曳为填充序列数据，按住 Ctrl 键拖曳为复制数据。

（2）"序列"对话框。Excel 还提供了"序列"对话框自动填充功能。当用户在活动单元格中输入数据后，可以选择"编辑"/"填充"/"序列"命令，打开"序列"对话框，首先选择"序列产生在""行"或"列"，再选定序列类型，设定步长值和终止值后单击"确定"按钮即可。

在选定区域的活动单元格中输入一个数据，按住 Ctrl + Enter 组合键确认输入，则可以在选定的连续区域或不连续单元格区域内输入相同的数据。

（3）选定工作表。在当前工作簿中选定工作表，是 Excel 中经常使用的一种操作。在 Excel 中可以选定一个工作表，然后对该工作表进行单独操作；也可以同时选定若干个工作表，组成工作组。选定多个工作表可以实现输入多个工作表共用的数据，一次隐藏或删除多个工作表，对选定多个工作表的单元格或区域进行格式化等操作。

单击工作表标签即可选定该标签名字对应的工作表。

单击所需的第一个工作表标签，然后按住 Shift 键，单击所需的最后一个工作表标签，可以选定多个连续的工作表。按住 Ctrl 键不放，单击所需工作表标签，可以选定多个连续的或不连续的工作表。

（4）工作表更名。根据需要，可以为工作表命名，使工作表的名字更为直观。双击需要改名的工作表标签，然后输入新的名字，按回车键确认修改。

用鼠标右键单击需要改名的工作表标签，在快捷菜单中包含"重命名"命令，选择该命令也能重命名。

（5）查找与替换。使用查找功能可以迅速在表格中定位要查找的内容，替换功能可以对表格中多次出现的相同内容进行替换修改。在查找和替换操作时，系统默认范围为当前整个工作表，如果查找和替换操作的范围是单元格区域或者是几个工作表，应选定所需的区域再进行查找和替换操作。

课堂训练5.1

完成如图 5-9 所示的 Excel 表。

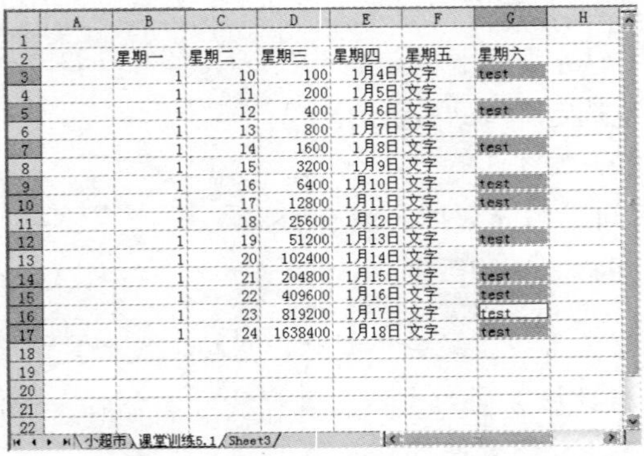

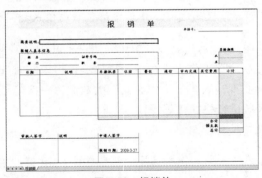

图 5-9　课堂训练

5.1.4　使用模板 *

Excel 为了简化电子表格的建立过程，提供了很多现成的模板，可以利用模板来建立具有固定格式的工作簿。图 5-10 所示为利用模板建立的"报销单"。

图 5-10　报销单

使用模板建立文档，需要选择"文件"/"新建"命令，在"新建工作簿"任务窗格中选择"本机上的模板"。Excel 将打开如图 5-11 所示的模板对话框。

图 5-11　"模板"对话框

在"电子方案表格"选项卡中，可以选择需要的模板，如"报销单"，然后单击"确定"按钮，就完成了 Excel 电子表格的建立。

5.2 电子表格的格式设置

◎ 插入单元格、行、列、工作表等
◎ 设置单元格、行、列、单元格区域、工作表等格式，能够自动套用格式
◎ 使用样式保持格式的统一和快捷设置*

格式设置是指更改电子表格的外观，包括插入或删除行、列、工作表等编辑操作，也包括行高和列宽、单元格中数据的字体、表格边框、数据对齐方式、数据隐藏等格式设置，还包括整个工作表页面输出格式的设置。

5.2.1 编辑工作表及单元格

常见的编辑操作主要是插入、删除、移动和复制。在 Excel 中，可以针对工作表、行、列、单元格等对象进行编辑操作。另外，还可以针对单元格中的数据进行编辑操作。

1. 插入

在 Excel 中插入工作表，是在当前活动工作表前面插入一个空白的工作表，选择"插入"/"工作表"命令完成操作。

插入行操作，可在工作表指定位置插入一个或多个空白行。选定所需插入的行，选择"插入"/"行"命令，可在选定位置前插入选定行数的空白行。

插入列操作，可在指定位置左插入一个或多个空白列。选定所需的列，选择"插入"/"列"命令，可在选定位置左插入选定列数的空白列。

插入单元格操作，可在工作表的指定位置插入一个单元格或单元格区域。选定一个单元格或单元格区域，选择"插入"/"单元格"命令进行插入。在"插入"对话框中，选择"现有单元格右移"或"现有单元格下移"选项，最后单击"确定"按钮，可以在选定位置处插入空白单元格或单元格区域，选定的单元格将右移或下移。

2. 清除与删除

清除操作的功能是清除选定区域的内容，而不会删除选定区域行、列或单元格。删除操作的功能是将选定区域的行、列或单元格删除，由其他行、列或单元格来填补空位。

进行清除操作，要选定清除数据的单元格区域，选择"编辑"/"清除"命令，在下级菜单中选择要清除方式。

需要操作删除工作表，选择"编辑"/"删除工作表"命令，可以删除当前工作表。删除命令会把选定的工作表永久删除。选择删除工作表命令后，屏幕将弹出警告对话框。

3. 移动或复制

只能在已打开的工作簿中移动或复制工作表。移动工作表可以改变工作表标签在标签显示区的位置或把工作表从一个工作簿移到另一个工作簿中。复制工作表可以建立工作表的副本。

移动或复制行、列、单元格，实际就是移动或复制行、列、单元格中的数据，进行剪切、复制、粘贴操作，利用剪贴板，是移动或复制数据的通用方法。

 提示　需要移动或复制行、列、单元格中的数据，也可以使用菜单、快捷菜单，或者拖动选择单元格的外框，来完成移动或复制操作。

实例 5.4　编辑工作表和单元格

 情境描述

为了计算"小超市"中的盈利，需要在成本与售出价格之间进行运算。在运行前，需要将原始"小超市"中的数据复制到一个新的工作表中，然后对部分数据进行处理。

 任务操作

① 打开"产品统计"表。

② 选择 Sheet3，在 Sheet3 标签上右击鼠标，在快捷菜单中选择"插入"命令，如图 5-12 所示。

③ 在"插入"对话框中选择插入工作表，如图 5-13 所示。

图 5-12　工作表快捷菜单

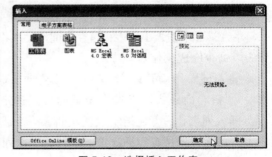

图 5-13　选择插入工作表

④ 选择"小超市"工作表，选择其中的 A ～ E 列，复制到剪贴板。复制后如图 5-14 所示。

⑤ 切换到新插入的"Sheet1"工作表，重命名为"计算利润"，复制剪贴板中的内容。

⑥ 选择要删除的行，如图 5-15 所示。

 提示　用 Ctrl+ 鼠标单击选择不连续区域。

⑦ 选择"编辑"/"删除"命令，删除选择的行。

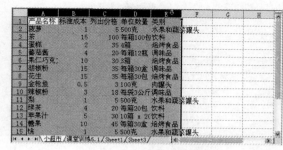

图 5-14　选择源数据　　　　　　　　图 5-15　选择删除行

⑧ 拖动"计算利润"工作表到"Sheet3"工作表后。

　知识与技能

在同一个工作簿中移动工作表，可以选定工作表标签，按住鼠标左键拖动标签至所需位置，松开鼠标左键，就可改变工作表在工作簿中的位置。

为了避免操作错误，可以单击工具栏上的"撤销"按钮（或选择"编辑"/"撤销×××"命令），可以连续或逐次撤销前一次的操作。单击工具栏上"撤销"按钮的下拉列表按钮，可列出最近以来的 16 次操作，单击其中的一项，可撤销从指定操作以后的所有操作。

　工作表的重命名等操作是无法撤销的。

5.2.2　设置格式

格式化是指设置工作表的外观，包括行高和列宽、数字格式、字体、表格边框、数据对齐方式、数据隐藏以及前景色、背景色和图案等。格式化一般要先选定需进行格式化操作的单元格或单元格区域，然后再使用菜单命令或工具栏中的按钮进行格式化设置。

1.　行高和列宽的调整

在 Excel 中，使用鼠标或菜单命令都可以改变工作表中的行高和列宽。

Excel 的工作表中，每个单元格的默认宽度为 8.38，此时可显示 8.38 个英文字符或 4.19 个汉字。当输入的字符超过默认列宽时，在列的右边没有字符的情况下，字符会"溢出"到下一列。若需要改变列宽，使其适应列中的字符，可以选定需调整的列，选择"格式"/"列"/"最适合的列宽"命令即可。该方法可使所选列的列宽正好容纳该列中最长的数据。

在 Excel 工作表中调整行高的操作与调整列宽的操作基本相同，但在"行"命令中没有标准行高。

　选择"格式"下拉菜单中"行"或"列"命令下一级的"隐藏"或"取消隐藏"命令，可在工作表中隐藏或取消隐藏选定的行或列。

2.　"单元格格式"对话框

在 Excel 中可以对阿拉伯数字进行多种专用格式的设置，该操作称为数字格式化。使用"格式"工具栏和"单元格格式"对话框，均可对数字进行格式化设置。选择"格式"/"单元格"命令，

可打开"单元格格式"对话框。

- "数字"选项卡用于设置各种数据的显示格式。
- "对齐"选项卡用于设置单元格数据的对齐方式。
- "字体"选项卡用于设置所选文本的字体、字形、字号以及其他格式选项。
- "边框"选项卡用于设置单元格的边框格式。
- "图案"选项卡用于设置单元格的底纹。
- "保护"选项卡用于设置单元格的数据和公式是否被保护和隐藏。

 "格式"工具栏提供了"单元格格式"对话框中的快捷功能设置。

3. 自动套用格式

Excel 提供了多种用户套用所需表格样式，可以按套用表格式样自动格式化所选定的表格。选定
要格式化的单元格区域，选择"格式"/"自动套用格式"
命令，打开如图 5-16 所示的"自动套用格式"对话框，
在"格式"列表框中选择需要的样式，单击"确定"按钮，
可实现自动套用表格格式操作。

4. 格式的复制

和 Word 一样，Excel 也提供了使用格式刷复制单元
格格式的功能。当用户需要设置相同的格式时，可以先选
定已设置好格式的单元格区域，再单击或双击格式工具栏

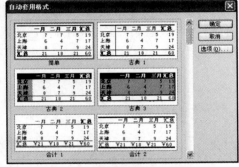

图 5-16 "自动套用格式"对话框

上的"格式刷"按钮，光标回到工作表数据区呈刷子状，在目标区域单击或拖动鼠标，即可复制格式。

 如果是单击"格式刷"按钮，则只能复制一次格式；如果是双击"格式刷"按钮，
则可以多次复制格式，直到用户再次单击"格式刷"按钮才退出复制格式状态。

实例 5.5 格 式 设 置

 情境描述

为"小超市"工作表建立需要打印的副本，并设置格式。

任务操作

① 打开"产品统计"表。

② 选择 Sheet3，重命名为"格式数据"，复制"小超市"工作表中的全部数据。

③ 调整列宽，使每列自动适应，结果如图 5-17 所示。

④ 选择所有包含数据的单元格，进入"单元格格式"对话框。切换到如图 5-18 所示的"边框"
选项卡。

⑤ 默认的线条样式为实线，单击"外边框"按钮，设置外边框。然后选择"线条样式"

为虚线，设置内部线条，设置后的对话框如图 5-19 所示。设置后，单击"确定"按钮返回。

图 5-17　调整列宽后的结果

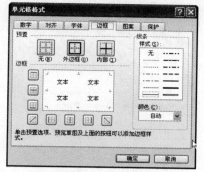

图 5-18　"边框"选项卡

⑥ 选择 C 列中的数值，如图 5-20 所示。

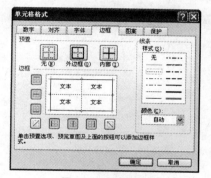

图 5-19　设置边框

图 5-20　选择数值

⑦ 设置选择的单元格区域的数字格式为"货币"，如图 5-21 所示。

⑧ 选择"格式"/"条件格式"命令，设置该区域的条件格式，"条件格式"对话框如图 5-22 所示。

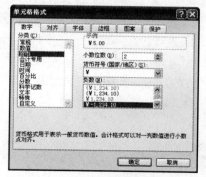

图 5-21　设置为货币数字格式

图 5-22　"条件格式"对话框

⑨ 单击"条件格式"对话框中的"格式"按钮，在"单元格格式"对话框中设置格式如图 5-23 所示。其中的颜色为"水绿色"，字形为"加粗 倾斜"。

⑩ 单击"确定"按钮后，返回"条件格式"对话框，设置条件为"大于 30"，如图 5-24 所示。

⑪ 确定条件格式后，工作表中的数据如图 5-25 所示。

提示

出现的"######"错误显示，表示单元格宽度不足，需再次调整该列宽度。

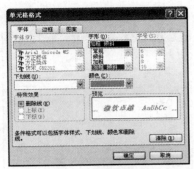

图 5-23 "单元格格式"对话框　　　　图 5-24 条件设置

⑫ 依据前面的步骤，设置 B 列"标准成本"的格式。最后的结果如图 5-26 所示。

图 5-25 条件格式设置后的效果　　　　图 5-26 最后的效果

知识与技能

（1）行高和列宽的调整。使用鼠标拖动也可以调整列宽。可以在工作表的列框内，移动鼠标光标到要改变列宽的列与其后的列的分隔线处，鼠标指针呈黑十字（水平线带左右箭头）状，按住鼠标左键拖动鼠标向左或向右移动，屏幕上会显示相应的列宽，当达到需要的列宽时，松开鼠标左键即可。

可以使用菜单命令精确定义列宽。选择"格式"/"列"/"列宽"命令，在"列宽"框中输入所需的列宽值，最后单击"确定"按钮。

（2）条件格式。使用条件格式，可以设置符合某些条件的数据为特殊的格式效果，用来突出这些数据。选择"格式"/"条件格式"命令可以设置条件格式。

课堂训练5.2

完成如图 5-27 所示的 Excel 表。

图 5-27 数字格式效果

提示 A9、A10 单元格使用了对齐格式的设置。

课堂训练5.3

完成如图 5-28 所示的 Excel 表。

图 5-28 数字格式效果

提示 工作表中的内容使用了"单元格格式"对话框的"对齐"选项卡中的内容进行设置。其中的 D3 单元格中的换行采用 Alt+Enter 组合键实现。

5.2.3 使用样式 *

选择"格式"/"样式"命令，打开如图 5-29 所示的"样式"对话框。

在该对话框中，定义了常规、货币、百分比等常用的样式。通过使用样式，可以快速格式单元格中的数据。从对话框中可以看到，"常规"样式定义了数字格式、对齐方式、字体等一系列内容，这些内容可以通过单击"修改"按钮，进入"单元格格式"对话框进行修改。

图 5-29 "样式"对话框

5.3 数据处理

学习要点

◎ 单元格地址及多个工作表的引用
◎ 使用公式进行计算
◎ 使用函数
◎ 能够完成数据的排序、筛选、分类汇总
◎ 数据的导入与保护*

使用 Excel 不仅可以建立表格，编辑其中的数据，另外一个主要的特点是能够进行数据的运算，并对数据进行分析处理。

5.3.1　公式运算

在 Excel 的单元格中可以输入公式，利用公式可以进行数据运行。

1．公式的概念

公式是由数据、单元格地址、函数以及运算符等组成的表达式。公式必须以等号"="开头，系统将"="号后面的字符串识别为公式。

2．单元格的引用

单元格的引用是指在公式中使用单元格的地址作为运算项，在引用时单元格地址代表了该单元格中的数据。

当需要在公式中引用单元格时，可以直接使用键盘在公式中输入单元格地址，也可以用鼠标单击该单元格。

在单元格的引用中，会包含冒号、逗号等引用运算符。

冒号（:）表示一个单元格区域。例如 C2:H2 表示 C2 到 H2 的所有单元格，包括 C2，D2，E2，F2，G2，H2。再例如 A2:B3 表示 A2，B2，A3，B3 单元格区域。

逗号（,）可以将两个单元格引用名联合起来，常用于处理一系列不连续的单元格。例如"A5,B10"表示 A5、B10 单元格。又如"C2:H2,B16"表示 C2，D2，E2，F2，G2，H2 和 B16 单元格区域。

在公式中引用单元格时，可以引用同一工作表中的单元格或同一工作簿中其他工作表中的单元格，也可以引用其他工作簿中的单元格。

引用单元格地址可以使用相对地址、绝对地址和混合地址 3 种表示。

• 引用相对地址的操作称为相对引用。相对地址使用单元格的列标和行号表示单元格地址，例如：A3，B1，C2 等。当把公式复制到一个新的位置时，公式中的相对地址会随之发生变化。

 提示　引用单元格可以是当前工作表中的单元格，也可以是其他工作表中的单元格。在引用其他工作表中的单元格时，只是在引用前加入工作表名即可。例如单元格 Sheet1!C3:C8，表示 Sheet1 工作表中的 C3 到 C8 单元格。

• 引用绝对地址的操作称为绝对引用。绝对地址在单元格的行号、列标前面各加上一个"$"符号表示单元格地址。例如，单元格 A3 的绝对地址为 A3，单元格 B1 的绝对地址为 B1。当公式复制到一个新的位置时，公式中的绝对地址不会发生变化。

• 引用混合地址的操作称为混合引用。混合地址在单元格的"行号"或者"列标"前面有"$"符号表示单元格地址。例如，单元格 A3 的混合地址为"$A3"，表示"列"是绝对引用，"行"是相对引用；或者"A$3"，表示"列"是相对引用，"行"是绝对引用。

3．运算

Excel 中主要包含算术运算、字符运算和比较运算。

（1）算术运算。表 5-2 所示为 Excel 中可以使用的算术运算符及有关说明。

表5-2　　　　　　　　　　　　　　　算术运算符

运 算 符	运 算 功 能	例	运 算 结 果
+	加法	= 10 + 5	15
−	减法	= B8 − B5	单元格 B8 的值减 B5 的值

续表

运 算 符	运 算 功 能	例	运 算 结 果
*	乘法	= B1*2	单元格 B1 的值乘 2
/	除法	= A1/4	单元格 A1 的值除以 4
%	求百分数	= 75%	0.75
^	乘方	= 2 ^ 4	16

（2）字符运算。表 5-3 所示为 Excel 中可以使用的字符运算符及有关说明。

表5-3　　　　　　　　　　字符运算符

运 算 符	运 算 功 能	例	运 算 结 果
&	字符串连接	="Excel" &" 工作表 " =C4 &" 工作簿 "	Excel 工作表 C4 中的字符串与"工作簿"连接

（3）比较运算。表 5-4 所示为 Excel 中可以使用的比较运算符及有关说明。

表5-4　　　　　　　　　　比较运算符

运 算 符	运 算 功 能	例	运 算 结 果
=	等于	= 100 + 20 = 170	FALSE（假）
<	小于	= 100 + 20 < 170	TRUE（真）
>	大于	= 100 > 99	TRUE
<=	小于或等于	= 200/4 <= 22	FALSE
>=	大于或等于	= 2 + 25 >= 30	FALSE
<>	不等于	= 100<>120	TRUE

（4）运算顺序。Excel 规定了不同运算的优先级。各种运算的优先级由高到低的顺序如下：

－（负号）

%（百分数）

^（乘方）

*、/（乘、除）

+、－（加、减）

&（字符连接）

=、<、>、<=、>=、<>（比较）

公式中同一级别的运算，按从左到右的先后顺序进行。使用括号可以改变运算顺序。

4. 输入公式并进行计算

当需要输入公式，一般先选定需输入公式的单元格，然后输入公式，最后按回车键确定。在输入计算公式时，必须由键盘输入"="号开头，再逐个输入公式中的数据与运算符，输入公式结束，按回车键。在默认状态下，单元格内显示计算结果，编辑栏显示公式。

实例 5.6 使用公式

 情境描述

现在需要计算"产品统计"中的"水果和蔬菜罐头"的利润，也就是"列出价格"和"标准

成本"之间的差额。

可以使用公式进行计算。

 任务操作

① 打开"产品统计"表。

② 进入"计算利润"工作表，并删除无关的数据，调整数据格式，得到的工作表如图 5-30 所示。

③ 在 F1 单元格中输入"差额"，然后在 F2 单元格中输入"="号，开始建立公式。输入等号后，单击 C2 单元格，"C2"自动被输入到单元格中，如图 5-31 所示。

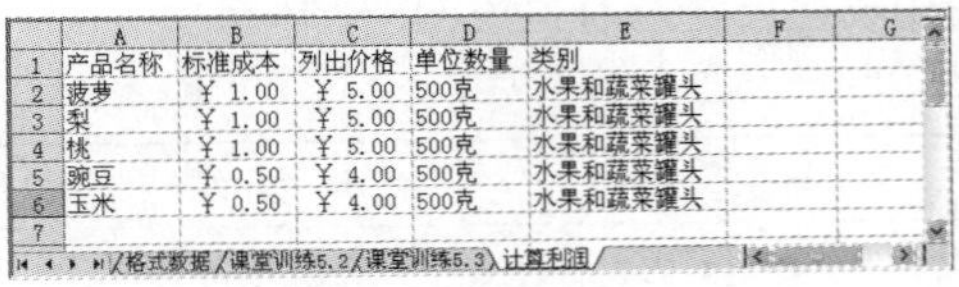

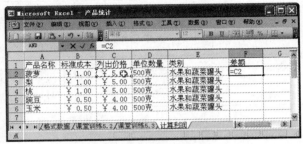

图 5-31　输入公式

图 5-30　基本数据

④ 输入"−"号，然后单击 B2 单元格，"B2"也自动被输入到单元格中，如图 5-32 所示。

 提示　注意对比图 5-31 和图 5-32 的编辑栏变化。

⑤ 按回车键确认或单击编辑栏旁的确认按钮（√），完成公式输入。输入后的效果如图 5-33 所示。在单元格中得到的是公式运算结果，在编辑栏中显示的是公式。

图 5-32　输入公式

图 5-33　完成公式的输入

⑥ 使用填充柄复制公式，如图 5-34 所示。由于是相对引用，复制公式后的单元格能够自动完成正确运算。

⑦ 保存工作簿。

 知识与技能

（1）单元格的命名。在 Excel 中可以把单元格的地址定义成一个有意义的名字。被定义的名字可以表示一个单元格、一组单元格、数值或公式。

一个单元格被命名后，选中该单元格时，"名

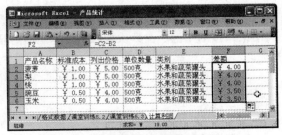

图 5-34　使用填充柄复制公式

称框"中不再显示该单元格的行列地址，而将显示该单元格的名字。单元格的名字只在当前的工作簿中有效，操作时不必指出该单元格在哪一个工作表。

单元格命名时，名字的第一个字符必须是字母（或汉字）、下画线，其他部分可以是字母、数字、中英文句号和下画线；每一个名字的长度不得超过 256 个字符；名字中的大小写字母同等对待；一个单元格（区域）可以有两个以上的不同名字。

单元格命名，首先选定要命名的单元格（区域），然后单击"名称框"，这时名称框中出现选中单元格的地址或名字，并出现文本光标；输入要定义的名字，按回车键，选定的单元格（区域）被命名。

（2）公式的移动和复制。公式的移动或复制可以将一个公式从一个单元格移动或复制到其他单元格中。公式移动和复制的操作与前面介绍的单元格数据的移动方法相同。

 提示 公式复制与单元格数据复制所不同的是当公式中含有单元格相对地址（或混合地址）时，不同位置的公式中单元格地址及计算结果会有变化。

5.3.2 使用函数

1. 什么是函数

函数是 Excel 系统已经定义好的、能够完成特定计算的内置功能。用户需要时，可在公式中直接调用函数。

Excel 中的函数是由函数名和用括号括起来的一系列参数构成，即 < 函数名 >(参数 1，参数 2,…)。

 提示 函数名可以大写也可以小写，当有两个或两个以上的参数时，参数之间要用逗号（或分号）隔开。例如，函数 SUM（A2:F2,J2），其中 SUM 是函数名，A2:F2 和 J2 是参数。

2. 参数的类型

Excel 函数中的参数可以是以下几种类型之一。

（1）数值：如 -1，20，10.5 等。

（2）字符串：如 "Excel"、" 工作簿 "、"abc" 等，字符串应当用西文的双引号括起来。

（3）逻辑值：即 TRUE（成立）和 FALSE（不成立），也可以是一个表达式，如 20>10，由表达式的结果判断是 TRUE 或 FALSE。

（4）错误值：当一个单元格中的公式无法计算时，在单元格中显示一个错误值。例如 #NAME?，表示无法识别的名字；#NUM!，表示数字有问题，#REF!，表示引用了无效的单元格等。错误值可用于某些函数的参数。

（5）引用：如 A10，B5，$A12，B$6，R1C1 等。引用可以是一个单元格或者单元格区域。引用可以是相对引用、绝对引用或混合引用。

（6）数组：允许用户自定义在单元格中引入参数和函数的方法。数组可被用做参数，而且公式也可以数组形式输入。

3. 在公式中使用函数

如果参加运算的单元格是一个区域，可以在函数的参数括号内只输入左上角的单元格地址和右下角的单元格地址，在这两个地址之间用冒号（:）隔开。例如，"SUM(B3:E3)"是求 B3 到 E3 单元格区域数值的和，"SUM(D2,D3,D5)"是求 D2、D3、D5 单元格中数值的和，"AVERAGE(C2:C6)"是求 C2 到 C6 单元格区域数值的平均值。

需要使用公式时，可以在表达式中直接输入函数的名称、参数，让函数直接参与运算。如果公式中只有函数，和输入公式的要求一样，要用"="作为公式的开始。

Excel 提供了很多函数，如果不能将这些函数及其参数都一一牢记，可以利用粘贴函数的方法，在公式中输入函数。选择"插入"/"函数"命令，或单击"常用"工具栏上的"粘贴函数"按钮，按照系统提示进行输入，可粘贴函数。

实例 5.7 使用函数

 情境描述

现在要根据购买的产品数量，进行相关的折扣。如果购买量在 10 个以上，每个商品的单价将打到 8 折。

由于不能确定购买量是否超过 10 个，需要对购买量进行条件判断，在公式中应当使用 IF 函数。

 任务操作

① 打开"产品统计"表。

② 进入"计算利润"工作表，添加"购买量"列，得到的工作表如图 5-35 所示。

图 5-35 工作表中的数据

③ 在 H2 单元格输入公式，输入"=C2*"后，单击"fx"插入函数，如图 5-36 所示。

④ 系统显示"插入函数"对话框，选择其中的 IF 函数，如图 5-37 所示，然后单击"确定"按钮。

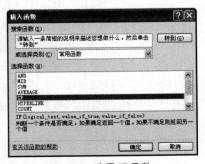

图 5-36 输入公式，准备插入 IF 函数

图 5-37 选择 IF 函数

⑤ 屏幕显示输入 IF"函数参数"对话框，并且在单元格中出现了"IF()"的函数输入，如图 5-38

所示。单击"折叠"按钮，折叠对话框，选择单元格。

⑥ 折叠对话框后，单击"G2"单元格，在函数参数中出现"G2"，然后单击"展开"按钮，展开对话框，如图 5-39 所示。

⑦ 由于条件是超过 10 个，所以条件测试为"G2>10"，然后输入条件成立的值为"0.8"，不成立的条件为 1。

⑧ 单击"确定"按钮返回。单元格中出现计算的结果，编辑栏中出现公式，如图 5-41 所示。

 提示　由于"菠萝"的购买量为 5，所以没有折扣，条件函数值为 1，"折扣单价"还是 5 元。

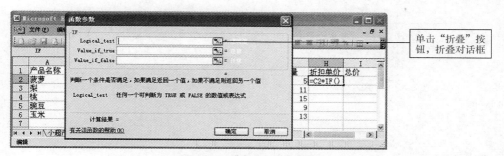

图 5-38　准备输入函数参数

图 5-39　折叠"函数参数"对话框，选择单元格

图 5-40　IF 函数的参数设置

图 5-41　计算结果

⑨ 使用填充柄复制公式，得到的结果如图 5-42 所示。

 提示　"玉米"等公式没有发生变化，但是由于购买量超过 10，因此 IF 条件成立，条件函数值为 0.8，折扣单价与列出单价相比，发生了变化。

图 5-42 填充公式

⑩ 在 I2 单元格输入计算总价公式，如图 5-43 所示。

⑪ 填充公式，最后得到结果如图 5-44 所示。

图 5-43 计算总价　　　　　　　　　　　图 5-44 计算结果

⑫ 保存工作簿。

 知识与技能

Excel 提供了很多函数，包括财务、日期与时间、数学与三角函数、统计、查找与引用、数据库、文本、逻辑、信息等类别，每个类别中又包含了大量的函数。这些函数涉及各个不同的学科，应当根据需要查看帮助系统，进行学习。下面介绍一下常用的函数。

（1）SUM：数据求和函数。

格式：SUM（number1，number2，…）

功能：求出连续或不连续区域的数值的和。参数最多允许有 30 个。例如 SUM（10，20，70）的值为 100，SUM（C2:C12）表示求 C2 至 C12 区域单元格中的数值的和。

（2）AVERAGE：求平均函数。

格式：AVERAGE（number1，number2，…）和 AVERAGEA（number1，number2，…）

功能：求连续的或不连续区域的数值的平均值。number 参数最多允许有 30 个。AVERAGE 要求参数的值必须是数值，而 AVERAGEA 则允许参数的值为数值、字符串或逻辑值。

（3）MAX：求最大值函数。

格式：MAX（number1，number2，…）

功能：找出连续或不连续区域中数值的最大值。例如 MAX（A1:A7）表示找 A1 至 A7 单元格区域中数值的最大值。

（4）MIN：求最小值函数。

格式：MIN（number1，number2，…）

功能：找出连续或不连续区域中数值的最小值。例如 MIN（C2:D12，B9）表示找 C2 至 D12 单元格区域和 B9 单元格中数值的最小值。

（5）COUNT：计算区域中的数字个数函数。

格式：COUNT（number1，number2，…）

功能：计算连续或不连续区域中的数字个数。例如 COUNT（C2:D12）表示计算 C2 至 D12 区域中的数字的个数，COUNT（A1，C2:D12）表示计算 A1 单元和 C2 至 D12 区域中的数字的个数。

（6）IF：根据条件的真或假，返回不同值的函数。

格式：IF（Logical_test，value_if_true，value_if_false）

功能：如果第一参数条件成立，就返回第二参数；若第一参数条件不成立，则返回第三参数。函数中的第二、第三参数均可以省略，此时如果第一个参数条件成立则返回 TRUE，不成立则返回 FALSE。

课堂训练5.4

完成如图 5-45 所示的 Excel 表。

图 5-45 中显示的公式是为了进行更好地使用公式计算，进行实际操作时不会显示如图 5-45 所示的公式效果。若需要显示公式效果，可以选择"公式"/"选项"/"视图"命令进行设置，如图 5-46 所示。

图 5-45 函数计算

图 5-46 设置视图中显示公式

5.3.3 排序、筛选和分类汇总

1. 排序

Excel 的排序操作，可以将数据按一定的顺序重新排列。数据排序通常按列进行，也可以按行进行。

当需要排序时，使用工具栏或菜单命令均可进行排序操作。降序时，先选取某列的一个数据单元格，然后单击"常用"工具栏上的"降序"按钮；如果要升序，可单击"升序"按钮，工作表中就会按该字段数据的大小从高到低排列记录了。

2. 筛选

如果表格中的数据太多，使用"排序"功能来查找数据还是不太方便。Excel 的数据筛选功能，可使用户在数据中方便地查询到满足特定条件的记录。

Excel 提供了"自动筛选"和"高级筛选"两种筛选方式。"自动筛选"操作简单，可满足大部分使用的需要。在自动筛选中，用得比较多的是自定义的自动筛选。可以通过在字段的下拉列表中选择"自定义"选项，用户设定筛选条件后完成筛选。

3. 分类汇总

使用 Excel 的分类汇总功能，可以轻松地对数据库进行数据分析和数据统计。

在 Excel 中，分类汇总的方式有求和、平均值、最大值、最小值、偏差、方差等 10 多种。最常用的是对分类数据求和、求平均值。

 提示 　要想对表格中的某一字段进行分类汇总，必须先对该字段进行排序操作，且表格中的第一行必须有字段名，否则分类汇总的结果将会出现错误。

实例 5.8 　排序、筛选与分类汇总

 情境描述

针对"小超市"工作表，对其进行排序，筛选相关的数据，并按照类别进行分类汇总。

 任务操作

① 打开"产品统计"表。

② 复制"小超市"工作表中的数据到"数据处理"工作表，并设置相关的格式，结果如图 5-47 所示。

③ 将活动单元格设置为 E3 单元格，然后选择"数据"/"排序"命令，打开如图 5-48 所示的"排序"对话框。

图 5-47 　准备的数据　　　　　　　　　图 5-48 　"排序"对话框

 提示 　系统自动选择了第 2 行到第 21 行的数据，并将第 1 行作为关键字，认为现在的工作表是数据清单。同时，系统选择了活动单元格所在的列为排序的主要关键字，默认为升序。

④ 单击“确定”按钮，完成排序，排序后的效果如图 5-49 所示。

⑤ 选择“数据”/“筛选”/“自动筛选”命令，在工作表的第 1 行出现下拉箭头，单击“类别”列中的下拉箭头，选择其中的调味品，如图 5-50 所示。

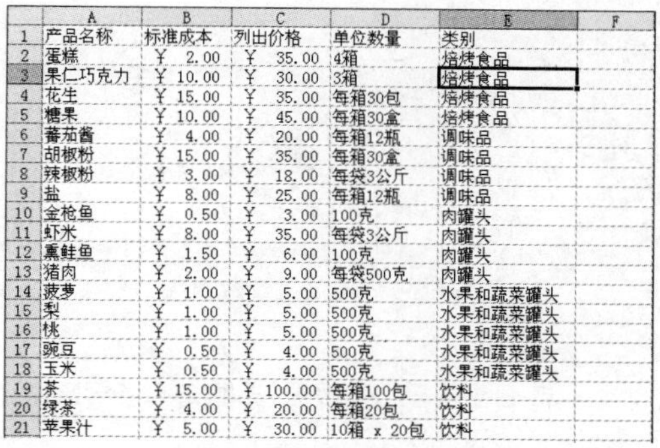

	A	B	C	D	E	F
1	产品名称	标准成本	列出价格	单位数量	类别	
2	蛋糕	¥ 2.00	¥ 35.00	4箱	焙烤食品	
3	果仁巧克力	¥ 10.00	¥ 30.00	3箱	焙烤食品	
4	花生	¥ 15.00	¥ 35.00	每箱30包	焙烤食品	
5	糖果	¥ 10.00	¥ 45.00	每箱30盒	焙烤食品	
6	蕃茄酱	¥ 4.00	¥ 20.00	每箱12瓶	调味品	
7	胡椒粉	¥ 15.00	¥ 35.00	每箱30盒	调味品	
8	辣椒粉	¥ 3.00	¥ 18.00	每袋3公斤	调味品	
9	盐	¥ 8.00	¥ 25.00	每箱12瓶	调味品	
10	金枪鱼	¥ 0.50	¥ 3.00	100克	肉罐头	
11	虾米	¥ 8.00	¥ 35.00	每袋3公斤	肉罐头	
12	熏鲑鱼	¥ 1.50	¥ 6.00	100克	肉罐头	
13	猪肉	¥ 2.00	¥ 9.00	每袋500克	肉罐头	
14	菠萝	¥ 1.00	¥ 5.00	500克	水果和蔬菜罐头	
15	梨	¥ 1.00	¥ 5.00	500克	水果和蔬菜罐头	
16	桃	¥ 1.00	¥ 5.00	500克	水果和蔬菜罐头	
17	豌豆	¥ 0.50	¥ 4.00	500克	水果和蔬菜罐头	
18	玉米	¥ 0.50	¥ 4.00	500克	水果和蔬菜罐头	
19	茶	¥ 15.00	¥ 100.00	每箱100包	饮料	
20	绿茶	¥ 4.00	¥ 20.00	每箱20包	饮料	
21	苹果汁	¥ 5.00	¥ 30.00	10箱 x 20包	饮料	

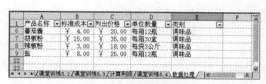

图 5-49　排序后的结果

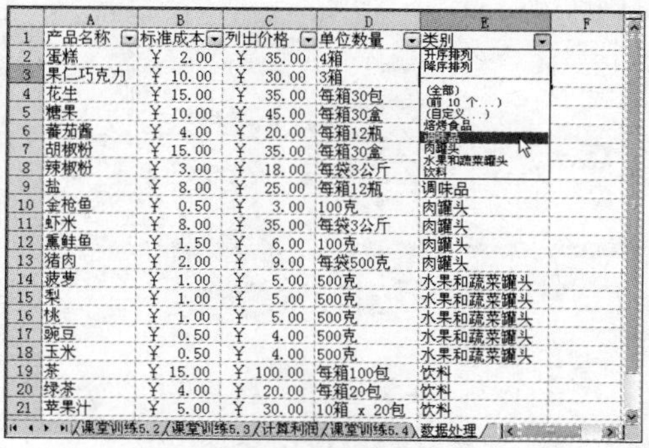

图 5-50　自动筛选

⑥ 选择后，可以看到如图 5-51 所示的工作表。工作表中的数据只是出现了类别为调味品的数据。

⑦ 再次选择“数据”/“筛选”/“自动筛选”命令，就可以取消筛选。

⑧ 将活动单元格设置为 E2 单元格，选择“数据”/“分类汇总”命令，打开如图 5-52 所示的“分类汇总”对话框。

	A	B	C	D	E	F
1	产品名称	标准成本	列出价格	单位数量	类别	
6	蕃茄酱	¥ 4.00	¥ 20.00	每箱12瓶	调味品	
7	胡椒粉	¥ 15.00	¥ 35.00	每箱30盒	调味品	
8	辣椒粉	¥ 3.00	¥ 18.00	每袋3公斤	调味品	
9	盐	¥ 8.00	¥ 25.00	每箱12瓶	调味品	
22						
23						

图 5-51　筛选结果

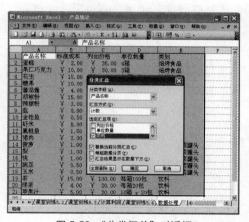

图 5-52　“分类汇总”对话框

> **提示**　系统自动选择了第 1 行到第 21 行的数据，并将第 1 行作为分类字段，认为现在的工作表是数据清单。同时，系统选择了活动单元格所在的列为选定汇总项。

⑨ 设置“分类汇总”对话框如图 5-53 所示，单击“确定”按钮，完成分类汇总。

⑩ 完成分类汇总后，工作表对数据按照类别进行了数据计数，调整列宽度后，工作表如图 5-54 所示。

⑪ 可以单击图 5-54 左边出现的“1”、“2”、“3”按钮，查看汇总结果。单击“2”按钮后的显示结果如图 5-55 所示。

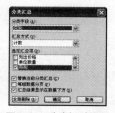

图 5-53　分类汇总设置

图 5-54　分类汇总结果

图 5-55　分类汇总计数效果

提示　　再次选择"数据"/"分类汇总"命令，在分类汇总对话框中单击"全部删除"按钮，可以取消分类汇总。

知识与技能

在 Excel 系统中，数据清单是包含相关数据的一系列工作表的数据行，例如成绩单、工资表等，数据清单可以像数据库一样使用，与专用的数据库应用程序相比，Excel 中的数据清单具有的数据库功能比较简单，不适合具有复杂关系的数据处理。

创建数据清单时必须注意以下几个问题。

（1）数据清单最上面一行相当于数据库中的字段，每列第一个单元格中是字段名，列标题必须是字符串，下面必须是相同类型的数据。

（2）行相当于数据库中的记录，每行应包含一组相关的数据。

（3）数据清单中一般没有空行或者空列，不要在单元格中文本的前面或后面输入空格。

（4）最好每个数据清单独占一张工作表。

提示　　如果需要在一张工作表上输入多个数据清单，则数据清单之间必须用空行或空列隔开。

5.3.4　数据导入与保护 *

在 Excel 中，可以通过"数据源"直接读取外部数据库中的数据。但是如果需要使用普通文档中的数据，例如 Word 中的数据，可以利用剪贴板进行传递。

1. 选择性粘贴

使用选择性粘贴可移动或复制单元格内容的部分选项。选择性粘贴的前提和普通粘贴没有区别，都需要剪贴板上有相关的数据。在粘贴时，选择"编辑"/"选择性粘贴"命令，显示如图 5-56 所示的"选择性粘贴"对话框。在"选择性粘贴"对话框中，可以根据需要选择要粘贴的有关选项，最后单击"确定"按钮，完成选择性粘贴。

提
示 选择性粘贴可以只粘贴部分内容，可以将粘贴的数据与现在单元格上的数据进行运算，还可以完成行列的转置。图5-57所示为利用选择性粘贴完成的转置效果。

图 5-56 "选择性粘贴"对话框

图 5-57 转置效果

2. 数据的锁定与公式的隐藏

Excel 为用户提供了多种保护数据安全的功能，主要包括数据的锁定与公式的隐藏、工作表的保护与隐藏、工作簿的保护与文件密码的设置等。

在"单元格格式"对话框的"保护"选项卡中，系统提供了"锁定"和"隐藏"功能。"锁定"是对数据而言，被锁定的数据将成为只读型数据，当用户试图修改被锁定的单元格时，屏幕将出现警告信息。"隐藏"是对公式而言，被隐藏的公式不论是在单元格中，还是在编辑栏内，都不会被显示。

锁定和隐藏功能只有在工作表被保护的前提下才起作用。保护工作表可以通过选择"工具"/"保护"命令实现。

3. 拆分与冻结窗格

如果工作表中的表格数据较多，通常需使用滚动条来查看全部内容。在查看时表格的标题、项目名等也会随着数据一起移出屏幕，造成只能看到内容，而看不到标题、项目名。使用Excel 的"拆分"和"冻结"窗格功能可以解决该类问题。

选择"窗口"/"拆分"命令，或者拖动拆分块，可以将一个窗口拆分成水平或垂直两个部分。双击拆分框可取消拆分，也可选择"窗口"/"撤销拆分窗口"命令取消拆分。

窗口的拆分位置是以当前活动单元格的上边框和左边框为准的，因此在拆分前应先按拆分要求选定活动单元格。选择"窗口"/"拆分"命令，活动单元格旁出现十字拆分框，如果拆分位置有误，可用鼠标拖动拆分框到预定位置。

"冻结窗格"命令的作用在于固定"拆分"命令对窗口的拆分。将拆分框移到需要固定的位置后，再使用"冻结窗格"命令，则拆分框上侧和左侧窗格的滚动条消失，水平滚动时拆分框左侧的区域将冻结，垂直滚动时拆分框上侧的区域将冻结。使用"撤销窗口冻结"命令可取消冻结。

只能对已经拆分的窗口进行冻结操作。

5.4 数据分析

◎ 常见图表的功能和使用方法

◎ 创建和编辑数据图表

◎ 使用数据透视表和数据透视图进行数据分析*

Excel 工作表中的数据可以用图形方式表示。使用图表表示数据可以使工作表中的数据更直观，有利于对数据的分析和比较。图表和产生该图表的工作表的数据相链接，当工作表中的数据发生变动后，对应的图表将会自动更新。

5.4.1 图表

1. 图表的种类和类型

Excel 中可以建立两种图表：嵌入式图表和独立式图表。嵌入式图表与建立图表的数据表共存于同一工作表中，独立式图表则单独存在于另一个工作表中。

Excel 提供了 14 种类型的图表，分别是柱形图、条形图、折线图、饼图、XY 散点图、面积图、圆环图、雷达图、曲面图、气泡图、股价图、圆柱图、圆锥图和棱锥图，每种图表类型还有若干子类型。此外还可以根据需要自定义图表类型。

2. 图表向导

在工作表上选定要创建图表的数据区域，按 F11 键可插入一张新的独立式图表。

一般情况下，可以使用"图表向导"功能创建图表。在工作表上选定要创建图表的数据区域，选择"插入"/"图表"命令，或单击"常用"工具栏上的"图表向导"按钮，在出现的"图表向导"对话框中分别设置"图表类型"、"图表源数据"、"图表选项"和"图表位置"，就可以新建图表。

实例 5.9 使用向导建立图表

 情境描述

现在需要对分类汇总出来的类别数据进行分析比较，虽然已经计算了相关的数据，但是需要将其生成为图表，使数据表现更加直观。

任务操作

① 打开"产品统计"表。

② 复制"数据处理"工作表中的汇总数据到"计数图表"工作表，并调整相关的格式，结果如图 5-58 所示。

提示　　在选择"数据处理"工作表中的数据时，可以使用 Ctrl+ 鼠标单击的方法选择不连续的数据。

③ 选择要生成图表的数据，然后选择"插入"/"图表"命令，运行图表向导，如图 5-59 所示。

④ 在图表向导 1 中，可以选择图表类型。另外，还可以通过单击"按下不放可查看示例"按钮，查看效果。

⑤ 按照默认的图表类型，单击"下一步"按钮，进入如图 5-60 所示的图表向导 2。

⑥ 在图表向导 2 中，可以选择图表源数据。现在"系列产生在"选择的是"行"，还可以切换到"系列"选项卡，查看更详细的设置。"系列"选项卡的内容如图 5-61 所示。

提示　　在"系列"选项卡中，可以设置系列所使用的数据、名称对应的单元格等内容，注意在向导中使用的都是工作表的绝对引用方式。

图 5-58　图表原始数据

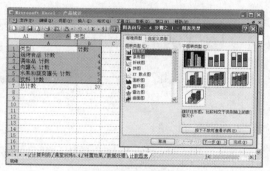

图 5-59　图表向导 1

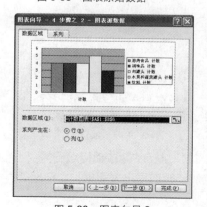

图 5-60　图表向导 2

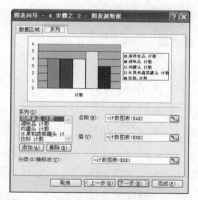

图 5-61　图表向导 2 的"系列"选项卡

⑦ 单击"下一步"按钮，进入图表向导 3，如图 5-62 所示。该步骤用来调整图表选项。包括 6 个选项卡，分别是标题、坐标轴、网格线、图例、数据标志和数据表。图 5-62 所示为"标题"

选项卡中的内容。

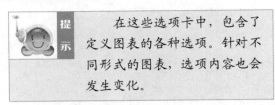

提示　在这些选项卡中，包含了定义图表的各种选项。针对不同形式的图表，选项内容也会发生变化。

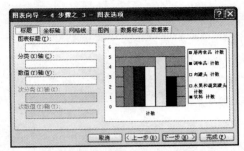

图 5-62　图表向导 3 的"标题"选项卡

⑧ 这里选择默认的选项，单击"下一步"按钮，进入图表向导 4，如图 5-63 所示。

图表向导 4 用于确定图表的插入位置。这里选择默认的"作为其中的对象插入"到当前工作表中，然后单击"完成"按钮。生成的含图表的工作表如图 5-64 所示。

图 5-63　图表向导 4

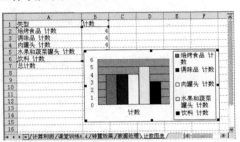

图 5-64　生成的图表

5.4.2　图表的简单编辑

一个图表一般是由若干个图表组件构成。工作表中的图表被称为图表区域，图表区域中主要包括绘图区、背景墙、图表标题、图例、数值轴、分类轴、分类轴标题、数值轴标题等内容。

1. 改变图表的类型

在图表上右击鼠标，在快捷菜单中选择"图表类型"命令，在"图表类型"对话框的"图表类型"框中，选择需建立的图表类型，在"子图表类型"框中，选择图表样式，单击"确定"按钮后，原先的图表类型被改变。

2. 编辑标题

（1）插入标题。单击选取图表，选择"图表" / "图表选项"命令，在"图表选项"对话框中选择"标题"选项卡；在"图表标题"框中，输入图表标题，如学生成绩表；在"分类 X 轴"框中，输入 X 轴标题，如姓名；在"数值 Y 轴"框中，输入 Y 轴标题，如成绩；单击"确定"按钮后，选取的图表中显示出设置的标题。

（2）移动标题。单击选取图表，单击图表标题，按住鼠标左键拖动标题到需要的位置。

（3）修改标题。单击选取图表，单击图表标题，使标题四周出现边框，在标题处再单击鼠标，出现文本光标，可按照编辑文本的方法修改标题。

3. 编辑图例

（1）插入图例。单击选取图表，选择"图表" / "图表选项"命令，在"图表选项"对话框中选择"图例"选项卡；单击"显示图例"框，使框中显示"√"，在"位置"列表框中，确定"图例"显示位置，单击"确定"按钮，"图例"将插入到选定图表中。

（2）移动图例。单击选取图表，单击图例使图例四周出现边框，按住鼠标左键拖动图例到需要的位置。

（3）改变图例大小。单击选取图表，单击图例使图例四周出现边框，找到图例四周边框上的尺寸柄，按住鼠标左键拖动，可改变图例的大小。

4. 插入数据标记

单击选定图表，选择"图表"/"图表选项"命令，在"图表选项"对话框中选择"数据标志"选项卡，选择所需的数据标志格式，如"显示百分比"，单击"确定"按钮。

5. 改变图表中各部分的大小

单击选取图表，单击要改变大小的部分，使其四周出现带尺寸柄的方框；移动鼠标光标到尺寸柄，按住左键拖动，到适当位置放开即可。

6. 删除图表项

单击选取图表，单击要删除的图表项，按 Delete 键。

7. 其他

用户还可以自行设置格式化整个图表，也可以格式化图表中的一个或几个项目。

提示 图表的编辑修改可以利用快捷菜单，Excel 会根据不同的对象显示不同的快捷菜单。根据快捷菜单提供的各种命令选项，调用不同的对话框，进行图表的各种对象的设置。

实例 5.10 编 辑 图 表

情境描述

使用图表向导可以快速地创建图表。但是，生成的图表在大小、文字格式、位置等方面不一定符合要求，需要对图表进行必要的调整。

任务操作

① 打开"产品统计"表。

② 切换到"计数图表"工作表。

③ 首先单击图表，然后拖动图表到合适的位置，如图 5-65 所示。

④ 在图表的图例区中右击鼠标，如图 5-66 所示，出现快捷菜单，选择"图例格式"命令。

⑤ 在"图例格式"对话框中，选择"字

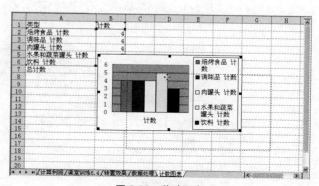
图 5-65 移动图表

体"选项卡,按如图 5-67 所示进行设置,单击"确定"按钮完成操作。

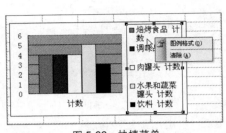

图 5-66　快捷菜单

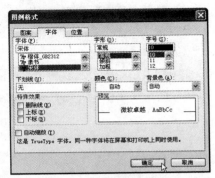

图 5-67　"图例格式"对话框

⑥ 在"图表区"右击鼠标,显示快捷菜单如图 5-68 所示。

选择快捷菜单中的"图表选项"命令,打开"图表选项"对话框,在其中的标题处输入"类别对比图",单击"确定"按钮完成操作。

⑦ 单击图例区,图例区出现改变大小的标志。将鼠标移动到这些调节柄上,如图 5-69 所示,调节图例大小。

⑧ 类似以上的操作,分别调整坐标轴的字号、图表的大小、绘图区的大小、图例的大小等,最后完成的图表如图 5-70 所示。

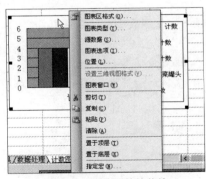

图 5-68　图表区快捷菜单

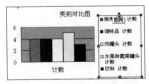

图 5-69　调整图例大小

知识与技能

当选择图表后,Excel 的菜单发生了变化。原来的"数据"菜单转变为"图表"菜单,如图 5-71 所示。

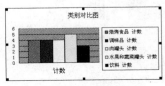

图 5-70　最后效果

图 5-71　"图表"菜单

通过"图表"菜单，可以重新调用图表向导的各个步骤，可以添加数据、趋势线等内容。

提示 单击图表后，Excel 的"格式"等菜单也发生了变化。

5.4.3 数据透视表和数据透视图 *

数据透视表是交互式报表，可快速合并和比较大量数据。在设计时，可旋转其行和列以看到源数据的不同汇总，而且可显示感兴趣区域的明细数据。

如果要分析相关的汇总值，尤其是在要合计较大的列表并对每个数字进行多种比较时，应当使用数据透视表。在数据透视表中，源数据中的每列或字段都成为汇总多行信息的数据透视表字段。数据字段（如"求和项：销售额"）提供要汇总的值。

若要创建数据透视表，选择"数据"/"数据透视表和数据透视图"命令可以调用数据透视表和数据透视图向导。在向导中，从工作表列表或外部数据库选择源数据。向导提供报表的工作表区域和可用字段的列表。将字段从列表窗口拖到分级显示区域时，Excel 自动汇总并计算报表。

创建数据透视表后，可对其进行自定义以集中在所需信息上。自定义的方面包括更改布局、更改格式或深化以显示更详细的数据。

5.5 打印输出

学习要点

◎ 根据输出要求设置工作表页面

◎ 设置打印方向与边界、页眉和页脚、打印属性

◎ 预览和打印文件

工作中，常常需要将表格打印出来。Excel 可轻易、方便地打印出具有专业水平的报表。

5.5.1 页面设置

使用"页面设置"对话框，可以设置工作表的打印输出版面。选择"文件"/"页面设置"命令，打开"页面设置"对话框。该对话框包括"页面"、"页边距"、"页眉/页脚"和"工作表"

4 个选项卡，可以在选项卡中针对不同的选项进行设置。

1. 页眉 / 页脚

可在"页眉 / 页脚"选项卡下设置页眉或页脚的位置，还可在上面添加、删除、更改和编辑页眉与页脚。

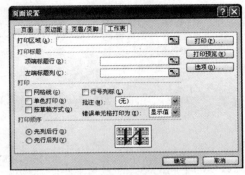

2. 工作表

在"工作表"选项卡下，可以进行打印区域、打印标题、打印参数和打印顺序等设置。该选项卡中的内容如图 5-72 所示。

图 5-72 "工作表"选项卡

 提示 当打印内容较多，一页打印不下时，系统会自动分页打印。用户也可以根据实际需要选择"插入"/"分页符"命令，手工设置分页线。当不需要使用分页符时，可选择"插入"/"删除分页符"命令删除手工设置的分页线。

5.5.2 预览和打印文件

1. 打印预览

在使用打印机打印工作表前，可以使用"打印预览"功能在屏幕上查看打印的整体效果，当满意时再进行打印。选择"文件"/"打印预览"命令，可以进行打印预览操作。此时窗口上方显示"打印预览"工具栏，根据需要，单击工具栏中所需的按钮可进行所需的其他操作。

2. 打印输出

对于要打印的工作表，经过页面设置、打印预览后，即可进行打印输出操作。

打印输出需要打开打印机电源开关，安装好打印纸，选择"文件"/"打印"命令，在"打印"对话框中根据需要进行有关设置，最后单击"确定"按钮。

实例 5.11 页面设置和打印预览

 情境描述

现在需要打印输出"格式数据"工作表中的内容。为了打印输出效果明显，首先需要进行相关的页面设置，然后进行打印预览，再次调整打印输出的效果，最后才是真正的打印输出。

 任务操作

① 打开"产品统计"表。

② 切换到"格式数据"工作表。

③ 选择"文件"/"页面设置"命令，打开如图 5-73 所示的"页面设置"对话框。

提示 对话框的"页面"选项卡中的内容和以前学习的 Word 设置比较接近，主要是选择纸张方向、缩放比例等内容。

④ 切换到"页边距"选项卡，进行如图 5-74 所示的设置。

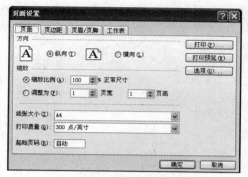

图 5-73 "页面设置"对话框

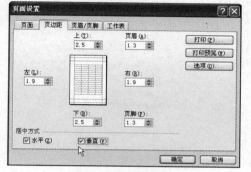

图 5-74 "页边距"选项卡

在页边距设置中，除了和 Word 页面设置比较接近的编辑设置外，Excel 可以直接设置工作表输出内容在页面中的居中方式，此处选择了水平、垂直都居中。

⑤ 切换到"页眉/页脚"选项卡，进行如图 5-75 所示的设置。

提示 "页眉/页脚"选项卡中的"小超市商品输出"和"第1页，共1页"是不能直接输入的。在选项卡中只是输出效果的展示。需要使用"自定义页眉"或"页眉"对页眉进行设置，使用"自定义页脚"或"页脚"对页脚进行设置。

单击图 5-75 中的"自定义页眉"按钮，在如图 5-76 所示的"页眉"对话框中，可以输入"小超市商品输出"。

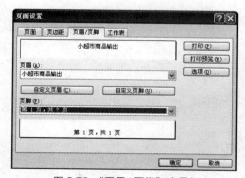

图 5-75 "页眉/页脚"选项卡

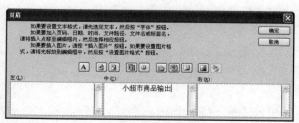

图 5-76 自定义页眉

而页脚的设置可以直接通过"页脚"列表框，选择系统提供的标准设置，如图 5-77 所示。

⑥ 切换到"工作表"选项卡，选择打印"行号列标"。设置后，单击"打印预览"按钮进入打印预览，单击"缩放"按钮后的效果如图 5-78 所示。

⑦ 在打印预览中，最方便的操作就是可视化地调节页边距的设置，单击"页边距"按钮，窗

口中出现代表页边距设置的虚线。可以利用鼠标拖动这些虚线对页边距进行设置，如图 5-79 所示。

⑧ 当调整完成后，单击"打印"按钮，打开如图 5-80 所示的"打印内容"对话框。

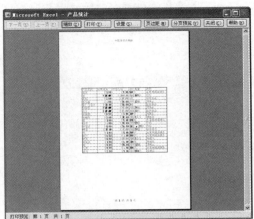

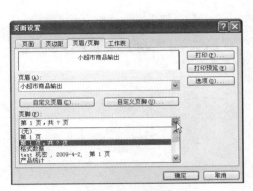

图 5-77　设置页脚

图 5-78　打印预览

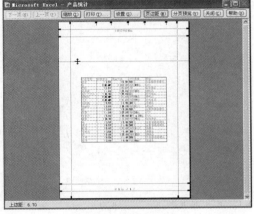

图 5-79　调整页边距

图 5-80　"打印内容"对话框

 在该对话框中可以设置"选定区域"、"整个工作表"或"整个工作簿"。当选择选定区域时，将只打印选定工作表中所选定的单元格区域。如果选定的区域不连续，内容将被打印到不同的打印纸上。

⑨ 当确定无误后，可以单击"确定"按钮，完成打印输出。

综合实例

要求：完成如图 5-81 所示的学生成绩表，并生成图表。

 任务操作

① 建立工作簿，并建立"成绩表"工作表。

② 输入原始数据，并进行相关的格式设置，结果如图 5-82 所示。

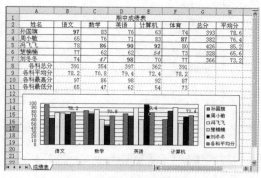

	A	B	C	D	E	F	G	H
1				期中成绩表				
2	姓名	语文	数学	英语	计算机	体育	总分	平均分
3	孙国旗	97	83	76	63	74	393	78.6
4	周小敏	65	76	71	83	87	382	76.4
5	冯飞飞	78	86	90	92	80	426	85.2
6	楚楠楠	77	62	62	54	73	328	65.6
7	刘冬冬	74	47	98	70	77	366	73.2
8	各科总分	391	354	397	362	391		
9	各科平均分	78.2	70.8	79.4	72.4	78.2		
10	各科最高分	97	86	98	92	87		
11	各科最低分	65	47	62	54	73		

图 5-81　实训结果

	A	B	C	D	E	F	G	H
1				期中成绩表				
2	姓名	语文	数学	英语	计算机	体育	总分	平均分
3	孙国旗	97	83	76	63	74		
4	周小敏	65	76	71	83	87		
5	冯飞飞	78	86	90	92	80		
6	楚楠楠	77	62	62	54	73		
7	刘冬冬	74	47	98	70	77		
8	各科总分							
9	各科平均分							
10	各科最高分							
11	各科最低分							
12								

图 5-82　基础数据

提示　图 5-82 中的 85 分以上 60 分以下的数据使用了条件格式。

③ 利用公式与函数完成相关运算，运算后结果如图 5-83 所示。

提示　总分使用 SUM 函数，平均分使用 AVERAGE 函数，最高分使用 MAX 函数，最低分使用 MIN 函数。

④ 选择如图 5-84 所示的数据，使用图表向导生成图表。

⑤ 调整图表大小，结果如图 5-85 所示。

⑥ 在图表的各科平均分图柱上右击，出现快捷菜单，如图 5-86 所示。

⑦ 选择快捷菜单中的“数据系列格式”命令，在打开的“数据系列格式”对话框中进行如图 5-87 所示的设置。

	A	B	C	D	E	F	G	H
1				期中成绩表				
2	姓名	语文	数学	英语	计算机	体育	总分	平均分
3	孙国旗	97	83	76	63	74	393	78.6
4	周小敏	65	76	71	83	87	382	76.4
5	冯飞飞	78	86	90	92	80	426	85.2
6	楚楠楠	77	62	62	54	73	328	65.6
7	刘冬冬	74	47	98	70	77	366	73.2
8	各科总分	391	354	397	362	391		
9	各科平均分	78.2	70.8	79.4	72.4	78.2		
10	各科最高分	97	86	98	92	87		
11	各科最低分	65	47	62	54	73		
12								

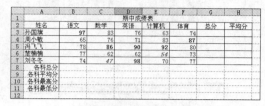

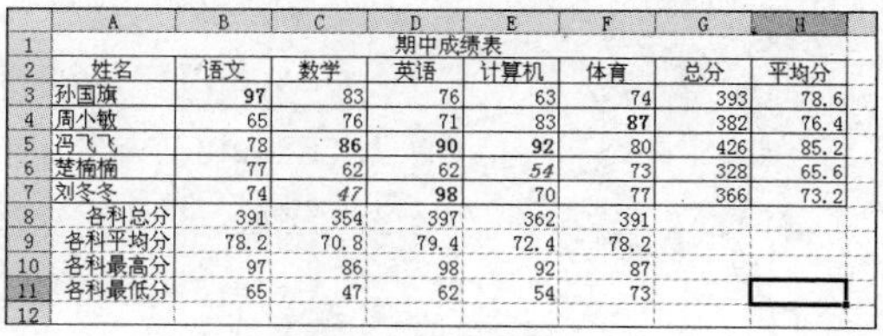

图 5-83　运算结果

⑧ 使用坐标轴快捷菜单，调用“坐标轴格式”对话框，设置刻度如图 5-88 所示。

⑨ 使用绘图区快捷菜单，调用“绘图区格式”对话框，设置区域底色如图 5-89 所示。

	A	B	C	D	E	F	G	H
1				期中成绩表				
2	姓名	语文	数学	英语	计算机	体育	总分	平均分
3	孙国旗	97	83	76	63	74	393	78.6
4	周小敏	65	76	71	83	87	382	76.4
5	冯飞飞	78	86	90	92	80	426	85.2
6	楚楠楠	77	62	62	54	73	328	65.6
7	刘冬冬	74	47	98	70	77	366	73.2
8	各科总分	391	354	397	362	391		
9	各科平均分	78.2	70.8	79.4	72.4	78.2		
10	各科最高分	97	86	98	92	87		
11	各科最低分	65	47	62	54	73		
12								

图 5-84　选择数据

	A	B	C	D	E	F	G	H
1				期中成绩表				
2	姓名	语文	数学	英语	计算机	体育	总分	平均分
3	孙国旗	97	83	76	63	74	393	78.6
4	周小敏	65	76	71	83	87	382	76.4
5	冯飞飞	78	86	90	92	80	426	85.2
6	楚楠楠	77	62	62	54	73	328	65.6
7	刘冬冬	74	47	98	70	77	366	73.2
8	各科总分	391	354	397	362	391		
9	各科平均分	78.2	70.8	79.4	72.4	78.2		
10	各科最高分	97	86	98	92	87		
11	各科最低分	65	47	62	54	73		

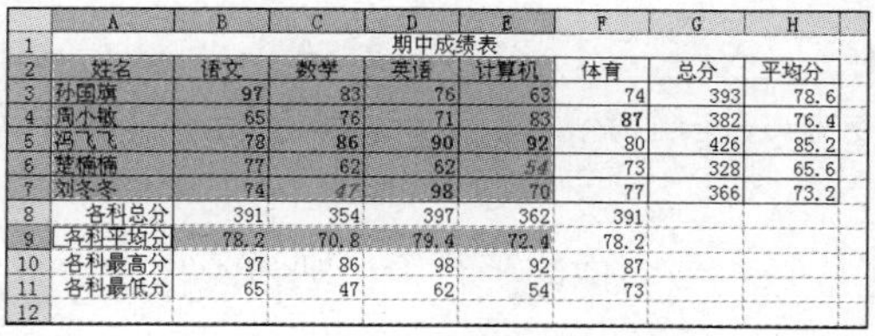

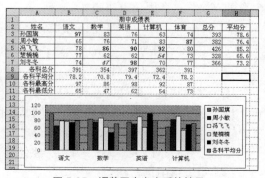

图 5-85　调整图表大小后的结果

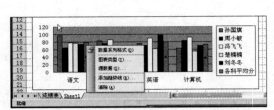

图 5-86　各科平均分快捷菜单

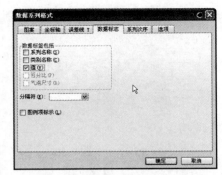

图 5-87　设置数据标志显示值

图 5-88　设置刻度

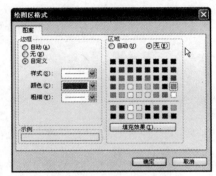

图 5-89　设置绘图区底色

⑩ 通过以上的设置，就可以完成实训要求，注意保存文档。

一、填空题

1. Excel 中用来存储并处理工作数据的文件叫做 _____。

2. Excel 中一个工作表最多可以由 _____ 行和 _____ 列构成。

3. Excel 工作簿文件的扩展名约定为 _____。

4. Excel 中最常用创建文件的方式是建立一个 _____ 工作簿。

5. 单击所需单元格，可选定该单元格为 _____，在"编辑"工具栏左侧的"名称框"中输入"DF23587"，按回车键可选定 _____ 单元格为当前活动单元格。

6. 在单元格中输入文字，系统默认为 _____ 对齐。

7. 用户选定所需的单元格或单元格区域后，在当前单元格或选定区域的右下角出现一个黑色方块，这个黑色方块叫 _____。

8. 单击 _____ 可选定该标签名字对应的工作表。

9. 如果操作中进行了错误操作，可选择"编辑"/_____ 命令或单击"常用"工具栏上的 _____ 按钮来纠正。

10. 查找和替换操作时系统默认范围为当前 _____。

11. _____ 操作将把单元格连同其中的数据一同删除；_____ 操作则只清除单元格中的 _____。

12. 公式必须以 _____ 开头，系统将 _____ 号后面的字符串识别为公式。

13. 单元格引用包括 _____、_____ 和 _____。

14. 在 Excel 系统中，可以建立 _____ 图表和 _____ 图表。

15. 使用 _____ 功能，可以查看工作表的打印效果。

16. 在"页面设置"对话框中可以设置打印方向、缩放比例和纸张大小。系统默认的打印方向为 _____，默认的缩放比例为 _____。

17. 当打印内容较多，一页打印不下时，系统会 _____ 分页打印。用户也可以根据实际需要使用"插入"下拉菜单中的 _____ 命令，手工设置分页线。

二、简答题

1. 什么是工作簿？什么是工作表？二者之间有什么区别？

2. 什么是单元格？什么是活动单元格？

3. 在单元格中可以输入哪些数据？

4. Excel 中常用的打开工作簿的方法有哪些？

5. Excel 中常用的保存工作簿的方法有哪些？

6. 公式是由哪几部分组成的？ Excel 如何识别公式？

7. 引用单元格地址有几种表示方法？举例说明。

8. 什么是函数？函数由哪几部分组成？举例说明。

9. 简述给单元格添加斜线的操作方法。

三、操作题

1. 完成本章中的所有实例、课堂训练和综合实训。

2. 完成如图 5-90 所示的工作表。

3. 完成如图 5-91 所示的工作表。其中总计与百分比部分为计算结果。

4. 完成如图 5-92 所示的工作表。

图 5-90　设置格式练习　　　　图 5-91　计算练习　　　　图 5-92　筛选与图表练习

提示

筛选使用自动筛选，显示了销售量前 3 位的数据。

第 **6** 章

多媒体软件应用

多媒体技术的出现，改变了传统计算机只能处理和输入/输出文字、数据的形象，使计算机的应用变得丰富多彩起来。近年来，随着多媒体技术的发展，以其为核心的数字图像、MP3、MP4、网络影音、高清影像、电脑游戏、虚拟现实等技术的实现更是给人们的工作、生活和娱乐带来了深刻的影响。

6.1 多媒体基础

◎ 多媒体及多媒体计算机
◎ 多媒体文件及常用软件
◎ 常见多媒体文件的格式
◎ 图像、声音、影像的浏览和播放方法
◎ 多媒体素材的获取方法

6.1.1 多媒体技术及常用软件

1. 多媒体

多媒体是文字、声音、图形、图像、动画、视频等多种媒体信息的统称。计算机多媒体技术则是指计算机综合处理多种媒体信息的技术。习惯上，人们常把"多媒体"当成"计算机多媒体技术"的同义语。

2. 多媒体计算机

多媒体计算机是指能够对声音、图像、视频等多媒体信息进行综合处理的计算机。多媒体计算机一般指多媒体个人计算机（MPC），其主要功能是把文字、声音、视频、图形、图像、动画和计算机交互式控制结合起来，进行综合的处理。传统计算机硬件系统是由主机、显示器、键盘、鼠标等组成，多媒体计算机则需要在较高配置的硬件基础上添加光盘驱动器、多媒体适配卡（声卡、视频输入采集卡等），并根据需要接入多媒体扩展设备。常见的多媒体设备如表6-1和表6-2所示。

表6-1　　　　　　　　　　　　　常见的多媒体输入设备

• 扫描仪	
	扫描仪是一种将照片、图纸、文稿等平面素材扫描输入到计算机中，转换成数字化图像数据的图形输入设备。扫描仪与相应的软件配套，可以进行图文处理、平面设计、光学字符识别（OCR）、工程图纸扫描录入、数字化传真和复印等操作。 按照扫描方式的不同，扫描仪可分为平板式、手持式和滚筒式3种。 扫描仪的主要性能指标有分辨率、扫描色彩位数、扫描速度、扫描幅面大小等
• 触摸屏	
	触摸屏是一种指点式输入设备，是在计算机显示器屏幕基础上，附加坐标定位装置构成。人们直接用手指触摸安装在显示器前端的触摸屏，系统会根据手指触摸的图标或菜单位置来定位选择信息输入。用触摸屏来代替鼠标或键盘，即直观又方便，可以有效地提高人－机对话效率，而最新问世的多点触控技术，更是代表了未来计算机输入技术的革命。 触摸屏按技术原理可分为矢量压力传感式、电阻式、电容式、红外线式和表面声波式5种。 触摸屏的主要性能指标有分辨率、反应时间等
• 数位绘图板（手写板）	
	数位绘图板（手写板）是一种手绘式输入设备，通常会配备专用的手绘笔。人们用手绘笔在绘图板的特定区域内绘画或书写，计算机系统会将绘画轨迹记录下来。如果是文字，还可以通过汉字识别软件将其转变为文本文件。 按技术原理分类，数位绘图板常见的有电容触控式和电磁感应式两种。 数位绘图板的主要性能指标有精度（分辨率）、压感级数等
• 麦克风	
	麦克风学名为传声器，是一种将声音转化为电信号的能量转换设备。在多媒体计算机中，麦克风用于采集声音信息，然后由声卡将反映声音信息的模拟电信号转化为数字声音信号。 目前常用的麦克风按工作原理分有动圈式、电容式、驻极体和硅微传声等类型。 麦克风的主要性能指标有灵敏度、阻抗、电流损耗、插针类型等
• 数码相机（DC）	
	数码相机是一种能够进行拍摄并通过内部处理把拍摄到的影像转换为数字图像的特殊照相机。它与普通相机很相似，但区别在于：数码相机在存储器中储存图像数据，普通相机通过胶片曝光来保存图像。数码相机可以直接连接到多媒体计算机、电视机或打印机上，进行图像输出。 数码相机的主要性能指标有照片分辨率、镜头焦距等

• 数码摄像机（DV）	
	数码摄像机是一种能够拍摄动态影像并以数字格式存放的特殊摄像机。与传统的模拟摄像机相比，具有影像清晰度高、色彩纯正、音质好、无损复制、体积小、重量轻等优点。 数码摄像机按存储介质的不同可分为 Mini DV、Digital 8 DV、超迷你型 DV、专业摄像机（摄录一体机）、DVD 摄像机、硬盘摄像机和高清摄像机（HDV）等。 数码摄像机的主要性能指标有清晰度、灵敏度、最低照度等
• 数字摄像头	
	数字摄像头是一种依靠软件和硬件配合的多媒体设备。它体积小巧，成像原理与数码摄像机类似，但其光电转换器分辨率比数码摄像机差一些，且必须依靠计算机系统来进行数字图像的数据压缩和存储等处理工作，因此价格低廉。 数字摄像头按传感器不同可分为 CCD 摄像头和 CMOS 摄像头两种。 数字摄像头的主要性能指标有像素值、分辨率、解析度等

表6-2　　　　　　　　　　　常见的多媒体输出设备

• 音箱	
	音箱学名为扬声器，是将电信号转换为声音的能量转换设备。在多媒体计算机中，音箱用于将声卡转换后的模拟电信号进行放大，并转化为动听的声音和音乐。 一般多媒体计算机上使用的是 2.1 声道（左、右声道＋低音声道）音箱组，也有的使用 5.1 声道（左前、右前、左后、右后、中置声道＋低音声道）音箱组。 音箱的主要性能指标有频响范围、灵敏度、功率等
• 投影仪	
	投影仪可以与录像机、摄像机、影碟机和多媒体计算机系统等多种信号输入设备相连，将信号放大投影到大面积的投影屏幕上，获得大幅面、逼真清晰的画面。其被广泛用于教学、会议、广告展示等领域。 投影仪按显示技术可分为液晶（LCD）投影仪和数码（DLP）投影仪两种。 投影仪的主要性能指标有分辨率、亮度、灯泡使用寿命等

3. 多媒体核心技术 *

　　在多媒体计算机中，主要使用了两种核心技术，一种是模／数、数／模转换技术，一种是压缩编码技术。

　　模／数转换是指将多媒体信息转换为数字信息，首先通过采集设备（如采集声音使用麦克风，采集静态图像通过数码相机，采集动态图像使用摄像机）将现实世界的声音、图像等信息转化为模拟电信号，然后对这个模拟电信号进行数字化转换。这个过程由采样和量化构成。采样是指将模拟信息的波形按一定频率分成若干时间块；分块结束再将每块的波形按高度不同转化为二进制数值，并最终编码为二进制脉冲信号，即量化。这样就可以实现从模拟电信号到二进制数字信号的转换。模／数转换示意图如图 6-1 所示。而数／模转换是将二进制数码重新转换为模拟波形信号并在相关设备上重现声音或图像的过程。

　　压缩编码技术是将经过模数转换的原始二进制数码以一定的算法重新组合编码的技术，经过压缩编码后原始的数据量巨大的多媒体信息数据量大大减少，以便于保存和分享。

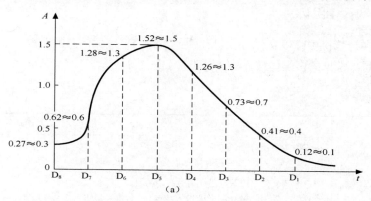

（a）

样本	量化级	二进制编码	编码信号
D_1	1	0001	
D_2	4	0100	
D_3	7	0111	
D_4	13	1101	
D_5	15	1111	
D_6	13	1101	
D_7	6	0110	
D_8	3	0011	

（b）

图6-1　模/数转换示意图

阅读资料

压缩编码技术

在计算机中压缩编码的基本原理是查找文件内的重复字节，建立一个相同字节的"词典"文件，并用一个代码表示。例如，在文件里有几处有一个相同的词"中国"，用一个代码表示并写入"词典"文件，这样就可以达到缩小文件的目的。

由于计算机处理的信息是以二进制数的形式表示的，因此压缩编码就是把二进制信息中相同的字符串以特殊字符标记来达到压缩的目的。例如，一幅蓝天白云的图片，对于成千上万单调重复的蓝色像点而言，与其一个一个定义"蓝、蓝、蓝……"长长的一串颜色，还不如告诉计算机："从这个位置开始存储1 117个蓝色像点"来得简洁，而且还能大大节约存储空间。只要通过合理的数学计算公式，文件的体积都能够被大大压缩。压缩可以分为有损压缩和无损压缩两种。如果丢失个别的数据不会造成太大的影响，这就是有损压缩。有损压缩广泛应用于声音、图像、视频和动画文件中。但是在一些情况下压缩数据应该准确无误，这时需要采用无损压缩。

4. 多媒体文件及常用软件

多媒体信息在计算机中是以文件方式保存的，不同的多媒体信息的获取、播放和处理所使用的软件也各不相同。常见的多媒体信息与文件类型如表 6-3 所示。

表6-3　　　　　　　　　　　　　　　多媒体信息的主要类型

媒体类型	文件类型	描　述	获取方式	常用软件	常见文件格式
文本	文本文件	指各种文字及符号，包括文字内容、字体、字号、格式及色彩等信息	键盘输入，OCR 扫描	记事本等，Word 等	TXT、DOC 等
音频	波形音频文件	波形音频文件是以数字编码方式保存在计算机文件中的音频波形信息，特点是声音质量好，但文件通常比较大。波形音频可以按一定的格式进行压缩编码转换为压缩音频	麦克风输入，音频软件截取	录音机等	WAV、AU 等
	压缩音频文件	压缩音频文件是将原始的波形音频经过一定算法的压缩编码后生成的音频文件，压缩音频文件的大小一般只有波形音频文件的十分之一左右，是最为常用的音频类型	音频转换与压缩软件	压缩音频文件可以使用 Winamp、千千静听等软件播放，也可以复制到 MP3 播放机中随时播放	MP3、WMA、RM、APE 等
	MIDI 音乐文件	MIDI 音乐文件是音乐与计算机结合的产物。与波形音频文件和压缩音频文件不同，MIDI 不是对实际的声音波形进行数字化采样和编码，而是通过数字方式将电子乐器弹奏音乐的乐谱记录下来，例如按了哪一个音阶的键、按键力度多大、按键时间多长等。当需要播放音乐时，根据记录的乐谱指令，通过计算机声卡的音乐合成器生成音乐声波，再经放大后由扬声器播出。与波形音频相比，MIDI 需要的存储空间非常小，仅为波形音频文件的百分之一	电子琴，MIDI 音乐制作软件	CAKEWALK 等	MID、MIDI 等
图形	图像文件	图像文件也称位图文件，位图是由像素组成的，所谓像素是指一个一个不同颜色的小点，这些不同颜色的点一行行、一列列整齐地排列起来，最终就形成了由这些不同颜色的点组成的画面，称为图像	扫描仪、数码相机、截图软件，图形处理软件等	浏览图像文件可以使用 ACDSee、豪杰大眼睛等，如进行复杂处理可以使用 Photoshop	BMP、JPG、PNG、TIF 等
	矢量图形文件	矢量图是以数学的方式对各种形状进行记录，最终显示由不同的形状组成的画面，称为矢量图形。矢量图形文件中包含结构化的图形信息，可任意放大而不会产生模糊的情况	专用的计算机图形编辑器或绘图程序产生	AutoCAD、CorelDRAW、Illustrator 等	DWG、DXF、CDR、EPS、AI、WMF 等

媒体类型	文件类型	描 述	获取方式	常用软件	常见文件格式
视频	数字视频文件	数字视频是经过视频采集后的数字化并存储在计算机中的动态影像，根据影像文件编码方式的不同，分为不同格式的文件	数码摄像机、数字摄像头、视频采集卡采集的视频信号，视频录像软件、视频处理软件	数字视频文件可以使用暴风影音等软件来播放 用于数字视频编辑的软件有Adobe公司的Premiere和After Effects，Canopus公司的Edius，还有功能强大且操作简单的会声会影	AVI、WMV、MPEG-I、MPEG-II、MP4、RM、ASF、MKV等
动画	动画是指一系列连续动作的图形图像，并可以带有同步的音频				
动画	对象动画文件	动画中的每个对象都有自己的模式、大小、形状和速度等元素，演示脚本控制对象在每一帧动画中的位置和速度	对象动画软件生成	Flash等	FLA、SWF等
	帧动画文件	由一系列快速连续播放的帧画面构成，每一帧代表在某个指定的时间内播放的实际画面，因此可以作为独立单元进行编辑	帧动画软件生成	GIF动画制作软件	GIF等

阅读资料

图像的像素与分辨率

图像是由像素组成的。像素数量的多少就会直接影响到图像的质量。在一个单位长度之内，排列的像素越多，表述的颜色信息越多，图像就越清晰；反之，图像就粗糙。这就是图像的精度，称为"分辨率"。如果两幅图像的尺寸是相同的，但是分辨率相差很大，分辨率高的图像比分辨率低的图像要清晰。

分辨率的单位是DPI，即1英寸（2.54cm）之内排列的像素数。例如，分辨率为300DPI，表示这个图像是由每英寸300个像素记录的。

像素是图像数字化的基本单位。每一个像素对应一个数值，称为像素的位数。位数越高，可反映图像的颜色和亮度变化也越多。例如，1位只能反映黑白图像，8位可反映256色图像，16位可反映65 536种颜色图像，32位可反映完全逼真的彩色图像等。

6.1.2　图像文件的浏览

可用于图形文件浏览的软件非常多，有Windows XP操作系统自带的图片查看器，还有ACDSee、XnView、Picasa、豪杰大眼睛等。ACDSee是其中使用较为广泛的看图软件。

实例6.1　使用ACDSee浏览图像文件

 情境描述

启动ACDSee，进入要浏览的图片文件夹，选择喜欢的图片，全屏查看图片，了解图片的信息，然后将这幅图片设为壁纸。

任务操作

① 安装并启动 ACDsee（本书使用的是 ACDSee Pro 2 版本）。

② 在 ACDSee 界面窗口左栏的树形文件列表中选择要浏览的图片文件夹，右栏即可显示所选图片的缩略图，如图 6-2 所示。

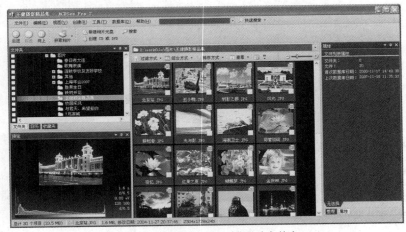

图 6-2　在 ACDSee 中浏览图片文件夹

③ 选择喜欢的图片，可以在预览面板中显示，双击可以放大显示。按 Esc 键可以退出放大显示。

④ 在选择的图片上右击鼠标，在弹出的快捷菜单中选择"属性"命令，可以在窗口右侧显示图片的属性；单击属性视图中的"EXIF"选项，可以显示数码照片的拍摄信息，如图 6-3 所示。

图 6-3　显示数码照片的拍摄信息

⑤ 在选择的图片上右击鼠标，在弹出的快捷菜单中选择"设置壁纸"/"居中"命令，可以将该图片以居中方式设为桌面壁纸，如图 6-4 所示。

知识与技能

ACDSee 是一款功能强大的图像文件浏览软件，不仅可以实现各种格式的图像文件浏览，还可以实现从数码相机和扫描仪获取图像，图像文件预览、组织、查找、图像及文件信息查看、设置壁纸等功能，并可以使用它实现去除红眼、剪切图像、锐化、浮雕特效、曝光调整、旋转、镜像和批量处理等编辑功能。

图 6-4　将图片设为桌面壁纸

在 ACDSee 中，提供了不同的视图，可以以各种方式浏览图片信息。

（1）文件夹视图。文件夹视图用于选择要浏览的图片文件夹，提供了文件夹浏览、日历浏览（按图片浏览历史查看）和收藏夹查看功能，如图 6-5 所示。

（2）预览视图。预览视图用于显示所选择的图片，并显示图片的一些基本信息，如光谱特性、拍照信息等，如图 6-6 所示。

（3）属性视图。属性视图显示所选图片的详细信息，其中 EXIF 选项专门用于显示数码照片的拍照信息，如相机型号、快门速度、光圈值、焦距、拍摄时间、拍照模式等，如图 6-7 所示。

图 6-5　文件夹视图

图 6-6　预览视图

图 6-7　属性 EXIF 视图

课堂训练6.1

使用 ACDSee 浏览其他格式的图片，查看图片信息，并比较异同。

6.1.3　播放音频和视频

播放音频的软件可以使用 Windows 操作系统自带的 Windows Media Player，或者使用 Winamp 和千千静听等。播放视频也可以使用 Windows Media Player。此外，RealPlayer、QuickTime、暴风影音也是较常用的音频和视频播放软件。

实例 6.2　使用千千静听播放音频文件

 情境描述

启动千千静听，选择多个要播放的音频文件创建播放列表，设置音效模式为"流行音乐"模式，播放音频。

 任务操作

① 安装并启动千千静听（本书使用的是千千静听 5.3 版本）。其界面如图 6-8 所示。

② 选择播放列表视图中的"添加"/"文件（F）…"命令，进入存放音乐的目录，选择多个音频文件，如图 6-9 所示。

图 6-8　千千静听主界面　　　　　　　　图 6-9　选择多个音频文件

③ 单击"打开"按钮，将选择的音频文件添加进播放列表，如图 6-10 所示。还可以再次添加其他的音频文件至播放列表。

④ 在均衡器视图中右击鼠标，在弹出的快捷菜单中选择"可选类别"/"流行音乐"命令，设置播放音效模式为"流行音乐"，如图 6-11 所示。

⑤ 单击音频播放按钮，开始播放音乐。播放时可以单击按钮实现暂停，单击按钮播放下一曲，单击按钮播放上一曲，单击按钮停止播放；还可移动滑块调节播放音量。

 课堂训练6.2

使用 Windows Media Player 播放音乐。

图 6-10 添加多个音频文件后的播放列表

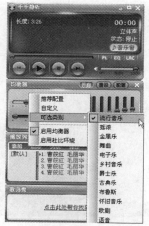

图 6-11 设置播放音效模式为"流行音乐"

实例 6.3 使用暴风影音播放视频文件

 情境描述

启动暴风影音，选择要播放的视频文件，创建播放列表，进行音频与视频设置，全屏播放视频。

 任务操作

① 安装并启动暴风影音（本书使用的是暴风影音 2009 版本）。其界面如图 6-12 所示。

② 单击播放列表视图中的"+ 添加"按钮，选择一个视频文件打开，将其添加进播放列表，如图 6-13 所示。还可以再次添加其他的音、视频文件至播放列表。

图 6-12 暴风影音主界面

图 6-13 添加视频文件后的播放列表

③ 单击软件左上方"正在播放"后面的 ▼ 按钮，打开暴风影音主菜单，如图 6-14 所示。选择"视频设置"或"音频设置"命令，在打开的对话框中进行视频或音频设置。

④ 单击播放按钮 ▶，开始播放视频。播放时可以单击 ❚❚ 按钮实现暂停，单击 ▶▶ 按钮播放下一个或上一个视频，单击 ■ 按钮停止播放；还可移动 ◉── 滑块调节播放音量。

⑤ 单击■按钮，可以实现全屏播放视频，如图 6-15 所示。按 Esc 键可以退出全屏播放。

图 6-14　打开暴风影音主菜单

图 6-15　暴风影音全屏播放效果

课堂训练6.3

使用 Windows Media Player 播放视频文件。

6.1.4　获取多媒体素材

多媒体素材的获取需要相应的多媒体外设。例如，获取声音需要麦克风，获取图像需要数码相机或扫描仪，获取视频图像需要数码摄像机或视频采集卡。一些背景素材则可以从素材光盘或网络中获取。

实例 6.4　获取音频文件

 情境描述

使用录音机软件，获取音频。首先安装麦克风，然后打开录音机，录制语音并保存音频文件。

 任务操作

① 安装麦克风。将麦克风插头插入计算机的 Mic 输入插口。

 提示　　现在的计算机，一般都有集成声卡，因此在计算机的背板和前面都装有音频输入和输出接口，通常有 In（接信号输入线）、Out（接信号输出线）、Mic（接麦克风）等插口。音箱和耳机是接在 Out 插口上的，麦克风需要接在 Mic 插口上。

② 在 Windows XP 操作系统中单击"开始"按钮，选择"所有程序"菜单下的"附件"/"娱乐"/"录音机"命令，打开录音机软件，如图 6-16 所示。

③ 单击录音机软件中的录音按钮 ■，开始录音。对麦克风讲话，可以发现录音机波形窗口的声音波形发生变化，如图 6-17 所示。

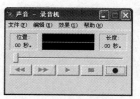

图 6-16 打开录音机

图 6-17 录音时声音波形发生变化

④ 单击停止按钮■，停止录音。单击播放按钮▶，可以回放刚才录制的声音。

⑤ 选择录音机软件中的"文件"/"保存"命令，以 WAV 格式保存录制的音频文件。

实例 6.5 扫描照片

 情境描述

有一张现成的图片，使用扫描仪将其扫描至计算机，生成图像文件。

 任务操作

① 连接扫描仪，安装扫描仪驱动程序，将图片放置在扫描仪扫描板上，如图 6-18 所示。

② 启动 ACDSee，单击"获取相片"按钮，选择"从扫描仪"命令，如图 6-19 所示。

图 6-18 将准备扫描的图片放在扫描仪的扫描板上

图 6-19 选择"从扫描仪"命令获取相片

③ 在打开的"获取相片向导"对话框中单击"下一步"按钮，选择源设备为扫描仪，如图 6-20 所示。选择结束后单击"下一步"按钮进入"文件格式选项"界面。

 注意 不同的扫描仪在列表中有不同的型号，要注意区分。

④ 设置文件输出格式为 JPG，如图 6-21 所示，然后单击"下一步"按钮进入"输出选项"界面。

⑤ 在"输出选项"界面中设定文件名和目标文件夹，如图 6-22 所示。

⑥ 进入扫描仪设置界面，准备扫描图像，如图 6-23 所示。

⑦ 单击"预览"按钮，以低分辨率查看整体扫描效果，如图 6-24 所示。

⑧ 在预览图像上按下鼠标左键不放拖动鼠标，选择要扫描的区域，如图 6-25 所示。

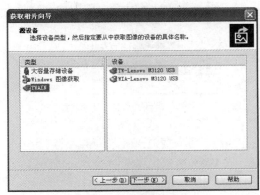

图 6-20　选择扫描设备

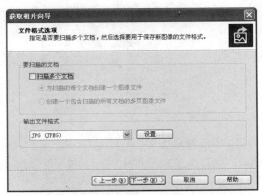

图 6-21　选择"文件输出格式"为 JPG（JPEG）

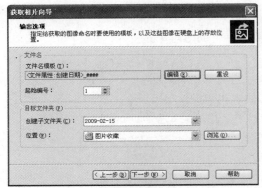

图 6-22　设定文件名和目标文件夹

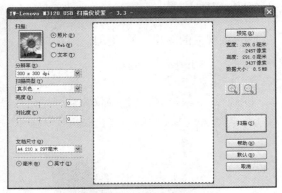

图 6-23　扫描仪设置界面

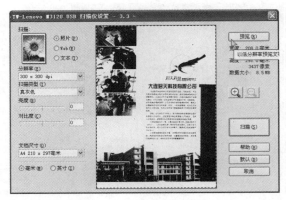

图 6-24　扫描预览

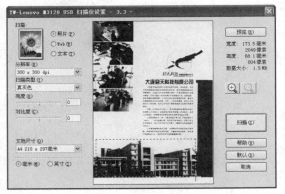

图 6-25　选择扫描区域

⑨ 设定扫描分辨率为 1 200×1 200dpi，扫描类型为"真灰色"，其他按默认设置，如图 6-26 所示。然后单击"扫描"按钮，开始扫描。

⑩ 扫描结束后，可以在"获取相片向导"对话框中看到扫描的图片缩略图，如图 6-27 所示。

⑪ 然后单击"下一步"按钮，在"正在完成获取相片向导"界面中单击"完成"按钮，可以在 ACDSee 中浏览扫描完的图像，如图 6-28 所示。

图 6-26 设置扫描参数

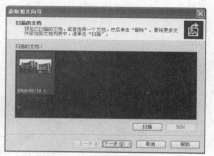

图 6-27 扫描的图片缩略图

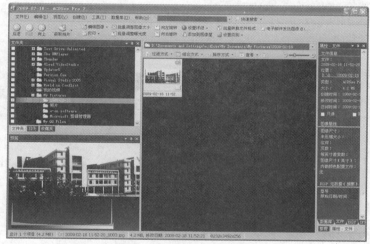

图 6-28 浏览扫描获取的图片

课堂训练6.4

使用 ACDSee，尝试从数码相机和读卡器中获取图片。

实例 6.6 从数码摄像头捕获视频

 情境描述

使用 USB 接口的数码摄像头，将其摄像场景导入计算机并生成视频文件。

 任务操作

① 安装并启动会声会影软件（本书使用的是会声会影 X2 版本），如图 6-29 所示。

图 6-29 会声会影启动界面

② 将数码摄像头的 USB 插头插入计算机的 USB 接口。

提示 如果使用数码摄像机输出数字视频时，有的可以将数据线直接插入 USB 接口，有的可能需要接入计算机的 1394 接口。

③ 单击"会声会影编辑器"按钮，进入会声会影编辑器主界面，如图 6-30 所示。

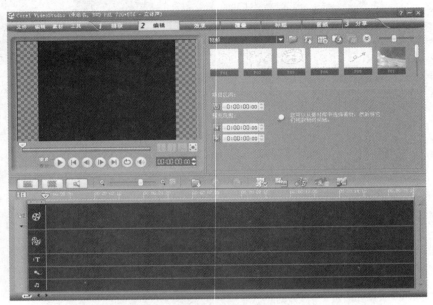

图 6-30　会声会影编辑器主界面

④ 单击"1 捕获"按钮，进入捕获界面，如图 6-31 所示。

图 6-31　会声会影捕获界面

⑤ 单击 捕获视频 按钮，可以在左上角的视频预览窗口内看到数码摄像头拍摄的图像，如图 6-32 所示。

⑥ 将"格式"设置为"MPEG"，将"捕获文件夹"设置为捕获的视频文件的存放位置，如图 6-33 所示。单击 捕获视频 按钮，开始捕获并录制视频。转动数码摄像头的拍摄角度，可以拍摄到动态的影像。然后单击 停止捕获 按钮，结束视频捕获。

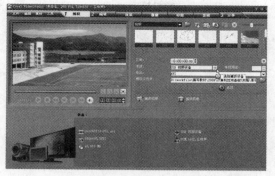

图 6-32　在视频预览窗口内看到数码摄像头拍摄的影像

图 6-33　设置视频捕捉的参数

⑦ 关闭会声会影软件，进入视频文件存放目录，使用"暴风影音"播放刚才捕获的视频文件，可以看到捕获的动态影像。

课堂训练6.5

使用会声会影，尝试从 VCD 或 DVD 视频光盘中获取影像。

6.2　多媒体文件的编辑

◎ 图像的简单处理

◎ 常见音、视频文件特点，掌握不同格式文件的转换方法

◎ 音频和视频的简单编辑方法*

6.2.1 图像的简单处理

当采集到图像素材后，原始的数码照片或扫描图片不一定尽善尽美，要通过进一步的加工才能符合需要，这就需要使用图形编辑软件对图像进行处理。其中 PhotoShop 功能强大、使用广泛。但一些简单的图像处理 ACDSee 完全可以胜任，并且简单易用，也能生成独特的创意效果。

实例 6.7 图像的简单处理

 情境描述

对一幅数字图像进行剪裁、亮度和颜色变化、变换图像大小、生成浮雕艺术效果及添加文字等简单处理。

 任务操作

① 启动 ACDSee，进入要处理的图像文件夹，选择要处理的图像，如图 6-34 所示。

图 6-34　选择要处理的图像

② 在选择的图片上右击鼠标，在弹出的快捷菜单中选择"编辑"命令（见图 6-35），或按 Ctrl+E 组合键，进入图像编辑状态，如图 6-36 所示。

图 6-35　选择"编辑"命令

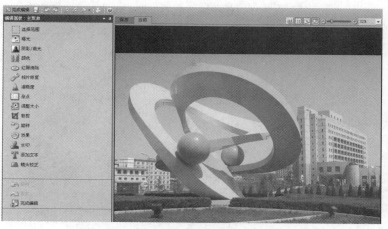

图 6-36　图像编辑状态

③ 裁剪图像。选择"编辑面板"主菜单下的 ✂裁剪 命令，进入图像裁剪状态，如图 6-37 所示。移动裁剪加亮窗口并调整其边界，使其加亮显示裁剪所要选择的图像区域，如图 6-38 所示。然后单击"完成"按钮，完成裁剪，裁剪后的图像如图 6-39 所示。

图 6-37　图像裁剪状态

图 6-38　裁剪所要选择的图像区域

图 6-39　裁剪完成后的图像

④ 调整图像的亮度和颜色。选择"编辑面板"主菜单下的 ▓▓颜色 命令，进入图像颜色编辑状态。选择左上角的 HSL 编辑选项，如图 6-40 所示；调整色调、饱和度和亮度等值，观察图像效果的变化。其中色调可以调整图像颜色的配比，饱和度可以调整图像颜色的鲜艳程度，亮度可以调整图像的明暗。调整满意后单击"完成"按钮，完成亮度和颜色调整。

图 6-40　选择 HSL 编辑选项

⑤ 变换图像大小。选择"编辑面板"主菜单下的 ▓ 调整大小 命令，进入调整图像大小编辑状态，如图 6-41 所示。选择"保持纵横比"复选框，并设定选项为"原始"，然后在"宽度"栏内输入 1024，"高度"栏中的数值相应发生变化，视图内的图像大小也发生变化，如图 6-42 所示。调整满意后单击"完成"按钮，完成图像大小调整。

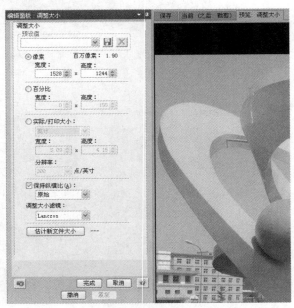

图 6-41　调整图像大小编辑状态

图 6-42　调整图像大小后的视图

⑥ 生成浮雕效果。选择"编辑面板"主菜单下的 效果 命令，进入效果编辑状态，如图 6-43 所示。在"选择类别"下拉列表框中选择"艺术效果"选项，然后选择效果集中的 命令，如图 6-44 所示，实现浮雕艺术效果，如图 6-45 所示。调整"仰角"、"深浅"、"方位"等参数，调整满意后连续两次单击"完成"按钮，完成图像"浮雕"效果的调整。

图 6-43　效果编辑状态

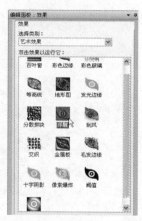

图 6-44　选择"艺术效果"中的"浮雕"效果

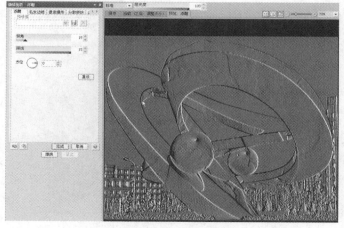

图 6-45　"浮雕"效果

⑦ 添加文字。选择"编辑面板"主菜单下的 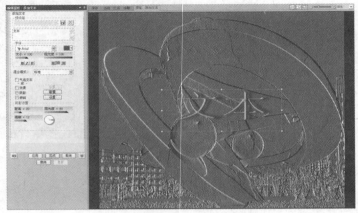 添加文本 命令，进入添加文本编辑状态，如图 6-46 所示。在标有"文本"的列表框内输入文字"图像简单处理"，设置字体为"黑体"，大小为 69，并单击文字加粗按钮 **B**，选择"阴影"和"倾斜"复选框，其余按默认设置。然后拖动图像视图中的文字至图像下方，如图 6-47 所示。调整满意后单击"完成"按钮，完成文字添加。

图 6-46　添加文本编辑状态

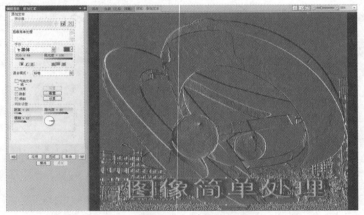

图 6-47　设置文字添加选项

⑧ 选择"编辑面板"主菜单下的 完成编辑 命令，在弹出的"保存更改"对话框中单击"另存为"按钮，在打开的"图像另存为"对话框中输入新文件名，然后单击"保存"按钮，完成图像处理。在 ACDSee 中可以浏览刚处理好的图像，如图 6-48 所示。

图 6-48　在 ACDSee 中浏览刚处理好的图像

课堂训练6.6

使用 ACDSee 的其他图像处理功能进行图像编辑。

6.2.2　音频和视频的格式转换

当今的多媒体技术，主要是音、视频技术的应用。为追求更好的应用效果，不同的技术组织和企业不断推出新的音、视频技术标准，由于其各具优点，也就形成了多种音频和视频格式文件并存的局面。目前，一些常用的音、视频播放软件虽然能兼容大多数的音、视频格式文件，但在一些特殊的应用领域，如一些 MP3、MP4 播放器或专用软件，只能支持专门格式的音、视频文件。为实现音、视频资源的共享，需要进行文件格式的转换。

实例 6.8　音频文件的格式转换

情境描述

将某一种音频文件转换为其他格式的音频文件。

任务操作

① 启动千千静听，选择要转换的音频文件，如图 6-49 所示。

② 在选择的音频文件上右击鼠标，在弹出的快捷菜单中选择"转换格式"命令，如图 6-50 所示。

③ 在打开的"转换格式"对话框内，选择"输出格式"为"Wave 文件输出"，设置输出音频文件的目标文件夹，其余按默认设置，如图 6-51 所示。

④ 在"转换格式"对话框内单击"立即转换"按钮，开始将当前所选的音频文件转换为同名的 WAV 格式文件。稍等一会儿，就可以转换完成。

⑤ 重复步骤②～④，将"输出格式"改为"MP3编码器"，当前所选的音频文件转换为同名的 MP3 格式文件。

⑥ 重复步骤②～④，将"输出格式"改为"WMA编码器"，当前所选的音频文件转换为同名的 WMA 格式文件。

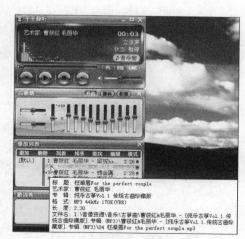

图 6-49　选择要转换的音频文件

⑦ 打开输出音频文件的目标文件夹，以详细信息显示刚才转换的 3 个音频文件，观察文件大小，如图 6-52 所示。然后使用千千静听播放这些音频文件，比较播放效果。

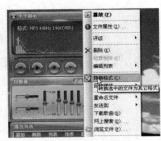
图 6-50　选择"转换格式"命令

图 6-51　设置"转换格式"对话框

04 枉凝眉For the perfect couple.wav	25,925 KB	WAV 音频	2009-2-22 4:06
04 枉凝眉For the perfect couple.mp3	3,527 KB	MP3 音频文件	2009-2-22 4:09
04 枉凝眉For the perfect couple.wma	3,203 KB	Window Media 音频文件	2009-2-22 4:10

图 6-52　3 个转换后音频文件的详细信息

提示

实例 6.8 只展示了一个音频文件转换的功能，如果一次要转换多个文件，可以在千千静听的播放列表中使用 Shift 或 Ctrl 键选择多个音频文件，然后右击鼠标，在快捷菜单中选择"转换格式"命令即可一次转换多个音频文件。

知识与技能

要在计算机内播放或是处理音频，需要对声音文件进行数/模转换，这个过程由采样和量化构成。人耳所能听到的声音，频率范围是 20Hz ～ 20kHz，20kHz 以上人耳是听不到的，所以音频的最大带宽是 20kHz，因此音频的采样频率介于 40kHz ～ 50kHz。采样后每个样本需要量化位数，以表示音频声音的大小，用比特数表示，为 8 位～ 32 位，采样位数越高，声音的细节反映得越真实。同一次采样的音频文件每一量化位数都具有相等的长度。

下面介绍一下常见的几种音频格式。

（1）CD 音频格式。最早使用的数字音频格式是 CD 音频格式，即以 CD 音轨方式存储在光盘上的数字音乐。标准 CD 格式是以单声道 44.1kHz、双声道 88.2kHz 的采样频率，采样位数 16 位（2 个字节，可记录 $2^{16}=65\,536$ 种不同强度的声音变化）来存储音乐。CD 音轨每秒钟声音的信息量是 150KB。因为 CD 音轨可以说是近似无损的，因此它的声音基本上是忠于原声的，如果是音响发烧友的话，CD 是首选。

CD音频与光驱读取倍数

阅读资料

CD 最早是用于存储音频，为了保证刻录在 CD 上的音轨能够重放以单声道 44.1kHz、双声道 88.2kHz 的采样频率，采样位数 16 位存储的双声道立体声音乐，规定了 CD 的播放速率是 150KB/s。因此制定 CD-ROM 标准时，把 150KB/s 的传输率定为标准倍速，后来驱动器的传输速率越来越快，就出现了倍速、四倍速直至现在的 32 倍速、52 倍速。对于 52 倍速的 CD-ROM 驱动器，理论上的数据传输率应为：150×52=7 800KB/s。

而 DVD-ROM 的一倍速是 1.303MB/s（1 350KB/s）（第一代 DVD 播放机的速度）。所以，就澄清了一个概念，52X 的 CD-ROM 并不比 16X 的 DVD-ROM 速度快。16X 的 DVD-ROM 相当于 147.2X 的 CD-ROM，比 52X 的 CD-ROM 要快出 1.4 倍，但因为 DVD-ROM 的容量是 CD-ROM 的近 7 倍，所以理论上读完一张 4.38GB 的 DVD 所需时间是读完一张 650MB 的 CD-ROM 的 2.4 倍。

（2）WAV无损音频格式。这是Microsoft公司开发的一种声音文件格式，用于保存Windows平台的音频信息资源，被Windows平台及其应用程序所支持。WAV格式支持多种压缩算法，支持多种音频位数、采样频率和声道，标准格式的WAV文件与CD格式一样，也是单声道44.1kHz、双声道88.2kHz的采样频率，采样位数16位，是目前PC上广为流行的声音文件格式，几乎所有的音频编辑软件都能识别WAV格式。此外，由苹果公司开发的AIFF格式和为UNIX操作系统开发的AU格式，与WAV格式非常相似，在大多数的音频软件中也都支持这几种常见的音频格式。

（3）MP3有损压缩音频格式。所谓的MP3是指MPEG标准中的音频部分，即MPEG音频层。根据压缩质量和编码处理的不同分为3层，分别对应mp1、mp2和mp3这3种声音文件。MPEG音频文件的压缩是一种有损压缩，采用了心理声学音频等压缩技术，因此MPEG3音频编码具有10:1～12:1的高压缩率。相同长度的音频文件，用MP3格式来储存，一般只有WAV文件的1/10，而音质仅次于CD格式或WAV格式的声音文件。由于其文件尺寸小，音质好，MP3格式目前仍是主流音频格式。MP3格式压缩音乐的采样频率有很多种，可以用64kbit/s或更低的采样频率节省空间，也可以用320kbit/s的标准达到极高的音质。

心理声学音频压缩

心理声学一词似乎很令人费解，其实很简单，它就是指"人脑解释声音的方式"。压缩音频大多是用功能强大的算法将我们听不到或难以注意的音频信息去掉。因此，心理声学压缩方式实际上是有损压缩。

（4）WMA压缩音频格式。WMA格式由Microsoft公司设计，通过减少数据流量但保持音质的方法来达到比MP3压缩率更高的目的，而且音质要强于MP3格式。WMA的压缩率一般可以达到1:18左右，此外WMA还支持音频流技术，适合在网络上在线播放。在Windows XP操作系统中，WMA是默认的音频编码格式。

（5）RealAudio流媒体音频格式。RealAudio格式主要适用于在网络上的在线音乐欣赏，其文件格式主要有有RA（RealAudio）、RM（RealMedia，RealAudio G2）、RMX（RealAudio Secured）等。该音频格式的特点是可以随网络带宽的不同而改变声音的质量，在保证大多数人听到流畅声音的前提下，令带宽较富裕的听众获得较好的音质。

（6）APE格式。APE是目前流行的数字音乐文件格式之一。与MP3格式的有损压缩音频不同，APE是一种无损压缩音频，也就是说将从CD上读取的音频数据文件压缩成APE格式后，还可以再将APE格式的文件还原，还原后的音频文件与压缩前的一模一样，没有任何损失。APE的文件大小大概为CD的一半，随着宽带的普及，APE格式受到了许多音乐爱好者的喜爱，特别是对于希望通过网络传输音频CD的朋友来说，APE可以节约大量的网络带宽资源。

（7）MIDI数字合成音乐格式。MIDI（Musical Instrument Digital Interface）是一种与上述音频格式文件完全不同的音频格式。MIDI音乐并不是录制好的波形声音，而是记录声音的信息，在重放时指定声卡再现音乐的一组指令。一个MIDI文件每存1分钟的音乐只用大约5KB～10KB。MIDI音乐重放的效果完全依赖声卡的档次，它广泛应用于计算机作曲领域。MIDI音乐文件可以用作曲软件写出，也可以通过声卡的MIDI口把外接音序器演奏的乐曲输入计算机，制成MIDI文件。

实例 6.9　视频格式文件的转换

情境描述

将某一种视频文件转换为 320 像素 ×240 像素分辨率的 AVI 格式和手机能够播放的 3GP 格式的视频文件。

任务操作

① 启动会声会影软件，单击启动界面的会声会影编辑器按钮，进入会声会影编辑器主界面，如图 6-53 所示。

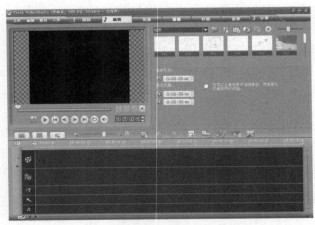

图 6-53　会声会影编辑器主界面

② 选择主菜单中的"工具"/"成批转换"命令，如图 6-54 所示。

③ 在打开的"成批转换"对话框中单击"添加"按钮，如图 6-55 所示。然后选择一个视频文件加入到准备转换的目录中，如图 6-56 所示。

图 6-54　选择"成批转换"命令

图 6-55　"成批转换"对话框

④ 选择保存类型为"Microsoft AVI 文件（*.avi）"，然后单击"选项"按钮，打开"视频保存选项"对话框，如图 6-57 所示。

⑤ 选择"常规"选项卡，设置帧大小为"320×240"，其余参数按默认设置，如图 6-58 所示。

⑥ 选择"AVI"选项卡，设置压缩模式为"Intel Indeo（R）Video R3.2"，其余参数按默认设置，如图 6-59 所示。然后单击"确定"按钮返回。

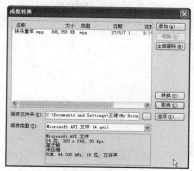

图 6-56　选择一个视频文件

图 6-57　"视频保存选项"对话框

图 6-58　设置视频保存常规选项

图 6-59　设置压缩模式选项

⑦ 设置保存文件夹，然后单击"转换"按钮，开始转换，如图 6-60 所示。等待转换完成，进入保存文件夹，可以使用暴风影音等软件观看播放效果。

⑧ 重复步骤②～⑦，所不同的是保存类型为"3GPP 文件（*.3gp）"，如图 6-61 所示，其余参数按默认设置。然后开始转换。等待转换完成，进入保存文件夹，可以使用暴风影音等软件观看播放效果。

图 6-60　开始转换视频文件

图 6-61　设置保存类型为"3GPP 文件（*.3gp）"

课堂训练6.7

使用会声会影，一次进行多个视频文件的格式转换。

　　实例 6.9 只展示了一个视频文件转换的功能，如果一次要转换多个文件，可以用会声会影的添加按钮添加多个视频文件，然后一次转换多个视频文件。

 知识与技能

　　视频文件事实上是由一帧帧静态图像与音频信息组合形成的。由于静态图像数据量巨大，因此需要采用压缩技术对图像进行压缩编码，根据压缩编码方式的不同，也就有了视频文件的不同格式。视频文件的参数主要有：图像分辨率（以像素为单位）、播放速率（即每秒钟播放图像的速率，以帧 / 秒，即 FPS 为单位），以及视频文件压缩编码方式。不同的视频文件，参数也不尽相同。

　　下面介绍几种常见的视频文件格式。

　　（1）AVI 格式文件。AVI 是音频视频交错（Audio Video Interleaved）的英文缩写，它是 Microsoft 公司开发的一种符合 RIFF 文件规范的数字音频与视频文件格式。AVI 格式允许视频和音频交错在一起同步播放，但 AVI 文件并未限定压缩标准，因此，AVI 文件格式只是作为控制界面上的标准，不具有兼容性。用不同压缩算法生成的 AVI 文件，必须使用相应的解压缩算法才能播放出来。常用的 AVI 播放驱动程序，主要是 Microsoft Video for Windows 以及 Intel 公司的 Indeo Video。AVI 文件目前主要应用在多媒体光盘上，用来保存电影、电视等各种影像信息。

　　（2）MPEG 格式文件。MPEG 文件格式是运动图像压缩算法的国际标准，它采用有损压缩方法减少运动图像中的冗余信息，同时保证 30 帧 / 秒的图像动态刷新率，已被几乎所有的计算机平台共同支持。MPEG 标准包括 MPEG 视频、MPEG 音频和 MPEG 系统（视频、音频同步）3 个部分，前文介绍的 MP3 音频文件就是 MPEG 音频的一个典型应用，而 Video CD（VCD）、Super VCD（SVCD）、Digital Versatile Disk（DVD）则是全面采用 MPEG 技术所生产出来的新型消费类电子产品。MPEG 压缩标准是针对运动图像而设计的，其基本方法是：在单位时间内采集并保存第 1 帧信息，然后只存储其余帧相对第 1 帧发生变化的部分，从而达到压缩的目的。MPEG 的平均压缩比为 50:1，最高可达到 200:1，压缩效率非常高，同时图像和音响的质量也非常好，并且有统一的标准格式，兼容性相当好。

　　MPEG 文件包括 MPEG1、MPEG2、MPEG3 和 MPEG4，除了 MPEG3 文件由于体积过大比较少见之外，其余 3 种都比较常见。例如常见的 VCD，其中的视频文件类型就属于 MPEG1 编码，SVCD 和 DVD 都属于 MPEG2 编码。在网络流行格式中，DIVX 编码文件和 XVID 文件都属于 MPEG4 编码。

　　（3）DIVX 格式文件。DIVX 视频编码技术由 Microsoft mpeg4 v3 修改而来，使用了 MPEG4 的压缩算法。播放这种编码格式的文件，对计算机的要求也不高，因此该格式被广泛应用于 MP4 播放器、手机等移动设备中。

　　（4）RealVideo（RA/RM/RMVB）文件。RealVideo 文件是 RealNetworks 公司开发的一种流式视频文件格式，主要用来在低速率的广域网上实时传输活动视频影像，可以根据网络数据传输速率的不同而采用不同的压缩比率，从而实现影像数据的实时传送和实时播放。RealVideo 除了可以以普通的视频文件形式播放之外，还可以与 RealServer 服务器相配合，在数据传输过程中边下载边播放视频影像，而不必像大多数视频文件那样，必须先下载然后才能播放。

　　（5）QuickTime（MOV/QT）格式文件。QuickTime 是 Apple 计算机公司开发的一种音频、视频文件格式，用于保存音频和视频信息，具有先进的视频和音频功能。QuickTime 文件格式支持 RLE、JPEG 等领先的集成压缩技术，提供 150 多种视频效果，并配有提供了 200 多种 MIDI 兼容音响和设备的声音装置。QuickTime 还能够通过 Internet 提供实时的数字化信息流、工作流与文件回放功能。此外，

QuickTime 还采用了一种称为 QuickTime VR（QTVR）的虚拟现实（Virtual Reality，VR）技术，用户通过鼠标或键盘的交互式控制，可以观察某一地点周围 360° 的景像，或者从空间任何角度观察某一物体。QuickTime 因其领先的多媒体技术和跨平台特性、较小的存储空间要求、技术细节的独立性以及系统的高度开放性，得到业界的广泛认可，目前已成为数字媒体软件技术领域事实上的工业标准。

（6）Mircrosoft 流媒体（ASF/WMV）格式文件。Mircrosoft 流媒体格式文件是由 Microsoft 公司推出的高级流格式（Advanced Streaming Format，ASF）视频文件，也是一个在 Internet 上实时传播多媒体的技术标准。ASF 格式的主要优点包括本地或网络回放、可扩充的媒体类型、部件下载、以及扩展性等。这和 RealVideo 视频文件的实时转播大同小异。而 WMV 是一种可以用独立的编码方式的在 Internet 上实时传播多媒体的技术标准。

（7）n AVI 格式文件。如果发现原来的播放器突然打不开某种格式的 AVI 文件了，那就要考虑是不是遇到了 n AVI。n AVI 是 newAVI 的缩写，是由名为 ShadowRealm 的地下组织发展起来的一种新视频格式。它是由 Microsoft ASF 压缩算法修改而来的，视频格式追求更高的压缩率和图像质量，改善了原始的 ASF 格式的一些不足。当然，这是以牺牲 ASF 的视频流特性作为代价的，n AVI 是一种去掉视频流特性的改良型 ASF 格式，也可以被视为是非网络版本的 ASF。

（8）3GP 格式文件。它是 3G 流媒体的视频编码格式，主要是为了配合 3G 通信网络的高传输速率而开发的，是目前手机播放视频中最为常见的一种视频格式。目前有许多具备摄像功能的手机，拍出来的短片文件其实都是以 .3GP 为后缀的。

（9）HDTV（高清视频）格式文件。要解释 HDTV，首先要了解 DTV。DTV 是一种数字电视技术。所谓的数字电视，是指从演播室到发射、传输、接收过程中的所有环节都是使用数字电视信号，或对该系统所有的信号传播都是通过由二进制数字所构成的数字流来完成的。HDTV 是 DTV 标准中最高的一种，即 High Definition TV，故而称为 HDTV。在 HDTV 中规定了视频必须至少具备 720 线非交错式（720P，即常说的逐行）或 1 080 线交错式（1 080i，即常说的隔行）扫描（而 VCD 标准只有 240 线，DVD 标准也只有 480 线），屏幕纵横比为 16:9，音频输出为 5.1 声道（杜比数字格式），同时能兼容接收其他较低格式的信号并进行数字化处理重放。HDTV 有 3 种显示格式，分别是：720P（1 280×720P，非交错式）、1 080i（1 920×1 080i，交错式）和 1 080P（1 920×1 080i，非交错式）。

HDTV 最常用的编码格式是 MPEG2-TS、WMV-HD、H.264 和 VC-1。其中 MPEG2 由于压缩比例较小，视频所占空间太大，目前已经基本被淘汰，WMV-HD 则被 VC-1 这种新标准所取代。目前最流行的只有 H.264 与 VC-1 这两种编码方式。

H.264 是由 ITU-T 视频编码专家组（VCEG）和 ISO/IEC 运动图像专家组（MPEG）联合组成的联合视频组（Joint Video Team, JVT）提出的高度压缩数字视频编解码器标准。ITU-T 的 H.264 标准和 ISO/IEC MPEG-4 第 10 部分（正式名称是 ISO/IEC 14496-10）在编解码技术上是相同的，这种编解码技术也被称为 AVC，即高级视频编码（Advanced Video Coding）。H.264 编码方式的视频效果明显优于 MPEG-2。H.264 格式视频文件较常见的后缀名有 .avi、.mkv 和 .ts。

VC-1 是最新被认可的高清编码格式，相对于 MPEG2，VC-1 的压缩比更高，相对于 H.264 而言，编码解码的计算量则要稍小一些，由于 VC-1 得到 Microsoft 公司的支持，在 HDTV 中也占有较大的比率。VC-1 格式视频多以 .wmv 为后缀名，但也不是绝对的，具体的编码格式还是要通过软件来查询。

总之，从压缩比上来看，H.264 的压缩比率更高一些，也就是同样的视频，通过 H.264 编码算法压缩出来的视频容量要比使用 VC-1 编码算法压缩出来的文件更小，但是 VC-1 格式的视频在解码计算方面更快一些，一般通过高性能的 CPU 就可以很流畅地观看高清视频。

高清视频与蓝光光盘

由于高清视频的出现，视频文件的信息量大大增加，传统的一部 DVD 分辨率的影片只有 4GB 左右的数据量，而一部 1 080P 分辨率的影片却需要 20GB 以上的数据量，传统的 DVD–ROM 格式光盘（4.38GB）的容量就显得无法适应。因此催生了下一代的光盘存储技术。蓝光光盘应运而生。

蓝光光盘是一种光盘标准，英文为 Blu–ray Disc，就像现有的 CD–ROM、DVD 之类，只是它采用了蓝色激光进行读写，使得单碟容量大大提高。由于蓝色激光波长较短（405nm），较传统的使用红色激光的 DVD（采用 650nm 波长的红色激光）和 CD（采用 780nm 波长的红色激光）能够在单位面积上记录或读取更多的信息，因此极大地提高了光盘的存储容量。

一个单层的蓝光光盘的容量为 25GB 或是 22GB，足够刻录一个长达 4 小时的高清晰电影。双层更可以达到 46GB 或 54GB 容量。

6.2.3　音频或视频的简单编辑 *

音频和视频的编辑软件众多，专业级的音频编辑软件有 CAKEWALK、Adobe Audition 等，视频编辑软件有 Premiere、After Effects、Edius 等。但要进行简单的音频和视频编辑，使用录音机软件和会声会影就可以完成。

<h3 style="text-align:center">实例 6.10　截取音频片断</h3>

 情境描述

从一个音频文件中截取音频片断并保存。

 任务操作

① 启动录音机软件，在主菜单中选择"文件"/"打开"命令，打开一个 WAV 格式的音频文件。

② 单击播放按钮 ▶，播放打开的声音文件。

③ 根据听取文件的情况，将移动滑块定位于要截取音频片断的起始位置，如图 6-62 所示。

④ 选择主菜单中的"编辑"/"删除当前位置以前的内容"命令，在打开的对话框中单击"确定"按钮，完成删除。

⑤ 将移动滑块定位于要截取音频片断的结束位置，在主菜单中

图 6-62　定位音频起始位置

选择"编辑"/"删除当前位置以后的内容"命令，在打开的对话框中单击"确定"按钮，完成删除。

⑥ 选择主菜单中的"文件"/"另存为"命令，在"文件保存"对话框中输入欲保存的文件名，单击"保存"按钮，完成文件保存。

<h3 style="text-align:center">实例 6.11　添加音响效果</h3>

 情境描述

对一个音频文件进行音效处理，加大音量并添加回音效果。

任务操作

① 启动录音机软件，选择主菜单中的"文件"/"打开"命令，打开一个 WAV 格式的音频文件。

② 单击播放按钮，播放打开的声音文件。

③ 选择主菜单中的"效果"/"加大音量"命令。然后单击播放按钮，听取加大音量后的声音效果。

④ 选择主菜单中的"效果"/"添加回音"命令。然后单击播放按钮，听取添加回音后的声音效果。

⑤ 选择主菜单中的"文件"/"另存为"命令，在"文件保存"对话框中输入欲保存的文件名，单击"保存"按钮，完成文件保存。

实例 6.12　两个音频文件混音

 情境描述

对两个音频文件进行混音处理。

 任务操作

① 启动录音机软件，选择主菜单中的"文件"/"打开"命令，打开一个 WAV 格式的音频文件。

② 单击播放按钮，播放打开的声音文件。根据听取文件的情况，将移动滑块定位于要截取音频片断的起始位置。

③ 选择主菜单中的"编辑"/"与文件混音"命令。在"混入文件"对话框中选取另一个 WAV 格式的音频文件后单击"打开"按钮，完成混音。然后单击播放按钮，听取混音后的声音效果。

④ 选择主菜单中的"文件"/"另存为"命令，在"文件保存"对话框中输入欲保存的文件名，单击"保存"按钮，完成文件保存。

 课堂训练6.8

使用录音机软件，尝试进行其他功能的音效处理。

实例 6.13　截取视频片断

 情境描述

从一个视频文件中截取视频片断并保存。

 任务操作

① 启动会声会影软件，单击启动界面的会声会影编辑器按钮，进入会声会影编辑器主界面。

② 单击"2 编辑"按钮，进入编辑界面，如图 6-63 所示。

③ 单击加载视频按钮，在打开视频文件对话框中选择要截取的视频文件，然后单击"打开"按钮，

载入视频文件。可以在会声会影编辑界面右上方的视频栏内看到载入视频文件的缩略图,如图6-64所示。

图 6-63　会声会影编辑界面　　　　　　　　　图 6-64　载入视频文件后的编辑界面

④ 选择加载的视频文件,拖动视频预览窗口下方的两个修整手柄　和　,截取所需要的视频片断,如图6-65所示。

⑤ 将剪辑后的视频文件缩略图拖至视频轨　处,如图6-66所示。

图 6-65　截取所需要的视频片断　　　　　　　图 6-66　将所载入的视频文件缩略图拖至视频轨

⑥ 单击"3分享"按钮,进入分享界面,单击　创建视频文件选项,如图6-67所示。

⑦ 在弹出的菜单中选择"与项目设置相同"命令,如图6-68所示。在打开的创建视频文件对话框中输入欲保存的目标文件夹和文件名,单击"保存"按钮,开始创建剪辑后的视频文件。创建完成后使用暴风影音播放生成的视频文件观看效果。

图 6-67　分享界面　　　　　　　　　　　　图 6-68　选择"与项目设置相同"命令

实例 6.14　连接视频并添加转场动画

情境描述

连接两个视频文件,并实现转场动画效果。

任务操作

① 启动会声会影软件,单击启动界面的会声会影编辑器按钮,进入会声会影编辑器主界面。单击"2编辑"按钮,进入编辑界面。

② 依次单击加载视频按钮▦，在"打开视频文件"对话框中选择要连接的视频文件，然后单击"打开"按钮，载入视频文件。

③ 将两个所选的视频文件缩略图依次拖至视频轨▦处，如图6-69所示。

④ 单击"效果"选项，进入"效果"界面。在效果下拉列表框中选择"果皮"，然后在效果缩略图中选择"翻页"，如图6-70所示。

图6-69 将两个所选的视频文件缩略图 依次拖至视频轨

⑤ 将选择的转场效果缩略图拖至视频轨的两个视频文件中间，如图6-71所示。

图6-70 选择"果皮"下的"翻页"转场效果

图6-71 将选择的转场效果缩略图拖至 视频轨两个视频文件中间

⑥ 单击"3 分享"按钮，进入分享界面，单击▦ 创建视频文件选项，在弹出的菜单中选择"与项目设置相同"命令。在打开的"创建视频文件"对话框中输入欲保存的目标文件夹和文件名，单击"保存"按钮，开始创建剪辑后的视频文件。创建完成后使用暴风影音播放生成的视频文件观看效果。

课堂训练6.9

使用会声会影软件，尝试进行其他功能的视频效果处理。

练习题

一、填空题

1. 多媒体是文字、_____、_____、_____、_____、_____等多种媒体信息的统称。

2. 多媒体核心技术主要使用了_____、_____转换和_____技术。

3. 音频文件一般分为 3 种类型，即_____音频文件、_____音频文件和_____音乐文件。

4. 图形文件一般分为两种类型：_____文件和_____文件。

5. 图像分辨率的单位是_____，即_____英寸（_____cm）之内排列的像素数。

6. ACDSee 是用于浏览_____文件的软件，千千静听是用于播放_____文件的软件，暴风影音是主要用于播放_____文件的软件，会声会影是用于编辑_____文件的软件。

7. 图像处理软件中最常用的首推 Adobe 公司的 _____。

8. 音频的最大带宽是 _____，因此采样速率介于 _____ 之间。

9. _____ 压缩音频格式是由 Microsoft 公司设计的，是 Windows XP 操作系统默认的音频编码格式。

10. 视频文件播放速率的单位是 _____。

11. DVD 是属于 _____ 编码的视频格式文件。

12. 高清视频 HDTV 最低的纵向扫描线数是 _____ 线逐行扫描。

二、选择题

1. 下面不是图形图像文件的格式是 _____。

（A）BMP　　　　　　（B）WAV　　　（C）DXF　　　（D）JPG

2. 可用于视频编辑的软件是 _____。

（A）豪杰大眼睛　　　（B）Winamp　　（C）Premiere　　（D）AutoCAD

3. 扫描仪是用于获取 _____ 的设备。

（A）图像　　　　　　（B）音频　　　（C）视频　　　（D）动画

4. 下面是无损压缩的音频文件的格式是 _____。

（A）APE　　　　　　（B）MP3　　　（C）WMA　　　（D）RM

5. 可用于高清视频的编码格式是 _____。

（A）MP3　　　　　　（B）ASF　　　（C）H.264　　（D）MPEG1

6. 不属于 HDTV 分辨率的视频标准是 _____。

（A）1 280 × 720P，非交错式　　　　　（B）720 × 576P，非交错式

（C）1 920 × 1 080i，交错式　　　　　（D）1 920 × 1 080P，非交错式

三、简答题

1. 常用的多媒体输入设备主要有哪些，功能是什么？

2. 位图图像文件与矢量图形文件有什么不同？

3. 用 ACDSee 浏览图像时，查看图像属性的 EXIF 选项可以显示哪些信息？

4. 视频文件的参数主要有哪些？

5. 简述音频信号转换为数字信息的过程。

6. HDTV 主要有哪几种视频编码格式？

四、操作题

1. 从 Internet 上下载并安装豪杰大眼睛、XnView、Picasa、Winamp 等免费软件，了解这些软件与本节所用的对应功能软件在使用上有什么异同点。

2. 收集一些音频和视频文件，将其进行格式转换，使之能在自己的 MP3、MP4 或智能手机等移动数码设备中播放。

提示　　　　不同的移动数码设备，所支持的音频、视频格式也不一致，需要首先阅读产品的使用说明，了解这些设备所支持的多媒体文件格式，然后再使用相关的工具进行文件格式转换。对于视频文件，还要注意移动数码设备所能支持的视频分辨率。

第7章

演示文稿软件 PowerPoint 2003应用

　　PowerPoint是最为常见的演示文稿制作软件之一，能够制作集文字、图形、图像、图表、声音和视频于一体的多媒体课件。人们在各类信息的交流中，如课堂教学、产品介绍、学术讨论、项目论证、技术交流、论文答辩等，演讲者除了要有丰富生动的材料、雄辩的口才表达能力外，如果能配合一套图文并茂、层次分明、有声有色的幻灯片，将使演讲更吸引观众。

　　在掌握Word 2003和Excel 2003基本概念与操作的前提下，使用和操作PowerPoint 2003就很容易了，所不同的是创建演示文稿的目的是为了给观众演示，能否突出重点，给观众留下深刻的印象是衡量一个演示文稿设计是否成功的主要标准。为此，在设计演示文稿时应注意遵循"主题突出、层次分明；文字精练、简单明了；形象直观、生动活泼"等原则，在演示文稿中要尽量避免使用大量的文字叙述，采用图形、图表说明问题，并适当加入动画、声音，以增强演示效果。

7.1　演示文稿的基本操作

　◎ 演示文稿的基本概念

　◎ 使用多种方法新建演示文稿

　◎ 演示文稿的简单编辑

　◎ 保存演示文稿

　◎ 使用不同的视图方式浏览演示文稿

本节重点介绍 PowerPoint 2003 的基本知识以及如何创建演示文稿，包括 PowerPoint 的启动、窗口组成、视图方式、帮助系统的使用方法和几种创建演示文稿的方法及步骤，帮助读者尽快熟悉 PowerPoint 提供的各种功能。

7.1.1　演示文稿的用途

演示文稿由多张包括文字、图形、注释、多媒体等各种对象的幻灯片组成，一个演示文稿就是一个 PowerPoint 文件，其扩展名为 .PPT。

启动和退出 PowerPoint 有多种方法，与 Word、Excel 基本相同，这里不再赘述。

PowerPoint 2003 提供了 4 种视图方式显示演示文稿，分别为普通视图、幻灯片浏览视图、幻灯片放映视图和备注页视图。在不同的视图状态下，演示文稿可以有不同的表现形式，每种视图各有所长，如果用户能够灵活使用，将会大大提高操作效率。一般视图可以通过位于窗口底部的视图方式按钮切换，如图 7-1 所示；备注页视图则需要通过"视图"菜单来切换。

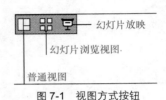

图 7-1　视图方式按钮

实例 7.1　打开及播放演示文稿

 情境描述

第一次接触演示文稿，首先要对 Microsoft PowerPoint 有一个概要了解，通过浏览编者制作好的演示文稿 beijing2008.ppt，可以快速熟悉演示文稿的主要功能和结构，为学习创建演示文稿打好基础。

实例分析：在 PowerPoint 中，切换不同视图模式，使窗口内部的组成结构发生变化，从而更加深刻地了解不同视图下窗口的组成及功能。

 任务操作

① 启动 PowerPoint 2003，单击"常用"工具栏上的"打开"按钮，在"打开"对话框中，通过"查找范围"下拉列表框依次选择驱动器、文件夹，找到演示文稿文件，双击文件名打开演示文稿。

 　提示　不启动 PowerPoint 2003，直接在文件夹中找到文件并双击，也可以打开演示文稿。

② 单击窗格底部视图方式中的"幻灯片放映"按钮，开始放映幻灯片。

③ 按 Esc 键结束幻灯片放映，选择"视图"/"备注页"命令切换成备注页视图。

④ 单击窗格底部的视图方式按钮，切换到幻灯片浏览视图，如图 7-2 所示。

⑤ 单击窗格底部的视图方式按钮，切换到普通视图。

请用户多次单击视图方式按钮进行普通视图、大纲视图和幻灯片视图的切换，并对比不同之处。

 知识与技能

（1）PowerPoint 的视图方式。在普通视图方式下的 PowerPoint 2003 窗口，包含大纲窗格、幻灯片窗格和备注窗格 3 种窗格，如图 7-3 所示，这些窗格使得用户可以在同一位置使用演示文稿的各种特征。

① 普通视图。普通视图是主要的编辑视图，可用于撰写或设计演示文稿，在该方式下，可以输入、查看每张幻灯片的主题、备注等，并且可以移去幻灯片图像和备注页方框，或改变它们的大小。

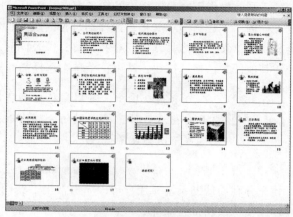

② 幻灯片浏览视图。可以在屏幕上同时看到演示文稿中的所有幻灯片，这些幻灯片是以缩图显示的。这样可以很容易在幻灯片之间添加、删除和移动幻灯片，以及选择动画切换，如图 7-3 所示。

③ 幻灯片放映视图。在此视图方式下整张幻灯片的内容占满了整个屏幕，这就是演示文稿在计算机上的放映效果。

图 7-2　幻灯片浏览视图

④ 备注页视图。可以通过"视图"下拉菜单来切换，在该视图方式下可以查看或编辑每张幻灯片的备注信息。

（2）PowerPoint 窗口的结构和作用。如图 7-3 所示，PowerPoint 2003 窗口的组成与 Office 2003 其他组件的窗口组成类似，同样具有标题栏、菜单栏、工具栏、工作区、状态行，对窗口的基本操作也与对 Word 2003 或 Excel 2003 窗口的操作一样，这里不再赘述。

PowerPoint 演示文稿在不同的视图状态下，可以有不同的表现形式。在如图 7-3 所示的普通视图下有 3 个工作区域和一个任务窗格——左侧为可在幻灯片文本大纲（"大纲"选项卡）和幻灯片缩略图（"幻灯片"选项卡）之间切换的选项卡；右侧为幻灯片窗格，以大视图显示当前幻灯片；底部为备注窗格。这些窗格使得用户可以在同一位置使用演示文稿的各种特征。

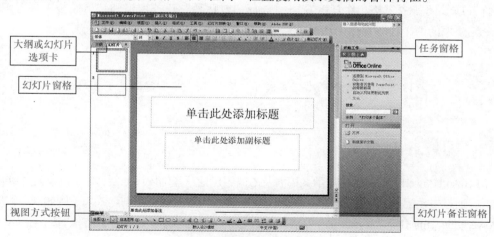

图 7-3　PowerPoint 2003 窗口

① 大纲窗格。使用大纲窗格可组织和开发演示文稿中的内容，可以输入演示文稿中的所有文本，然后重新排列项目符号、段落和幻灯片。

② 幻灯片窗格。在幻灯片窗格中，可以查看每张幻灯片中的文本外观。可以在单张幻灯片中添加图形、影片和声音，并创建超链接以及向其中添加动画。

③ 备注窗格。备注窗格使得用户可以添加与观众共享的演说者备注或信息。如果需要在备

注中含有图形，必须向备注页视图中添加备注。

④ 任务窗格。任务窗格位于工作界面的右侧，用来显示设计文稿时经常用到的命令，系统会随不同的操作需要显示相应的任务窗格。PowerPoint 2003 中包括几个任务窗格，可有助于完成以下任务：创建新演示文稿；选择幻灯片的版式；选择设计模板、配色方案或动画方案；创建自定义动画；设置幻灯片切换；查找文件；以及同时复制并粘贴多个项目，可以单击任务窗格顶部的"其他任务窗格"按钮，从下拉菜单中选择需要的任务窗格。

 在普通视图中，可用鼠标拖动窗格之间的分隔线，调整窗格的大小。调整幻灯片窗格和备注窗格之间的分隔线，在窗口中不显示备注窗格，然后再次拖动分隔线显示出备注窗格。

（3）PowerPoint 的帮助系统。PowerPoint 有完善的求助系统，用户在操作或使用中产生问题时要充分利用帮助系统。用户可以单击常用工具栏中的"Microsoft Office PowerPoint 助手"按钮，或使用"帮助"菜单，或使用任务窗格中的"帮助"选项，或直接按下键盘上的 F1 健，使用方法同 Office 2003 的其他组件帮助系统一样。

 课堂训练7.1

使用帮助系统查看"视图"的概念。

 课堂训练7.2

打开或关闭任务窗格，在任务窗格中选择"剪贴画"任务窗格和"剪贴板"任务窗格，并在最近使用的两个任务窗格中切换。

 可以选择"视图"/"任务窗格"命令来显示和隐藏任务窗格。

7.1.2 创建演示文稿

在 Microsoft PowerPoint 中创建演示文稿涉及的内容包括：基础设计入门；添加新幻灯片和内容；选取版式；通过更改配色方案或应用不同的设计模板修改幻灯片设计；创建效果（例如动态幻灯片切换）。PowerPoint 中的"新建演示文稿"任务窗格提供了一系列创建演示文稿的方法，各有不同的应用。

实例 7.2 使用"设计模板"建立演示文稿

 情境描述

使用"设计模板"新建演示文稿，可以在已经具备设计概念、字体和颜色方案的 PowerPoint 模板的基础上创建演示文稿。

实例分析：在 PowerPoint 中有特别设计的模板演示文稿，读者可以通过修改快速完成演示文稿的制作。在本例中应用"吉祥如意"模板，将标题背景填充为蓝色，保存演示文稿，文件名为 bj2008.ppt。

 任务操作

① 打开 PowerPoint，可在任务窗格中直接选择"新建演示文稿"转到"新建演示文稿"任务窗格，如图 7-4 所示，然后选择"根据设计模板"选项。

 提示 也可以直接在任务窗格的下拉菜单中选择"幻灯片设计"来应用设计模板。

② 在"幻灯片设计"任务窗格中选中"吉祥如意"模板，如图 7-5 所示。

图 7-4　在任务窗格中选择设计模板

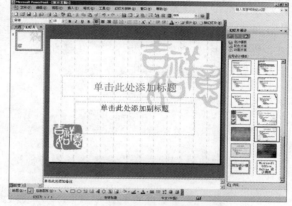

图 7-5　用吉祥如意版式创建的幻灯片

③ 按照幻灯片中提示，在标题位置输入"奥运会知识讲座"，在"副标题"位置输入"2008年 6 月"。

④ 将鼠标移动到标题的边框，鼠标变成十字指针时，右击鼠标，在快捷菜单中选择"设置占位符格式"命令，在弹出对话框的"颜色和线条"选项卡中设置填充"颜色"为蓝色。

⑤ 保存文件，文件名默认为标题名，即"奥运会知识讲座"，请按照教师要求选定文件夹保存。

 注意 观察 PowerPoint 窗口左上角的文件名，新的演示文稿还没有起名字时，系统默认文件名为"演示文稿 1"。保存后再观察 PowerPoint 窗口左上角的文件名，变为"奥运会知识讲座 .ppt"。

⑥ 如果要添加新的幻灯片，可以在系统菜单中选择"插入"/"新幻灯片"命令，然后在"幻灯片版式"任务窗格中选取需要的版式，重复以上步骤，并添加适当内容，即可制成演示文稿。

⑦ 单击窗格底部视图方式中"幻灯片放映"按钮，开始放映幻灯片。

 动手做 在演示文稿编写和应用的过程中可以方便地更换设计模板，即更改布局和配色方案。选择"幻灯片设计"窗格中设计模板右边的下拉菜单，选择"应用于所有幻灯片"、"应用于选定幻灯片"和"用于所有新演示文稿"，看一看效果，说明这几种应用有何区别。

 知识与技能

（1）模板是由 PowerPoint 为用户特别设计的文稿，使用模板是控制演示文稿统一外观的最方便的手段。设计模板是包含演示文稿样式的文件，包括项目符号与字体的类型和大小、占位符的大小和位置、背景设计和填充、配色方案以及幻灯片母版和可选的标题母版。

用户可以修改任意模板以适应需要，或在已创建的演示文稿基础上建立新模板。还可以将新模板添加到内容提示向导中以备下次使用。

对演示文稿应用设计模板时，新模板的幻灯片母版、标题母版和配色方案将取代原演示文稿的幻灯片母版、标题母版和配色方案。应用设计模板之后，添加的每张新幻灯片都会拥有相同的外观。

（2）占位符就是创建新幻灯片时出现的虚线方框，这些方框可放置对象（幻灯片标题、文本、图表、表格、组织结构图和剪贴画），单击占位符可以添加对象。

通过对占位符进行设置，可以看出占位符其实就是文本框，在 Word 2003 中所学的操作都适用。如果下面的文本框没有用到可以删除，即使不删除也不会影响放映。要在占位符外添加文字，用户可以先在幻灯片上添加"文本框"，再添加文字；还可以向"自选图形"中添加文本或添加"艺术字"图形对象以获得特殊文本效果。

 课堂训练7.3

使用内容提示向导创建主题为"产品与服务概况"演示文稿，保存并放映。

 提示 在"任务窗格"对话框中选择"根据内容提示向导"，从"开始"到"完成"共 5 步，相应有 5 个对话框，每完成一步，就单击"下一步"按钮进行下一步的操作。如果操作有误，可单击"上一步"按钮返回到上一步，重新操作。

 课堂训练7.4

通过"空演示文稿"建立演示文稿，插入第 1 张幻灯片，应用"标题和文本"版式，标题文字为"奥运会知识讲座"；插入第 2 张幻灯片，应用"标题、文本与内容"版式。

提示 "空演示文稿"由不带任何模板设计，但带有布局格式的空白底幻灯片组成。这种方法给用户提供了最大的创作自由度，是使用较多的建立演示文稿的方式。用户可以在空白的幻灯片上设计出具有自己特色的演示文稿。

7.1.3 演示文稿的编辑与浏览

文本是演示文稿的重要组成部分，在编辑过程中可以对幻灯片中的文本进行字体、大小、位置、颜色等设置，使幻灯片更加美观。还可以对段落进行处理，主要指项目符号、编号处理，段落间距、行距设置，对齐方式设置等。

课堂训练7.5

编辑课堂训练 7.4 的演示文稿，对占位符进行如下处理：①改变标题文字颜色为黄色；②对标题占位符进行格式设置，设置填充蓝色；③移动副标题占位符，使其位置接近幻灯片底端；④在标题下方插入一张关于运动的剪贴画；⑤设置标题中"奥运会"3 个字字号为72 磅，其他字字号不变，并设置标题字体为底端对齐方式。

课堂训练7.6

插入如图 7-6 所示的新幻灯片，使用项目符号设置相应的标题序号，设置文本为"居中"对齐方式，设置行距和段落间距，更改文字显示方向，保存文件到 bj2008.ppt，最后播放演示文稿。

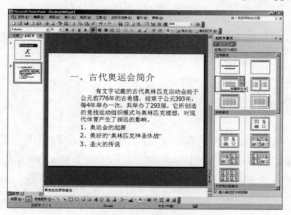

图 7-6 演示文稿的编辑

 提示 在放映幻灯片的过程中可以单击鼠标左键向后翻页，或使用 PgUP 键和 PgDN 键向上或向下翻页，按 Esc 键停止放映，也可以在放映过程中右击鼠标，通过弹出的快捷菜单进行控制。

 知识与技能

（1）插入新幻灯片。选择"插入"/"新幻灯片"命令，即可在当前幻灯片之后插入一张新幻灯片，新幻灯片的默认版式为"标题和文本"。另外还可以使用其他方法插入新幻灯片，请读者参考后面的实例。

（2）删除幻灯片。在大纲窗格选中要删除的幻灯片，单击工具栏中的"剪切"按钮✂或按下键盘上的 Delete 键，都可以删除该幻灯片。系统会弹出对话框要求用户确认是否删除该幻灯片和备注页及所有图形，如果该幻灯片只含有文本信息，则无此提示。

（3）复制幻灯片。选中要复制的幻灯片，单击工具栏中的"复制"按钮（或使用 Ctrl+C 组合键），在目标位置粘贴（或使用 Ctrl+V 组合键）即可，也可将幻灯片粘贴到其他演示文稿中去。

（4）移动幻灯片。在幻灯片浏览视图中，按住鼠标左键拖动幻灯片即可将其移动到需要的位置。

7.2 演示文稿修饰

◎ 更换幻灯片的版式
◎ 使用幻灯片母版
◎ 设置幻灯片背景、配色方案
◎ 设计制作幻灯片模板*

用户已经创建了最简单的演示文稿，但是外观效果还很差，本节中将学习创建精彩、实用的演示文稿。

7.2.1 幻灯片版式

"版式"指的是插入到幻灯片中的对象的布局，版式由占位符组成，而占位符可放置文字（如标题和项目符号列表）和幻灯片内容（如表格、图表、图片、形状和剪贴画）。

为方便用户制作演示文稿，PowerPoint 2003 提供了"文字版式"、"内容版式"、"文字和内容版式"、"其他版式" 4 类共 31 种版式和上百种模板（指一个演示文稿整体上的外观风格，包含文字格式、颜色、背景图案等），制作新幻灯片时可以从中选择。

实例 7.3 应用幻灯片版式

 情境描述

在制作演示文稿过程中，经常会调整幻灯片布局，如插入剪贴画、表格等，这时应用版式能快速完成调整幻灯片版面布局。

实例分析：打开自己制作的演示文稿 bj2008.ppt，插入一张新的幻灯片，并根据需要对现有的幻灯片应用其他版式。

 任务操作

① 在演示文稿中选定插入新幻灯片位置，在任务窗格顶部的下拉列表中选择幻灯片版式，如图 7-7 所示，单击"标题和文本"版式右侧下拉菜单中的"插入新幻灯片"。

② 在任务窗格中单击"标题、文本与剪贴画"版式，该张幻灯片如图 7-8 所示，其中包含了标题、

文本和剪贴画占位符。请用户自行添加一幅剪贴画。

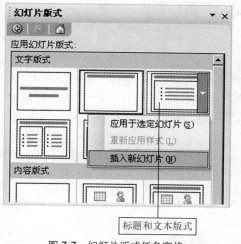

图7-7　幻灯片版式任务窗格

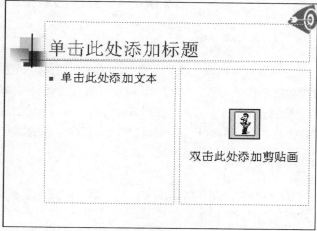

图7-8　占位符与提示

③ 在任务窗格中单击"标题和两栏文本"版式，幻灯片的版面布局随版式的更换而更改了，但原先加入的剪贴画被保留了下来。

 知识与技能

（1）幻灯片的内容不会因版式的更换而丢失，幻灯片旧版式中有与新版式不同的占位符，则原有占位符的位置及其内容不变。

（2）重排版式。可以将版式中的占位符移动到不同位置，调整其大小，以及使用填充颜色和边框设置其格式。为保持整篇演示文稿的一致性，最好更改母版。

如果已经更改幻灯片上的占位符或字体，那么可以从如图7-7所示的版式选项中选择"重新应用样式"恢复初始设置。

 课堂训练7.7

添加一张"标题和竖排文字"版式幻灯片，并输入文字。

 课堂训练7.8

添加一张"标题、文本与内容"版式幻灯片，并选择"内容"占位符为3行3列的表格。

7.2.2　编辑幻灯片母版

幻灯片母版是存储关于模板信息的设计模板的一个元素，这些模板信息包括字形、占位符大小和位置、背景设计和配色方案。PowerPoint中创建的所有幻灯片都有4个母版：幻灯片母版、标题母版、讲义母版和备注母版。

计算机应用基础

实例 7.4 修改幻灯片母版和标题母版

情境描述

使用版式可以快速改变幻灯片的页面布局，但是想在每张幻灯片中加入同样的对象就需要修改母版。在修改母版后，所有幻灯片都将自动反映所做的更改。

实例分析： 本实例中，在幻灯片母版和标题母版上分别添加对象。在幻灯片母版上添加图形，它将出现在每张幻灯片上。同样，修改了标题母版的版式，指定为标题幻灯片的幻灯片也将被更新。

任务操作

① 打开自己制作的演示文稿 bj2008.ppt，在系统菜单中选择"视图"/"母版"命令，从中选择"幻灯片母版"。

② 在工作界面左侧空白处右击鼠标，在快捷菜单中选择"新标题母版"命令，可打开标题母版。

③ 在任务窗格选择幻灯片设计，应用"Blends.pot"设计模板。

④ 先选择"幻灯片母版"，然后插入一幅剪贴画，并将其移动到右上角，如图 7-9 所示。

⑤ 再选择"标题母版"，然后插入本书提供的素材图片 top.jpg、left01.jpg 和 left02.jpg，并将其移动到左上角，如图 7-10 所示。

> **提示** 此时插入的图片挡住了原来母版上的图片，如果还想将其显示出来，可以选中图片 left02.jpg，设置"叠放次序"为"置于底层"。

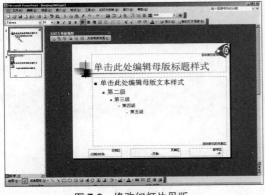

图 7-9 修改幻灯片母版

图 7-10 修改标题母版

⑥ 在母版快捷菜单栏上单击"关闭母版视图"按钮或在系统菜单中选择"视图"/"普通"命令返回到普通视图。

知识与技能

（1）幻灯片母版与标题母版。幻灯片母版包含文本占位符和页脚（如日期、时间和幻灯片编号）占位符，可以控制每张幻灯片上如字体、字号和颜色等文本特征，及背景色和阴影、项目符号样式等特殊效果。标题母版仅影响使用了"标题幻灯片"版式的幻灯片，可以控制标题幻灯片的格式。在编辑母版时，通过"格式"菜单可以更改该母版的版式、背景、配色方案并可应用其他的设计模板。另外还有讲义母版和备注母版，请参考帮助。

（2）并非所有幻灯片在每个细节上都必须与幻灯片母版一致。例如，某张幻灯片可能使用与母版不同的背景色或阴影图案，或者可能要隐藏某个背景图形，如公司徽标，在个别幻灯片上不会出现该徽标。对于其他幻灯片，或许想在标题格式或文本格式上使用不同的大小和颜色，或在页眉和页脚部分放入不同的信息。此外，幻灯片也可以使用与母版不同的配色方案。

课堂训练7.9

修改标题母版中标题和副标题的占位符位置，观察对幻灯片产生的影响。

课堂训练7.10

修改幻灯片母版中的文本样式，将字号改为40，颜色改为红色，观察对幻灯片产生的影响。

7.2.3 设置幻灯片背景和配色方案

幻灯片的配色方案是指幻灯片中不同对象的颜色搭配情况，协调的颜色搭配可以使幻灯片显得清晰美观。每个设计模板均带有一套配色方案，应用了一种配色方案后，其颜色对演示文稿中的所有对象都是有效的。用户所创建的所有对象的颜色均自动与演示文稿的其余部分相协调。

实例 7.5 变更幻灯片配色方案和背景

 情境描述

有时用户会对幻灯片的配色不满意，或者对其中部分对象（如背景、文本）的颜色不满意，此时就可以在配色方案中进行修改。

实例分析：本实例中，对幻灯片选用不同的配色方案，并修改配色方案中的背景颜色。

 任务操作

① 选择"幻灯片设计"任务窗格中的"幻灯片设计—配色方案"选项，图7-11所示为系统提供的配色方案。

② 选择第2个配色方案，单击"应用于所选幻灯片"按钮可以使当前幻灯片应用配色方案。

③ 如果对标准配色方案不满意，可以单击"幻灯片设计"任务窗格底部的"编辑配色方案"链接，选择如图7-12所示的"自定义"配色方案，选中需更改的颜色单击"更改颜色"按钮，即可更换该项目颜色。

④ 更改颜色后菜单底部的"添加为标准配色方案"按钮变为可用，如果要将新的配色方案连同演示文稿一起存盘，单击"添加为标准配色方案"按钮即可。

 注意 标准"应用配色方案"列表框中的配色方案可以删除，但不能全部删除，至少要保留一种。

图 7-11 幻灯片标准配色方案　　　　　图 7-12 应用幻灯片配色方案

实例 7.6 设置幻灯片背景填充效果

 情境描述

幻灯片背景可以设置幻灯片的背景颜色，添加底纹、图案、纹理或图片。

实例分析：本实例中，修改幻灯片背景填充效果，颜色为粉色和白色双色，渐变效果为从角部辐射。

 任务操作

① 选择系统菜单中的"格式" / "背景"命令，在"背景"对话框下方的下拉列表框中可以选择扩展内容，如图 7-13 所示，其中提供了 8 种配色方案，系统默认使用的是第 1 种颜色，选择需要的颜色后单击"应用"按钮即可将选中的背景应用到幻灯片。

② 选择"其他颜色"命令可以在"颜色"对话框中设置颜色；选择"填充效果"命令可以在如图 7-14 所示的"填充效果"对话框中设置"渐变"、"纹理"、"图案"和"图片"效果。

图 7-13 背景设置

图 7-14 背景设置中的填充效果

 提示　　"纹理"和"图片"不同。纹理一般都比较小，选择一种纹理后，纹理图片的大小不变，却按顺序排列在背景里，直到把背景填充满；而如果选择了"图片"，将自动拉伸为与幻灯片一样大小，可能使图片失真。

课堂训练7.11

修改幻灯片背景颜色为蓝色，修改幻灯片背景"白色大理石"纹理填充效果。

课堂训练7.12

使用 Windows 操作系统文件夹中的图片 desktop_icon_03.bmp，以纹理方式和图片方式填充幻灯片背景效果，观察有什么不同。

7.2.4 制作幻灯片模板 *

PowerPoint 附带一个设计模板库，可供用户从中选择模板，但用户也可以创建自己的模板并将其添加到"幻灯片设计"任务窗格中。用户可以从空白设计开始，应用如背景、配色方案、字体样式、版式和图片等元素。本节前面的实例已经完成了这些内容，如果要将修改过的模板保存起来，选择"文件"/"另存为"命令，在打开对话框的"文件名"下拉列表框中，输入模板名称，在"保存类型"下拉列表框中，选择"设计模板"，然后进行保存操作，模板将保存到"Templates"文件夹中。

保存设计模板后，用户退出并重新进入 PowerPoint，该模板将出现在"幻灯片设计"任务窗格的"可供使用"项目下，所有模板文件按名称的字母顺序列出。而且，用户刚应用过的模板会现在"幻灯片设计"任务窗格中的"最近使用过的"项目下，为用户提供方便。请用户在操作过程中注意观察任务窗格的变化。

7.3 演示文稿对象的编辑

◎ 设置、复制文字格式

◎ 插入、编辑剪贴画、艺术字、自选图形等内置对象

◎ 在幻灯片中插入图片、音频、视频等外部对象

◎ 在幻灯片中建立表格与图表

◎ 创建动作按钮，会建立幻灯片的超链接

◎ 设置幻灯片对象的动画方案

◎ 设置并合理选择幻灯片之间的切换方式 *

通过上一节的学习，用户已经能够建立有自己风格的演示文稿了，在本节中，通过插入剪贴画、

艺术字、自选图形等内置对象及图片、音频、视频等外部对象，用户能更加丰富演示文稿的内容。通过设置幻灯片的动画方案和换片方式能增强幻灯片的放映效果。

7.3.1　文字格式

文本是演示文稿中的重要组成部分，可以对幻灯片中的文本信息进行颜色、字体、位置、大小、对齐方式等处理，使幻灯片更加美观。在前面的学习中已经进行了颜色、字号的设置，在这里主要就移动文字对象、缩放文字对象、格式刷，以及在大纲视图下编辑文本进行举例说明。

课堂训练7.13

打开演示文稿 bj2008.ppt，选中题目为"一、古代奥运会简介"幻灯片中的标题占位符，使用常规工具栏中的"增大字号"或"减小字号"按钮放大或缩小字号。选中幻灯片中的文本占位符，设置行距为 0.7 行，段后间距为 0.2 行；设置第 1 段文字为"分散对齐"，设置 3 个小标题使用项目符号"◇"。

实例 7.7　在大纲格式下编辑文本

情境描述

在大纲格式下用户可以方便地编辑文本，演示文稿以大纲形式显示，大纲由每张幻灯片的标题和正文组成。可以通过"大纲"工具栏方便地增加或减少文本的缩进、折叠和展开。使用大纲是组织和开发演示文稿内容的最好方法，能使演示文稿主题突出，层次、条理清晰，更具有说服力，而文稿的整体外观暂时退居次要地位。

实例分析： 在使用大纲格式工作时，可以看见屏幕上所有的标题和正文，用户可以重新安排要点，可以移动幻灯片，或者编辑标题和正文等。

任务操作

① 在 PowerPoint 2003 工作界面左侧单击"大纲"标签即可切换到大纲格式。在大纲格式中选择文本时，工具栏上用于操作大纲的按钮将被激活，可以使用这些按钮快速组织演示文稿。如果未显示"大纲"工具栏，可选择系统菜单中的"视图" / "工具栏"命令，再选择"大纲"，显示出大纲工具栏。原工具栏竖向放置，为讲述方便调整为横向，如图 7-15 所示，各按钮功能如表 7-1 所示。

② 单击大纲工具栏中的全部展开按钮 ，大纲会如图 7-15 所示全部打开，显示各幻灯片的标题和正文部分；全部折叠只显示各幻灯片的标题，隐去正文部分。

③ 选中题目为"二、现代奥运会简介"的幻灯片，光标放在标题占位符上，单击上移按钮 ↑，使当前的幻灯片标题上移一层，改变幻灯片小标题之间的从属关系。

④ 选中题目为"二、现代奥运会简介"的幻灯片，光标放在标题占位符上，单击降级按钮 →，使幻灯片标题降级为上一张幻灯片的层次小标题，该幻灯片消失。

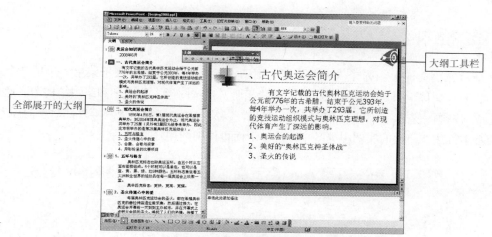

全部展开的大纲

大纲工具栏

图 7-15　大纲格式的幻灯片

 知识与技能

　　大纲中的内容可以有很多来源。大纲可以是最初输入的，使用"内容提示"向导所提供的准备好的文本，插入有标题或子标题样式的文本和其他格式文件中的文本，如 Microsoft Word 中的 .txt 或 .doc 文件。

　　导入 Word 文档、HTML 文档或 RTF 文档时，PowerPoint 会根据文档样式使用大纲结构，标题1作为幻灯片标题，标题2则作为第1级文本，依次类推。如果文档未包含任何样式，PowerPoint 将使用段落缩进创建大纲。导入文本文档时，段落开始的制表符定义了大纲的结构。当前演示文稿的幻灯片母版决定其标题和文本的格式。

　　大纲工具栏如表 7-1 所示。

表7-1　　　　　　　　　　　　　　　　　　大纲工具栏

按钮	名称	功　能　简　介
←	升级	将幻灯片中的小标题升级为幻灯片标题，并产生以它为标题的新幻灯片
→	降级	使幻灯片标题降级为上一张幻灯片的层次小标题，该幻灯片消失；或使幻灯片的某一级小标题降为更低一级标题
↑	上移	使当前的或所选的幻灯片标题或层次小标题上移一层，以改变幻灯片顺序或层次小标题之间的从属关系
↓	下移	使当前的或所选的幻灯片标题或层次小标题下移一层，以改变幻灯片顺序或层次小标题之间的从属关系
—	折叠	在大纲视图中，只显示当前幻灯片的标题，隐去正文部分
＋	展开	在大纲视图中，显示当前幻灯片的标题和正文部分
⯭	全部折叠	在大纲视图中，只显示各幻灯片的标题，隐去正文部分
⯯	全部展开	在大纲视图中，显示各幻灯片的标题和正文部分
▦	摘要幻灯片	为选择的一组幻灯片创建一张摘要幻灯片，其标题为"摘要幻灯片"，其主体内容为该组幻灯片的各标题组成的一组层次小标题
Ａ	显示格式	在显示文本和显示格式化文本之间进行切换

7.3.2 插入多媒体对象

在演示文稿文件中，选择"插入"/"图片"命令，则出现下一级子菜单，包括 7 个选项：剪贴画、来自文件、来自扫描仪或相机、新建相册、自选图形、艺术字和组织结构图。通过这个菜单完成剪贴画、艺术字、自选图形等内置对象，以及图片、音频、视频等外部对象的插入工作。插入的基本方法在前面的实例中也基本涉及，下面再详细阐述。

实例 7.8 新建如图 7-16 所示的北京奥组委组织结构图幻灯片

 情境描述

组织结构图是用来表示一个组织关系的图表，采用由上而下的树状结构，双击"组织结构图"占位符即可进入编辑窗口。

 任务操作

① 插入新幻灯片，选择"标题和图示或组织结构图"自动版式。

② 双击下部的"组织结构图"占位符，在"图示库"对话框中选择"组织结构图"，即可进入编辑窗口。

③ 选择"组织结构图"浮动菜单，在"插入形状"中选择"部下"、"同事"按钮可以添加第 2 层的图框，系统会自动地产生连线。

④ 由于第 3 层图框较多，刚添加的图框排在一排，此时可以选中第 2 层的"北京奥组委各部门"图框，选择"版式"/"两边悬挂"命令，即可生成如图 7-16 所示的结构图。

图 7-16 北京奥组委组织结构图

⑤ 依次输入部门名称。

 提示　可以选中多个图框同时设置格式。例如，选中第 2 层中的"北京奥组委各部门"图框，然后再选择"选择"/"级别"命令，即可选中同级别的所有图框。有的部门名字较长，可以通过"自选图形中的文字换行"设置文字换行。

⑥ 最后关闭并保存组织结构图。

课堂训练7.14

在幻灯片中插入"立方体"自选图形，并添加文字。

课堂训练7.15

将标题"北京申奥宣传片观赏"设置为艺术字，艺术字样式为库中第 3 行第 4 列样式，艺术字形状为"陀螺"形。

课堂训练7.16

新建标题为"北京申奥宣传片观赏"的幻灯片，插入奥运宣传片视频文件。

幻灯片中可以添加声音、音乐、动画、视频剪辑等多媒体效果，适当插入多媒体效果会使整个演示文稿更加生动。"剪辑库"中包含多种图片、声音和视频剪辑，能插入演示文稿中使用；还可以使用来自文件的声音和视频。

声音、音乐和视频是作为 Microsoft PowerPoint 对象插入的。如果 PowerPoint 不支持特定媒体类型或功能，可用"媒体播放器"播放该文件，此时必须选择"插入"/"对象"命令，再选择"媒体剪辑"插入多媒体对象。

7.3.3　建立表格与图表

在 PowerPoint 中可以直接在幻灯片插入表格，同时还可以使用表格绘制和擦除工具，制表过程与 Word 中基本相似。

课堂训练7.17

插入如图 7-17 所示的"标题和表格"幻灯片。

提示　　插入"标题和表格"版式幻灯片后，双击下部的"表格"占位符即可选择行列数以插入表格，插入一个 5 行 7 列的表格，输入数据。另外，可以使用"表格和边框"工具栏中的"绘制表格"按钮来创建不规则的表格，如单元高度不同或每行中列数不同的表格。

图表一目了然，比罗列大量数据更有说服力，更容易让他人接受。图表的应用方法与 Excel 2003 中的使用方法基本相同。双击图表占位符或选择"插入图表"时，"Microsoft 图表"会显示

一个图表和相关的数据，这些数据放在"数据表"的表格中。数据表内提供了输入行与列标签和数据的示范信息。创建图表后，可以在数据表中输入自己的数据，或者从文本文件、Microsoft Excel 的工作表中复制数据。

实例 7.9　制作一张含图表的幻灯片

情境描述

图表能简洁明了地说明问题，在使用柱形图时，相应的图表更容易看清数字的对比情况。

实例分析：根据中国在夏季奥运会获得的奖牌统计表创建一张柱形图，使听众能直观感受。

任务操作

① 新建一张"标题和图表"版式的幻灯片。

② 添加标题，双击"图表"占位符打开数据表，此时后台窗口出现一个图表。

③ 在数据表中输入数据，也可以从前面已经建好的表格中复制数据，此时幻灯片类似图 7-18 所示。

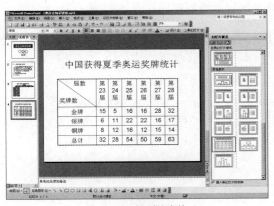
图 7-17　规则的表格

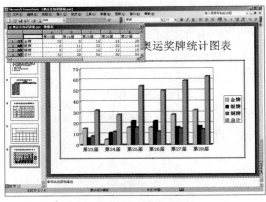
图 7-18　建立图表

④ 双击位于坐标区中介于坐标轴和数据系列之间的"背景墙"可以设置"背景墙格式"，双击"图表区域"的空白处可以设置"图表区格式"，双击"数据系列"可以设置"数据系列格式"，双击坐标轴可以设置坐标轴格式；然后适当调整图表大小和位置，关闭数据表，图表就建立好了。

课堂训练7.18

在实例 7.8 的基础上设置坐标轴格式。根据数据表，将最小值设置为 0，最大值设置为 63；设置数据系列格式为第 4 种柱体形状（圆柱形）；设置数据标签包括"值"，即在数据系列的顶端能显示出数值；设置背景墙填充单色水平渐变效果。

7.3.4　建立幻灯片的超链接

在 PowerPoint 中，超链接是从一个幻灯片到另一个幻灯片、自定义放映、网页或文件的连接。

超链接本身可能是文本或对象（如图片、图形、形状或艺术字），超链接可在放映演示文稿时激活，而在编辑演示文稿时不被激活。

实例 7.10 使用动作按钮为每张幻灯片创建超链接

情境描述

动作按钮是现成的按钮，可以插入演示文稿并为其定义超链接。当用户希望将转到下一张、上一张、第一张和最后一张幻灯片的操作用易懂的符号表示时，可以使用动作按钮。PowerPoint 还包含播放影片或声音的动作按钮，动作按钮最常用于售货亭、书报亭、展览会等场合自运行演示文稿。

实例分析：使用动作按钮为演示文稿中的每张幻灯片创建超链接，需要在幻灯片母版中添加，无需在每一张幻灯片上重复操作。

任务操作

① 选择"视图"/"母版"/"幻灯片母版"命令，打开幻灯片母版。

② 在"幻灯片放映"菜单上，指向"动作按钮"，再选择所需的按钮，添加"开始"动作按钮，如图 7-19 所示，在幻灯片窗格中拖动插入按钮。

③ 插入按钮后弹出"动作设置"菜单，系统自动链接到相应位置，如图 7-20 所示，单击"确定"按钮即可。

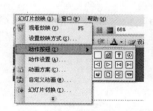

图 7-19 动作按钮菜单

图 7-20 "动作设置"菜单

④ 依次插入"后退或前一项"、"前进或下一项"、"结束"等动作按钮。

⑤ 关闭母版视图，保存文件，放映演示文稿，测试动作按钮链接。

PowerPoint 演示文稿中允许用户列出提纲，单击提纲中的任意一项，演示文稿会自动跳转到相应的具体内容，就像利用超链接可以方便地实现网页之间的跳转。选择系统菜单中的"幻灯片放映"/"动作设置"命令可以完成此项操作。

实例 7.11 建立交互式演示文稿，将目录与内容建立链接

情境描述

在实际使用演示文稿中，并不常常为每张幻灯片建立超链接，一般仅将演示文稿中的目录或

标题链接到相关的文字部分即可。在放映演示文稿时，通过单击鼠标或键盘上的 PgUp、PgDn 键已经能很方便地进行控制了，但有的时候用户希望将标题与特定的幻灯片进行链接，使演示文稿的结构更加清晰。

实例分析：为"二、现代奥运会简介"幻灯片中的 3 个小标题与相应的幻灯片建立超链接，方便进行演讲控制。

 任务操作

① 选取标题为"二、现代奥运会简介"的幻灯片为当前幻灯片。

② 选中第 1 个小标题"1、五环与格言"，选择系统菜单中的"幻灯片放映"/"动作设置"命令，在弹出对话框的"单击鼠标"选项卡中设置"超级链接到"选项，然后在下拉菜单中选择"幻灯片"选项，如图 7-21 所示，再从弹出的列表中选择相应的项目，如图 7-22 所示，单击"确定"按钮。

图 7-21　选择单击鼠标时的动作

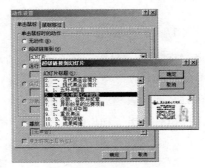

图 7-22　设置超链接

 提示　　此时小标题"1、五环与格言"文字下方多了一条下画线，类似浏览 Internet 时的超链接，但是必须在幻灯片放映时超链接才起作用。

③ 选中标题为"1、五环与格言"的幻灯片，设置一个返回的超链接，也可以使用上例中的动作按钮实现。

④ 按照步骤①～②依次设置其他超链接。

⑤ 放映幻灯片，验证结果。

 注意　　在放映演示文稿时，超链接才起作用。单击鼠标可通过超链接跳转到相应的幻灯片，如果超链接设置有问题可能造成循环放映。另外，如果使用键盘上的 PgUp、PgDn 键控制放映则不受超链接控制，按照幻灯片的顺序来放映。

7.3.5　设置幻灯片动画

常用的幻灯片放映设置包括设置动画效果、设置切换效果、设置放映时间和设置放映方式等。

PowerPoint 可以设置幻灯片中文本、图形、图表等对象的动画效果，可选择"幻灯片放映"/"动画方案"命令进行设置。"动画方案"工具栏提供了无动画、细微型、温和型、华丽型等几种分类，动画效果有：出现、依次渐变、溶解、典雅、回旋、字幕、浮动等效果，功能如表 7-2 所示。

类　型	名　称
无动画	无动画
细微型	出现、出现并变暗、所有渐变、依次渐变、渐变并变暗、渐变式擦除、渐变式缩放、添加下画线、向内溶解、忽明忽暗、突出显示、随机线条、擦除
温和型	上升、下降、压缩、典雅、升起、逆序显示、回旋、展开、缩放
华丽型	大标题、弹跳、字幕式、椭圆动作、浮动、中子、玩具风车、标题弧线、飞旋退出、放大退出、线性退出

表7-2　　　　　　　　　　　　　　　　动画方案效果列表

实例 7.12　设置幻灯片动画效果

 情境描述

　　动画效果为幻灯片上的文本、图片和其他内容赋予的动作。除添加动作外，它们还帮助用户吸引观众的注意力，突出重点，在幻灯片间切换以及通过将内容移入和移走来最大化幻灯片空间。如果使用得当，动画效果将带来典雅、趣味和惊奇。

　　实例分析：动画功能可以使文本和图片飞入、弹跳和缩小。应用预设动画方案，并使用自定义动画修改它们或创建自己的动画序列。设置标题为"一、古代奥运会简介"的幻灯片为"向内溶解"效果，设置动态标题为从左侧依次飞入，并伴随有声音，设置文本部分效果为"玩具风车"效果。

 任务操作

　　① 选取标题为"一、古代奥运会简介"的幻灯片为当前幻灯片。

　　② 选择任务窗格中的"幻灯片设计—动画方案"，在"细微型"类型中选择"向内溶解"动画，如图 7-23 所示。

　　③ 设置后系统自动在"幻灯片"窗格中显示动画效果，通过"播放"或"幻灯片放映"按钮验证结果。

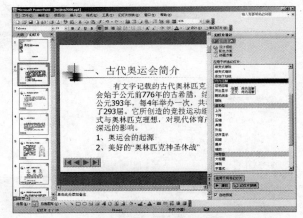

图 7-23　使用"动画效果"工具栏设置动态标题和激光文字效果

 提示　　设置到这一步骤，系统自动给出的效果是幻灯片中的标题和正文同时溶解出现，标题部分和正文部分不能分别设置。如果对设置的动画效果不满意，还可以通过"自定义动画"详细设置。另外，如果单击"应用于所有幻灯片"按钮，将会使所有幻灯片都应用这一效果。

　　④ 选取标题为"一、古代奥运会简介"的幻灯片为当前幻灯片，选择系统菜单中的"幻灯片放映"/"自定义动画"命令，打开如图 7-24 所示的自定义动画窗格。

　　⑤ 在自定义动画任务窗格中，选中编号为 0 的标题项目，单击更改按钮，在下拉菜单中选择"飞入"效果。

⑥ 在"自定义动画"任务窗格中，选中编号为 0 的标题项目，右击鼠标在快捷菜单中选择相应命令，打开"飞入"对话框的"效果"选项卡，如图 7-25 所示，在"方向"下拉列表框中选择"自左侧"，在"声音"下拉列表框中选择"照相机"效果，在"动画文本"下拉列表框中选择"按字母"并设置"字母之间延迟"为 50。

⑦ 在"自定义动画"任务窗格中，按住 Shift 健，同时选中编号为 1 ～ 4 的项目，单击更改按钮，如图 7-26 所示，在下拉菜单中选择"其他效果"，在弹出的"更改进入效果"菜单中选择"玩具风车"效果。

⑧ "玩具风车"效果显示速度较慢，可以打开"飞入"对话框，在"计时"选项卡中设置"速度"为"快速（1 秒）"，另外，如果有需要还可以设置重复出现的次数。

⑨ 单击"播放"按钮查看动画效果。

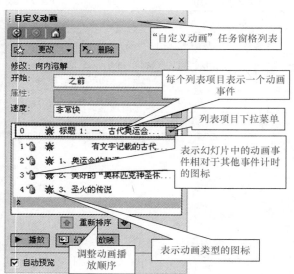

图 7-24　自定义动画任务窗格的说明

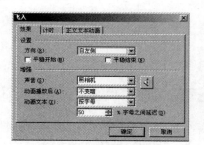

图 7-25　自定义动画效果

图 7-26　设置文本动画效果

课堂训练7.19

在标题为"三、奥运与中国"的幻灯片中设置 3 张图片从不同的方向以不同的速度飞入，观察效果。

7.3.6　设置幻灯片切换方式 *

在演示文稿演示过程中，适当使用幻灯片切换效果可以使演示稿更富有动感、更吸引人。默认情况下，幻灯片没有切换效果，PowerPoint 提供了多种幻灯片切换效果，选择系统菜单中的"幻灯片放映"／"幻灯片切换"命令，用户可以自如地设置翻页动态效果。

实例 7.13　设置幻灯片切换效果

 情境描述

幻灯片切换效果是在"幻灯片放映"视图中从一个幻灯片移到下一个幻灯片时出现的类似动画的效果。可以控制每个幻灯片切换效果的速度，还可以添加声音。在标题为"一、古代奥运会简介"的幻灯片中设置"溶解"切换效果。

 任务操作

① 选取标题为"一、古代奥运会简介"的幻灯片为当前幻灯片。

② 选择系统菜单中的"幻灯片放映"／"幻灯片切换"命令。

③ 在"幻灯片切换"任务窗格中选择"溶解"效果。

④ 放映幻灯片，验证结果。

 课堂训练7.20

在演示文稿中分别设置幻灯片的切换效果为"横向棋盘式"和"从右插入"，放映并观察效果。

 课堂训练7.21

将演示文稿的所有幻灯片的切换效果统一设置为"盒状收缩"。

7.4　演示文稿的放映

◎ 设置演示文稿的放映方式

◎ 根据播放要求选择播放时鼠标指针的效果、切换幻灯片方式

◎ 对演示文稿打包，生成可独立播放的演示文稿文件

本节重点介绍控制幻灯片放映的方法；另外，通过对演示文稿的打包，可以方便地将制作的

演示文稿及其链接的各种媒体文件一次性打包到 CD 或文件夹中，轻松实现演示文稿的分发或转移到其他计算机上进行演示。

7.4.1 放映演示文稿

Microsoft PowerPoint 提供了多种方式进行演示，包括屏幕演示、联机演示、投影机幻灯片演示、纸张打印输出、35mm 幻灯片演示等。

根据演示文稿的用途和放映环境的需要，用户可以选择不同的放映方式。选择系统菜单中的"幻灯片放映"/"设置放映方式"命令，即可选择放映类型、换片方式、自定义放映幻灯片等设置。

实例 7.14 设置自定义放映

 情境描述

面对不同的观众，演讲的内容可能稍有不同，如向一组观众演讲时某几张幻灯片不用播放，这时可以将演示文稿中的幻灯片重新组织起来，而不用删除这些幻灯片。

实例分析：在放映演示文稿时，可以通过设置放映方式，修改放映顺序和放映的内容。在本例中通过自定义放映，设置放映演示文稿时不播放标题为"2. 圣火传递心中的爱"的幻灯片，并调整幻灯片播放的顺序。

 任务操作

① 选择系统菜单中的"幻灯片放映"/"自定义放映"命令，打开"设置放映方式"对话框。

② 在弹出菜单中选择"新建"按钮，打开如图 7-27 所示的"定义自定义放映"对话框，从"在演示文稿中的幻灯片"列表框中选择要添加到自定义放映的幻灯片，再单击"添加"按钮添加到"在自定义放映中的幻灯片"列表框，还可以用右侧的上下箭头调整幻灯片的顺序。

③ 选择系统菜单中的"幻灯片放映"/"设置放映方式"命令，打开"设置放映方式"对话框，如图 7-28 所示，在"放映幻灯片"选项区中选择"自定义放映"单选钮，单击"确定"按钮。

图 7-27 "定义自定义放映"对话框

图 7-28 "设置放映方式"对话框

④ 放映自定义幻灯片，验证结果。

 注意　在演示文稿中设置了自定义放映，在如图 7-28 所示的"设置放映方式"对话框中才能对幻灯片自定义放映进行选择，否则此选项不可选；如果想放映所有的幻灯片，只要在"放映幻灯片"选项区中选择"全部"单选钮即可。可以在一个演示文稿中针对不同观众设置多个自定义放映，而不用制作多个演示文稿文件。

知识与技能

（1）演讲者放映（全屏幕）。选择此选项可运行全屏显示的演示文稿。这是最常用的方式，通常用于演讲者演讲时。演讲者具有对放映的完全控制，可以用自动或人工方式控制幻灯片放映，还可以在放映过程中录下旁白。

（2）观众自行浏览（窗口）。选择此选项演示文稿会出现在小型窗口内，并提供在放映时移动、编辑、复制和打印幻灯片的命令。在此模式中，可以使用滚动条或 Page Up 和 Page Down 键从一张幻灯片移到另一张幻灯片。可同时打开其他程序，也可显示"Web"工具栏，以便浏览其他的演示文稿和 Office 文档。

（3）在展台浏览（全屏幕）。在展览会场或会议中，选择此选项可自动运行演示文稿。观众可以更换幻灯片，或单击超链接和动作按钮，但不能更改演示文稿。自动放映结束或某张人工操作的幻灯片已经闲置 5 分钟，都会重新开始。

（4）排练时记录排练时间。选择"幻灯片放映"/"排练计时"命令可以激活排练方式，可以一边练习讲解一边操作演示文稿，准备播放下一张幻灯片时，单击换片按钮➡，到达幻灯片末尾时，单击"是"以接受排练时间，在幻灯片浏览模式下可以看到每张幻灯片记录的排练时间。

7.4.2　播放时的操作

在幻灯片放映过程中，可以通过右击鼠标打开如图 7-29 所示的快捷菜单，控制幻灯片放映。

通过菜单中的"下一张"、"上一张"命令（或使用键盘上的 PgDn 键、PgUp 键）可以控制放映的顺序。选择"定位至幻灯片"命令，如图 7-30 所示，通过幻灯片标题的选择可以方便地定位至任一幻灯片。

图 7-29　幻灯片放映控制菜单

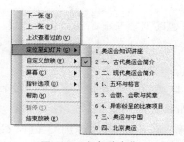

图 7-30　幻灯片定位

> **提示**　因为已经定义了"自定义放映"，因此"定位至幻灯片"选项列表不是所有幻灯片。

课堂训练7.22

在幻灯片放映时，在如图 7-29 所示的菜单中单击"指针选项"，选择"荧光笔"命令在幻灯片上标记重点内容，还可以自定义不同的颜色，再使用"橡皮擦"擦掉标记。使用"圆珠笔"在放映时写入新内容，并保存"墨迹注释"。

课堂训练7.23

在幻灯片备注窗格输入有关幻灯片的备注，在幻灯片放映方式时，使用"演讲者备注"打开。结束放映，打开备注页视图（将作者备注显示在幻灯片下方的页面方式），可以增大、重新定位幻灯片区域或备注区域。

7.4.3 打包演示文稿

打包演示文稿，将自动包括链接（链接对象：该对象在源文件中创建，然后被插入目标文件中，并且维持两个文件之间的连接关系。更新源文件时，目标文件中的链接对象也可以得到更新。）文件和 PowerPoint 播放器，因此即使其他计算机上未安装 PowerPoint，也可在该计算机上运行打包的演示文稿。

实例 7.15 打包演示文稿

 情境描述

使用 PowerPoint 2003 中的"打包成 CD"功能，可以将一个或多个演示文稿连同支持文件一起复制到 CD 中，防止丢失链接文件，方便在没有安装 PowerPoint 的计算机中放映演示文稿。

 任务操作

① 打开要打包的演示文稿，如果正在处理以前未保存的演示文稿，应先进行保存。

② 选择"文件"/"打包成 CD"命令，打开"打包成 CD"对话框，如图 7-31 所示。

③ 在"将 CD 命名为"文本框中，为 CD 输入名称。

④ 若要添加其他演示文稿或其他不能自动包括的文件，单击"添加文件"按钮，选择要添加的文件，然后单击"添加"按钮。添加多个演示文稿后需确定播放顺序，选择一个演示文稿，然后单击向上键或向下键，将其移动到列表中的新位置。

图 7-31 打包成 CD

⑤ 若要更改默认设置，可单击"选项"按钮，可以设置是否包含"PowerPoint 播放器"、TrueType 字体，也可以设置密码保护 PowerPoint 文件。

⑥ 单击"复制到文件夹"按钮，用户可将打包文件存放到文件夹中。如果需要刻录在光盘上，需要将可刻录光盘插入刻录机中，单击"复制到 CD"命令。

 提示 如果用户需要将演示文稿保存成不同的类型，只要选择"文件"/"另存为"命令即可，可以支持的格式有单个网页文件 htm、始终在"幻灯片放映"视图（而不是"普通"视图）中打开的演示文稿 pps、图形图像格式（GIF/JPG/PNG/TIF/BMP）等。

知识与技能

（1）个人隐私信息。在将演示文稿的副本给其他人之前，最好先审阅并决定是否包括个人和隐藏信息。在打包演示文稿之前可能需要删除备注、墨迹注释和标记。

（2）嵌入 TrueType 字体。嵌入字体可确保在不同的计算机上运行演示文稿时该字体可用。但是，CD 不能打包有内置版权限制的 TrueType 字体。

（3）打开或修改密码。用户可通过添加打开或修改密码来保护 CD 上的内容，该密码将适用于所有打包的演示文稿。对于需要更多安全性的演示文稿，可添加"信息权限管理"。受"信息权限管理"保护的演示文稿仅能在 Office PowerPoint 2003 或更高版本中查看，而不能在 PowerPoint 播放器中查看。如果有相应的权限，可将"信息权限管理"从演示文稿中删除。

练习题

一、填空题

1. 一个演示文稿就是一个 PowerPoint 文件，PowerPoint 2003 演示文稿的扩展名为 _____。

2. PowerPoint 在普通视图下，包含 3 种窗格，分别为 _____、_____ 和 _____。

3. PowerPoint 视图方式按钮中提供了 _____、_____ 和 _____ 视图方式切换按钮。

4. 在 PowerPoint 2003 提供了 4 种视图方式显示演示文稿，分别为 _____ 视图、_____ 视图、_____ 视图和 _____ 视图。

5. PowerPoint 版式由 _____ 组成。

6. 如果已经更改了幻灯片上的占位符或字体，那么可从版式选项中选择 _____ 恢复初始设置。

7. PowerPoint 2003 提供了 _____ 模板，模板文件的扩展名为 _____。

8. PowerPoint 中创建的所有幻灯片都有 4 个母版：_____ 母版、_____ 母版、讲义母版和备注母版。

二、简答题

1. 在 PowerPoint 2003 普通视图下幻灯片窗格、备注窗格和任务窗格的作用各是什么？

2. 如何调整配色方案和背景？

3. 如何设计、制作幻灯片模板？

4. 如何在幻灯片中插入文本、图片和艺术字？

5. 如何在幻灯片中插入公式和制作组织结构图？

6. 什么是模板？什么是版式？两者有何不同？

7. 什么是母版？母版的主要功能是什么？

8. 如何调整配色方案和背景？

9. 在动画效果工具栏中提供了哪些文字动画效果？

10. 如何自定义动画效果？

11. 如何自定义幻灯片播放？

12. 如何建立交互式演示文稿？

13. 如何打包成 CD ？

三、操作题

1. 启动 PowerPoint 2003，熟悉用户界面上各视图的位置和功能。

2. 使用"内容提示向导"建立一个类型为"培训"的演示文稿，并放映。

3. 建立一个空演示文稿，创建两张幻灯片，分别应用标题幻灯片和项目清单版式。

4. 练习自定义设计模板的设计和应用，新建一个"标题"版式幻灯片；应用系统提供的应用设计模板"Blends.pot"；利用"填充效果"改变背景；标题字体为"华文隶书"，72 号字，阴影，居中对齐，深蓝色，放大标题区；副标题字体为"华文新魏"，32 号字，居中，蓝色；保存自定义的模板。

5. 利用上题自定义的设计模板，建立一个标题版式的幻灯片。输入标题"我的设计模板"，副标题为"自定义模板"。

6. 创建一张"空白"版式幻灯片，根据本班课程表，利用工具栏或菜单插入文本框、表格、艺术字并设置背景；输入适当内容并设置字体、字型、字号、颜色和位置；将演示文稿存入自己的文件夹。

7. 修改上题中建立的幻灯片，应用"纹理"改变背景。

8. 修改第 6 题中建立的幻灯片，调整不同的配色方案。

9. 按照本章操作实例对本书提供的实例演示文稿 beijing2008.ppt 中的幻灯片设置动态标题、文字效果和幻灯片切换效果。

10. 上网浏览第 29 届奥林匹克运动会网站 http://www.beijing2008.com，补充完整演示文稿 beijing2008.ppt，并设置合适的动画效果及放映效果。

11. 新建演示文稿 ys1.ppt，按下列要求完成对此文稿的修饰并保存。

（1）新建"标题幻灯片"版式幻灯片，输入主标题"行业信息化"、副标题"精选业界资深人士最新观点"，设置字体、字号为楷体 -GB2312，标题 72 磅，副标题 40 磅，如图 7-32 所示。

（2）将整个演示文稿设置为"Ocean.pot"设计模板，幻灯片切换效果全部设置为"从右抽出"，幻灯片中的副标题动画效果设置为"底部飞入"。

12. 新建演示文稿 ys2.ppt，按下列要求完成对此文稿的修饰并保存。

（1）新建"文本与剪贴画"版式幻灯片，输入主标题"汽车"，设置字体、字号为楷体 -GB2312、40 磅，输入文本，插入剪贴画。

（2）给幻灯片中的汽车设置动画效果为"从右侧慢速飞入"，设置声音效果为"推动"，如图 7-33 所示。

图 7-32　演示文稿 ys1.ppt 图示

图 7-33　演示文稿 ys2.ppt 图示